Anais do 6º Simpósio sobre Bovinocultura de Corte

Editores

Flávio Augusto Portela Santos
José Carlos de Moura
Vidal Pedroso de Faria

Anais do 6º Simpósio sobre Bovinocultura de Corte

REQUISITOS DE QUALIDADE NA BOVINOCULTURA DE CORTE

Editores

Flávio Augusto Portela Santos

José Carlos de Moura

Vidal Pedroso de Faria

Apoio

CAPES

FEALQ

© FUNDAÇÃO DE ESTUDOS AGRÁRIOS
LUIZ DE QUEIROZ — FEALQ

Av. Centenário, 1080
13416-000 Piracicaba, SP, Brasil

Fone: 19-3417-6600
Fax: 19-3422-2755

livros@fealq.org.br
fealq.org.br

Dados Internacionais de Catalogação na Publicação (CIP)
DIVISÃO DE BIBLIOTECA E DOCUMENTAÇÃO – ESALQ/USP

Simpósio sobre Bovinocultura de Corte (6. : 2007 : Piracicaba, SP)
Requisitos de qualidade na bovinocultura de corte : anais ... / edição de Flávio Augusto Portela Santos, José Carlos de Moura e Vidal Pedroso de Faria. - - Piracicaba: FEALQ, 2007.
331 p. : il.

Bibliografia.

1. Bovinocultura leiteira 2. Congresso 3. Pecuária de corte I. Santos, F. A. P., ed. II. Moura, J. C. de, ed. III. Faria, V. P. de, ed. IV. Título

CDD 636.0883

ISBN 978-85-7133-051-1

As revisões técnica, ortográfica, de digitação e ordenação de cada capítulo são de responsabilidade de seu(s) respectivo(s) autor(es).

SUMÁRIO

Futuro da agricultura exige novo conceito para medição de produtividade

João de Almeida Sampaio Filho*

A Constituição Federal determina que a propriedade produtiva não poderá ser objeto de desapropriação e que a lei lhe garante tratamento especial. Com relação a isso não há discussão. O problema está nos critérios que o governo adota para propor mudanças nos índices de produtividade da terra. A única medida considerada é o volume de produtos originários da exploração da terra, ou seja, a quantidade de soja, milho, algodão, café, carne, leite, entre outros produtos, que é produzida nos limites da propriedade rural.

Pergunto: será que medir apenas o quanto foi produzido é o tipo de avaliação mais apropriado para auferir a contribuição, os benefícios e os resultados de um processo produtivo para o seu respectivo segmento e para a sociedade? Acredito que não. Qualquer atividade

* Presidente da Sociedade Rural Brasileira (SRB).

que almeje cumprir a tão falada função social, ser competitiva e sustentável deve equilibrar questões sociais, ambientais e econômicas, fatores que, em conseqüência, também devem entrar no cálculo da produtividade.

Hoje, a Lei 8.629/93 considera propriedade produtiva aquela cujo aproveitamento econômico atinge grau de utilização da terra (GUT) igual ou superior a 80% e eficiência na exploração (GEE) igual ou superior a 100%, tendo como referência índices fixados pelo Instituto Nacional de Colonização e Reforma Agrária (Incra). Avalia a produtividade apenas pela perspectiva da produção e de modo estático, com base na quantidade, sem levar em conta a qualidade do que foi produzido, as influências no entorno ambiental e social e as condições a que o agricultor estava sujeito.

1. Medida única

O governo sustenta a alteração dos índices a partir do que está disposto no artigo 11 da Lei Agrária nº 8.629/93, o qual determina que a produtividade deve ser ajustada de acordo com o progresso científico e tecnológico da atividade rural. Os índices vigentes são de 1975, porém a agropecuária só deslanchou efetivamente em produtividade a partir do início da década de 90, com a abertura econômica do país. O setor não tem vinte e cinco anos de pleno desenvolvimento que justifique a proposta em discussão de atualização dos índices.

Para modificar os índices referentes à atividade agrícola, o Ministério do Desenvolvimento Agrário (MDA) baseou-se na Pesquisa Agrícola Municipal do IBGE, de 1999 a 2003. Para a pecuária, a base de cálculo foi estudo da Unicamp de 1999. Pela proposta, o aumento dos índices será feito com base na média de produtividade de 1999 a 2004.

Todavia, o índice de produtividade proposto pelo governo federal despreza o artigo 187, inciso II, da Constituição Federal, o qual determina que a política agrícola nacional deve, obrigatoriamente, levar em conta os preços compatíveis com os custos de produção e a garantia de comercialização. Desconsidera ainda a exploração sustentável, racional e adequada presente no artigo 6º da mesma lei e no artigo 186 da Constituição da República.

2. Impactos

Caso seja aprovada, a mudança nos índices de produtividade vai afetar aproximadamente 113 mil grandes propriedades rurais (acima de 15 módulos rurais), que detêm 215 milhões de hectares. Cerca de 297 mil médias propriedades rurais, que correspondem a 88 milhões de hectares, também poderão ser atingidas pela medida e sofrer vistoria do Incra para fins de desapropriação. O tamanho dos módulos varia em cada Estado. No Sul, por exemplo, o tamanho médio é de 20 hectares; já em Mato Grosso chega a 90 hectares.

De acordo com a proposta, o produtor rural será obrigado a produzir mais, não importando os diversos fatores inerentes à atividade agrícola. Variáveis relacionadas à produção, como, por exemplo, oscilações do clima, pragas, doenças, correções e fertilidade do solo, crédito, bem como outras relativas à comercialização, como seguro incipiente, déficit de armazenagem, transporte precário e caro, e o vaivém de oferta e demanda do mercado serão considerados irrelevantes para medição da produtividade agrícola. Ou seja, o agricultor terá que produzir mais e mais, custe o que custar, inclusive seu patrimônio.

3. Legislação ultrapassada

Uma possível baixa nos preços dos produtos agrícolas, por exemplo, provocaria uma situação surreal: o agricultor teria que aumentar sua produção — mesmo devendo amargar prejuízos na comercialização — somente para atingir o índice proposto. Será que não estamos diante de um daqueles casos em que a legislação tornou-se ultrapassada? Entendo que sim. Estabelecer exclusivamente o volume produzido como a nota de corte para definir quem supostamente especula ou produz com a terra é simplório e atrasado demais. É encampar uma proposta arcaica, que vai de encontro a qualquer racionalidade e lógica de mercado. Produzir só para garantir o direito de posse de sua terra — adquirida, aliás, legitimamente — é uma conduta que caminha para o irracional.

Hoje, ninguém mais tem terra como moeda de valor, especialmente porque ela não é garantia de renda. Constitui apenas um dos insumos para a viabilidade socioeconômica e ambiental de uma atividade. Para ser viável, a terra requer aptidão para o trabalho no campo, crédito, infra-estrutura, preparo técnico, capacitação, gestão, entre outros fatores. Deixar a terra inativa é prejuízo na certa. Quem dita a produção é o "senhor mercado". Este sim é o fiel da balança da produtividade. Se um produto não tem demanda, por que produzi-lo? Para ter prejuízo? Produzir por produzir não gera oportunidade, emprego e renda.

Uma indústria, por exemplo, pode muito bem diminuir o ritmo da sua linha de produção, devido a uma retração do mercado. Ou, ainda, pode alterar o formato do seu negócio, saindo de uma produção de larga escala para uma menor, porém com maior valor agregado. Em nenhuma das hipóteses ela será penalizada com a perda de sua planta fabril. Voltando para a agricultura, o que dizer da produção orgânica? Seu diferencial não é a capacidade de gerar elevados volumes, mas sim o seu processo de produção. É nele que está sua "produtividade" para o segmento e para a sociedade.

A proposta do aumento puro e simples dos índices pode levar ainda a outras situações paradoxais. Poderão ocorrer casos em que o produtor rural terá que, inevitavelmente, derrubar parte de sua reserva legal para produzir mais, criando um passivo ambiental. Ou deverá comportar em sua propriedade mais animais do que o ideal — isso se tiver condições financeiras para adquiri-los —, provocando aumento significativo no rebanho, gerando impactos negativos no bem-estar dos animais, na fazenda e adjacências.

Além disso, é preciso refletir que, por exemplo, no caso de algum problema de saúde pessoal ou familiar, o produtor certamente dará prioridade de gastos ao tratamento médico, podendo chegar ao ponto de ter que se desfazer de seu patrimônio para arcar com as despesas. Seria injusto puni-lo duas vezes, com a perda de suas terras, numa situação que envolve a manutenção da vida.

Sabemos que, a cada dia, as questões das boas práticas de produção agrícola ganham peso nas escolhas de produtos e serviços, concessão de crédito, seja, por exemplo, de forma espontânea, pela preferência do consumidor, sob o formato de barreiras não tarifárias impostas pelos países importadores ou ainda pela recusa de um agente financeiro em oferecer financiamento devido à má governança.

4. Novo conceito

O Brasil precisa então de um novo conceito para medição da produtividade rural. A avaliação da produtividade não pode se manter estanque. Tem que levar em conta um conjunto de critérios para justa análise da utilização sustentável da terra e dos benefícios da produção agrícola. Projeto de lei do deputado federal Xico Graziano (PSDB-SP) propõe essa nova sistemática. Sugere que, se a propriedade mantiver nível de aproveitamento agropecuário e florestal sustentável e compatível com o potencial de seu solo e condições climáticas, será considerada produtiva. De acordo com o projeto, a propriedade produtiva será categorizada segundo laudo de avaliação técnico-agronômico, elaborado por profissional habilitado em ciências agrárias, e as áreas mantidas com cobertura vegetal original ou em fase adiantada de regeneração ficarão fora do cálculo de medição.

5. Emancipação econômica

Segundo dados do Sistema de Informações de Projetos de Reforma Agrária do Incra, desde o início da intervenção fundiária estatal já foram distribuídos, até abril de 2006, mais de 63,2 milhões de hectares para cerca de 890 mil famílias, com 7,6 mil projetos de assentamento. O total de hectares destinado à reforma agrária já superou em 58% a área de grãos do Brasil, que é de 45 milhões de hectares.

Debruçando-se sobre esses números, fica difícil entender o porquê da insistência do governo em querer conseguir terras de qualquer jeito para levar adiante um modelo de reforma agrária ultrapassado, caro e que, infelizmente, deu absolutamente errado. O problema não é falta de terra, e sim o falido modelo distributivista. Nesse formato, os assentados não conseguem sobreviver, quiçá se desenvolver sem ajuda governamental.

O programa de reforma agrária eficiente tem que valorizar a produção, e não a doação. Deve ter como objetivo estimular a emancipação econômica dos assentamentos que já existem, não criar novos. Caso não haja esta consciência, não passa de uma ação assistencialista. O foco precisa ser modificado. Por exemplo, pode-se fortalecer investimentos em programas de financiamento para compra de terras, priorizando quem tem vocação para trabalhar no campo. Na cidade a casa própria pode ser financiada. Por que a terra tem que ser doada?

Outras sugestões, como a experiência de sucesso baseada em arrendamento ocorrida no Triângulo Mineiro, podem ser o embrião para a modernização das políticas fundiárias. A região, que tinha uma pecuária extrativista, se transformou num rico pólo produtor de grãos, a partir da união de interesses comuns entre quem tinha terra e quem estava disposto a colaborar com trabalho. É uma relação empresarial, e é assim que deve ser.

Também programas de reforma agrária em que o assentado adquire o direito de uso da terra e a paga de acordo com o valor da sua produção. Por este formato, aplicado com êxito em países do Sudeste asiático, o assentado recebe orientação sobre o que produzir (com base em estudos de viabilidade econômica que relacionam região com atividade rural). Conforme vai cumprindo sua meta de produção, vai abatendo do preço da terra o valor do que produziu.

A agricultura moderna exige profissionalização e não pode ser usada para assistencialismo e clientelismo governamental. Mais uma vez, o governo federal insiste em jogar contra o setor que vem segurando as contas do país — entre 1997 e 2005, a agricultura acumulou saldo comercial da ordem de US$ 155 bilhões, respondendo por 40% das exportações, 34% do PIB e 37% dos empregos.

Novos requisitos de qualidade para a pecuária de corte

José Amaral Wagner Neto

1. O que é qualidade?

Qualidade pode ser considerada a adequação, para uso ou conformidade, às exigências do usuário, já que é ele quem determina se um produto ou serviço tem a qualidade desejada.

Para se alcançar a qualidade de um produto é necessário um sistema de qualidade, cujo objetivo é a satisfação do cliente e o fornecimento de produto que atenda aos requisitos regulamentares ao menor custo possível. Para atingir esses objetivos, o sistema de qualidade deve abordar todas as atividades necessárias para assegurar confiança no processo utilizado para gerar um produto.

Duas questões fundamentais decorrentes dos conceitos acima se colocam quando se trata de qualidade de produtos.

Primeiro, um produto adequado ou conforme deve atender a requisitos de um regulamento, uma norma, um protocolo ou mesmo uma especificação do cliente. Logo, para se ter uma conformidade é necessário uma norma que expresse as exigências do usuário ou cliente.

Segundo, para atingir a conformidade, o processo de produção deve ser sistemático e controlado para assegurar que os requisitos serão alcançados; é necessário um procedimento de controle da produção ou um sistema de gestão da qualidade.

No mercado competitivo atual uma empresa deve não só atender às exigências dos seus clientes, como também antecipar suas necessidades e fornecer produtos que estejam "corretos da primeira vez" sem que seja preciso refazê-los ou substituí-los.

Os conceitos de qualidade e gestão da qualidade tiveram a sua evolução e consolidação em nível mundial com a edição das normas da série ISO 9000, que embora não sejam de aplicação exclusiva, refletem as necessidades dos setores industrial e de serviços, uma vez que foram incentivadas e posteriormente adotadas por empresas desses segmentos. A produção agropecuária está sendo incorporada tardiamente nesse processo global de normalização e certificação, muito embora experiências de certificação de produtos agroalimentares remontem ao início do século passado na Europa.

2. Certificação de qualidade na produção agropecuária

O processo de certificação de qualidade de alimentos tem origem e primeira experiência de institucionalização na França com os processos de certificação de denominação de origem controlada na indústria vinícola, que posteriormente foi estendida para outros segmentos da indústria alimentícia, e resultou na criação de vários selos de qualidade. A motivação dos produtores e do governo francês, que a regulamentou, foi garantir o mercado para produtos nacionais economicamente importantes e diferenciados por sua qualidade e valor agregado. Esses produtos já eram, há muito tempo, reconhecidos mundialmente por sua qualidade superior ou única, o que justificava a sua certificação e rotulagem para evitar práticas desleais de comércio. Para garantir esse mercado, os franceses tiveram que fazer duas coisas: a) criar uma norma que explicitasse aos seus clientes a origem e qualidade (no caso, associadas) desses produtos especiais; b) criar um sistema de certificação para garantir que os produtos estariam em conformidade com as especificações alegadas desses produtos.

À primeira vista pode parecer simples uma iniciativa dessa natureza, mas ainda hoje são poucos os exemplos vitoriosos que podem ser tomados como referência.

A produção orgânica de alimentos, também de inspiração européia, talvez seja o caso de maior repercussão mundial no setor de alimentos por sua disseminação em muitos países, regulamentação e processo de certificação reconhecido. E o crescimento da agricultura orgânica tem sido alto e consistente.

A certificação agropecuária, no entanto, tem seguido um padrão diferente dos demais setores, não existindo, por exemplo, no sistema ISO, normas específicas e de aceitação geral para aplicação no campo, o que seria desejável. Provavelmente porque na produção agropecuária as condições de mercado, as características particulares da atividade no campo, bem como a multiplicidade dos sistemas de produção muitas vezes não permitem uma aplicação automática ou mesmo uma adaptação aceitável de normas desenvolvidas para outros setores. Adicionalmente, o "produto *alimento*", por sua implicação direta na saúde humana, agrega dificuldades para a elaboração, aplicação e comprovação da qualidade. Isso torna a normalização na agropecuária mais difícil e complexa.

Cabe assinalar que existe na verdade muita confusão entre norma e regulamento técnico, que afetam particularmente o setor agroalimentar.

As definições usuais dizem que: **regulamento técnico** é o documento que apresenta as características dos produtos ou dos seus processos e métodos de produção, incluindo-se as provisões administrativas, e cujo cumprimento é obrigatório; **norma** é o documento aprovado por um organismo reconhecido e que determina, para uso geral e continuado, as regras, as diretrizes ou as características dos produtos, dos seus métodos de processo ou de produção, cujo cumprimento não é obrigatório.

Regulamentos técnicos são parte integrante da legislação e são de responsabilidade única e exclusiva dos governos.

Normas são voluntárias por natureza e não são parte constitutiva da legislação.

No caso de alimentos, os regulamentos técnicos normalmente estão associados aos aspectos de inocuidade e sanitários, com o objetivo de proteger a saúde dos consumidores, a economia nacional, acordos internacionais como o Codex Alimentarius etc.

Ocorre que com a globalização dos mercados de alimentos e a multiplicação de problemas no campo sanitário e de segurança dos alimentos, o processo de normalização de qualidade foi atropelado pela necessidade de regulamentação rápida e abrangente. E esse processo passou a ser conduzido principalmente pelos governos nacionais ou blocos econômicos, como é o caso da União Européia. Isso de certa forma acabou desvirtuando e diferenciando o processo de normalização agrícola dos demais setores e abrindo campo para medidas de caráter protecionista dos mercados nacionais. Na verdade caberia aos governos a elaboração dos regulamentos técnicos que consolidassem as normas aprovadas por organismos representativos que expressam as expectativas do comércio. Infelizmente nem sempre isso ocorre, e principalmente por insuficiência de participação dos agentes econômicos nos fóruns adequados para elaboração de normas com alcance amplo.

A maneira como esse processo evoluiu e levou à necessidade de programas de certificação será discutida a seguir no caso da carne bovina.

3. Certificação da qualidade de carne bovina

Em vários países onde a produção pecuária possui alguma importância pode-se encontrar experiências e iniciativas locais de certificação de carne bovina, inclusive no Brasil. A maioria dos programas são para ressaltar as qualidades diferenciadas da carne de determinadas raças de bovinos, como sabor, maciez, gordura etc.

Normalmente são conduzidas por associações ou cooperativas de produção com o objetivo de ampliação do mercado e agregação de valor aos seus produtos. O alcance desses programas na maioria dos casos é o mercado interno dos países onde atuam os produtores e o processo de certificação é conduzido e controlado pelas próprias associações. Os protocolos de normas ou regulamentos desses programas basicamente preocupam-se em garantir a origem da "matéria-prima" boi, especificando as raças ou o grau de sangue aceitos e a tipificação das carcaças dos animais que garantam a qualidade desejada do produto. Não interessam para esses programas normas mais abrangentes de rastreabilidade e do sistema de produção, uma vez que exigências adicionais podem tornar-se um fator de exclusão de produtores associados.

Mais recentemente, em países que passaram por sérias crises sanitárias, como é o caso da Inglaterra (BSE e aftosa), ou que possuem forte presença no mercado internacional de carne bovina, como a Austrália, surgiram iniciativas de certificação com um alcance mais amplo envolvendo o modo de produção e a rastreabilidade. São programas mais consistentes, como garantia de qualidade da carne bovina, e incorporaram processos de certificação independentes, com a contratação de uma terceira parte (certificadora) para auditar esses programas.

Refletindo a maior preocupação dos mercados consumidores com relação à segurança do alimento, os novos protocolos de certificação focam os aspectos de produção e manejo dos animais e podem, ou não, agregar exigências quanto a qualidades intrínsecas do produto final carne. É evidente que uma carne com garantias certificadas de inocuidade e qualidade diferenciada terá maior aceitação e valor no mercado. Dessa forma, é de se esperar que os protocolos de raça gradativamente incorporem os requisitos de controle do sistema de produção para atender aos mercados, mas a principal tendência é a de proliferação de programas focados nos sistemas de produção que garantam boas práticas pecuárias.

Mais recentemente ainda, uma terceira onda de exigências dos mercados mais sofisticados incorporou novos atributos relacionados aos sistemas de produção, no caso não diretamente associados aos aspectos de qualidade do produto carne ou mesmo da segurança do alimento. É o caso da proliferação de requisitos relacionados com questões socioambientais do sistema de produção, como cumprimento da legislação ambiental dos países em que a carne é produzida ou mesmo garantia de que não provém de áreas de desmatamento recente, condições de higiene e segurança do trabalho, ausência de trabalho infantil, liberdade de associação dos empregados etc.

Essas exigências, na falta de um padrão mundialmente aceito, acabam sendo geradas e exigidas pelas grandes redes de distribuição de alimentos, importadores etc.

Com isso, fica cada vez mais evidente a necessidade de padrões e normas internacionais que possam harmonizar os interesses do mercado com as possibilidades e interesses dos vários segmentos das cadeias produtivas.

Para o produtor rural, principalmente aquele interessado em vender para os mercados mais exigentes, o processo de adequação e a implementação de sistemas de gestão da qualidade ficam mais complexos e caros, uma vez que são exigidas certificações diferentes para cada cliente ou mercado.

A principal iniciativa para se transformar em uma norma de boas práticas agrícolas amplamente aceita foi desenvolvida com o apoio das grandes redes de supermercados europeus, inicialmente para frutas e verduras e mais recentemente para produção pecuária, grãos e café: o programa chamado EurepGap.

4. EurepGap – Boas práticas agrícolas

EurepGap é um sistema de gestão da qualidade, com a finalidade de melhorar os padrões dos produtos da indústria alimentícia. Originou-se como uma iniciativa dos varejistas e supermercados europeus em 1997, na Alemanha. Eurep refere-se a "European Retailers Produce Working Group", que preparou um protocolo de boas práticas agrícolas (*good agricultural practices* – GAP), que devem ser seguidas pelos produtores.

É um programa de certificação voluntário, baseado em critérios objetivos e amplamente discutidos com as partes interessadas.

Os objetivos do EurepGap são: reduzir os riscos, assegurar a qualidade e inocuidade dos alimentos na produção primária, enfocando também a implementação das melhores práticas para uma produção sustentável. O protocolo EurepGap IFA (Integrated Farm Assurance), que se aplica para a certificação de bovinos, descreve os requisitos essenciais de acordo com padrões globais de segurança do alimento, HACCP (Análise de Perigos e Pontos Críticos de Controle), preservação do meio ambiente, saúde e segurança dos funcionários, além do bem-estar dos animais. Os aspectos que englobam as normas da EurepGap IFA são: rastreabilidade animal; técnicas de produção com o objetivo do uso controlado de agrotóxicos e medicamentos, para minimizar o impacto dos resíduos nos alimentos, nos seres humanos e no meio ambiente; proteção do meio ambiente; aspectos higiênicos, para evitar as contaminações químicas, físicas e biológicas, assegurando a inocuidade dos alimentos; e aspectos sociais, enfocando um ambiente de trabalho adequado às necessidades trabalhistas e sanitárias dos trabalhadores envolvidos na cadeia, além de aspectos relacionados com o bem-estar animal.

O programa também incorpora a concepção de melhoria contínua, classificando os pontos de controle em: obrigações maiores, obrigações menores e recomendações.

Para obter a certificação, é necessário que a propriedade a ser certificada atenda a 100% dos itens classificados como obrigações maiores e 90% do total dos itens aplicáveis que sejam obrigações menores. Os itens recomendados não influenciam na certificação da propriedade, mas devem ser auditados pela certificadora. No futuro, com o avanço do processo, itens de obrigações menores poderão passar para obrigações maiores e as recomendações poderão passar a ser obrigatórias (menores ou maiores).

O programa IFA do EurepGap é divido em oito módulos, sendo que para a pecuária bovina são aplicáveis os módulos 1, 5 e 6.

Os principais pontos de controles de cada módulo são os seguintes:

Módulo 1: Base fazendas

Registros: acessíveis e guardados por um ano.

- Auditoria interna: Check list EurepGap e ações corretivas e planos de ação cabíveis.
- Sistema de referência para cada área utilizada (planta ou mapa da fazenda).
- Controle de pragas e roedores (locais das iscas e inspeções realizadas).
- Formulário de reclamações referentes ao cumprimento da norma EurepGap, com ações corretivas.

Limpeza dos equipamentos de colheita de alimentos dos animais, juntamente com as instruções do fabricante.

Documentos: atualizados e disponíveis na auditoria.

- Fichas técnicas dos produtos perigosos; parecer sobre captação da água.

Instalações e equipamentos: adequados ao uso, mantidos em bom estado.

Máquinas em boas condições de uso e devidamente higienizadas (vagões/caminhões e reboques destinados ao carregamento da colheita ou alimento animal).

Planos e procedimentos

- Avaliação de risco para novas atividades (pode ser verbal).
- Programa de saúde e segurança dos funcionários.
- Programa de higiene da fazenda.
- Plano de ação para animais silvestres e política de conservação (pode ser verbal).

Técnicas adotadas

- Controle de pragas, com iscas seguras para outros animais.
- Fazenda livre de lixo e resíduos.
- Reuniões (no mínimo duas) entre trabalhadores e administração do local.

Saúde e bem-estar dos trabalhadores

- Disponibilidade do kit de primeiros socorros.
- Sinalização de advertência a perigos pela fazenda.
- Utilização de EPIs.
- Alojamentos habitáveis para os funcionários.

Capacitações

- Todos os funcionários devem ser capacitados de acordo com suas atividades.
- Capacitação de pessoal envolvido com manipulação de agrotóxicos e medicamentos.

Módulo 5: Base para todos os animais

Rastreabilidade

- Sistema de rastreabilidade implantado e efetivo.
- Registros de movimentação e uso das notas de despacho aprovadas pelo EurepGap.
- Garantia de que os animais tenham sido criados em fazendas EurepGap.

Medicamentos

- Não usar medicamentos proibidos nem vencidos e disponibilizar bulas ou receitas.
- Registros de compra (nome, quantidade comprada, lote, data de validade e fornecedor) e administração (lote, data, identificação dos animais tratados, quantidade de medicamento, término do tratamento, término da carência, responsável).

Armazeamento: local adequado, trancado, iluminado e separado de outros produtos.

- Acesso limitado.
- Medicamentos nas embalagens originais.

Embalagens vazias: não reutilizar e evitar contaminação do meio ambiente no descarte.

Documentos

- Acordo com terceiros para uso do excesso de resíduos animais.
- Comprovação de formação, experiência e treinamento dos funcionários.
- Aprovação da fábrica de ração pela autoridade de competência relevante.
- Notas fiscais e rótulos de ingredientes e misturas de alimentos comprados.
- Formulação das rações para fazendas que misturam ingredientes.
- Resíduos de alimentos medicados.
- Limpeza dos sistemas de alimentação.
- Programa de saúde animal (assinado pelo veterinário responsável).
- Plano de ação caso o LMR seja excedido.
- Procedimento para descarte de objetos perfurocortantes.

Instalações

- Instalações elétricas inacessíveis e protegidas.
- Tamanho e iluminação adequados ao rebanho, permitindo contato visual entre os animais.
- Instalações para isolamento de animais doentes.
- Ventilação e condições de higiene adequadas.
- Ausência de pisos escorregadios e projeções agudas.

Alimentos

- Água fresca *ad-libitum* em bebedouros limpos.

- Alimentos (exceto forragens) e subprodutos industriais adquiridos e manufaturados e obtidos de fonte aprovada pelo EurepGap.
- Proibido o uso de fontes de proteína de origem animal (exceto leite ou peixe).
- Alimentos medicados são segregados, identificados, e seus resíduos são devidamente descartados.
- Limpeza do local de armazenagem, evitando deterioração e contaminação.
- Registros de alimentos adquiridos (tipo, quantidade, data).

Outros procedimentos

- Produtos químicos: só são usados os autorizados e armazenados longe dos animais.
- Medicação somente quando necessário, com recomendação veterinária e prazo de carência cumprido.
- Sacrifício adequado de animais acidentados.
- Notificação de doenças exigidas por lei.
- Descarte de animais mortos, de acordo com a regulamentação local.
- Manejo baseado no bem-estar animal.
- Descarte adequado de embalagens vazias e medicamentos vencidos.
- Uso de medicamentos aprovados, nas dosagens recomendadas.
- Não utilizar promotores de crescimento.
- Testes de resíduos.

Módulo 6: Bovinos e ovinos

Instalações

- Instalações em bom estado de manutenção para manejo e embarque.
- Iluminação para gado confinado e animais de cria.
- Condições de higiene adequadas e área seca de repouso.

Registros

- Período de residência em fazenda aprovada EurepGap: gado não-EurepGap deve passar 90 dias em fazendas registradas EurepGap.
- Visitas veterinárias pelo menos duas vezes ao ano.

Procedimentos

- Limpeza do gado no embarque.
- Agrupamento do gado por critérios de manejo.
- Adequação das raças, condições de rebanho, clima e sombreamento disponível.
- Inspeções rotineiras do gado.
- Descorna dos animais nas duas primeiras semanas de vida;
- Assegurar ração diária e satisfatória ao gado.
- Dieta saudável oferecida aos bezerros.
- Áreas de cria adequadas, limpas e iluminadas.
- Amamentação adequada dos bezerros, incluindo o colostro ou substituto adequado do leite.

No Brasil já existe um número significativo de fazendas certificadas e em processo de certificação EurepGap. A iniciativa tem surgido de frigoríficos que exportam para clientes da Europa que neste ano passaram a requer essa certificação para atender a importadores que trabalham com as grandes redes de supermercados. Em alguns casos esses frigoríficos estão organizando grupos de fornecedores para apoiar o processo de implantação das normas para a certificação.

5. Certificação de boi a pasto

No Brasil, não damos muita importância para o fato de nossa bovinocultura de corte ser predominantemente conduzida a pasto. No entanto, cresce de forma consistente a valorização de carne bovina procedente de animais produzidos a pasto. Os fatores que explicam essa valorização são:

- indicador de menor risco de BSE e outros patógenos;
- indicador de bem-estar animal e sustentabilidade ambiental;
- percepção de sabor diferenciado e, principalmente,
- nível de colesterol mais baixo;
- valor nutricional diferenciado (relação ômega 3/ômega 6).

Estudos têm demonstrado que as forragens frescas contêm uma composição de lipídeos diferenciada, com uma maior proporção de ácidos graxos insaturados (ácido linoléico) em comparação com a forragem conservada e grãos.

Além disso, a carne do boi a pasto tem um maior teor de vitaminas A e E, que possuem ação antioxidante e aumentam a resistência a doenças. A maioria das pesquisas, no entanto, foram desenvolvidas com gramíneas de clima temperado. Para o Brasil é fundamental desenvolver pesquisas com gramíneas tropicais e estabelecer os níveis possíveis de suplementação de grãos na terminação de bovinos, que permitam manter a qualidade nutricional da carne. Isso porque no país a maioria dos sistemas de produção requer algum nível de suplementação com concentrados.

A demanda por carne de boi a pasto já havia se manifestado na Europa por conta de razões sanitárias e ambientais e mais recentemente vem crescendo nos Estados Unidos por razões nutricionais.

Nesse país, um dos maiores países produtores, exportadores e consumidores de carne bovina do mundo, apenas 1% do fornecimento de carne vem do chamado *grass-fed system*, ou seja, de boi a pasto. Os dados apontam que o faturamento desse tipo de carne em 2005 foi de 120 milhões de dólares e estima-se que esse valor deva crescer cerca de 20% ao ano na próxima década. O Departamento de Agricultura do país (USDA) está propondo a criação de um programa de certificação oficial garantindo as especificações da carne do boi a pasto.

A maioria dos países produtores possuem sistemas intensivos de produção e não conseguirão atender à demanda dos consumidores por esse tipo de carne bovina.

Os produtores de países como Brasil, Argentina, Uruguai, Paraguai e outros, com vocação pastoril, podem atender a essa nova tendência do mercado.

A tarefa urgente nesse caso é desenvolver uma norma técnica que atenda aos requisitos desse novo mercado e um sistema de certificação com reconhecimento internacional. A falta de oferta de carne a pasto tem pressionado a demanda por carne orgânica certificada, principalmente nos Estados Unidos, mas esse mercado encontra-se fechado para os países do Mercosul, por conta da aftosa, com exceção do Uruguai.

6. Certificação de carne orgânica

Em agosto de 2001, no Estado do Mato Grosso do Sul, foram abatidos os primeiros 120 bovinos de corte produzidos no Brasil em um sistema de produção com certificação orgânica. A perspectiva de remuneração 25% superior para arroba de animais criados nesse sistema, além da possibilidade da exportação para o mercado europeu, despertou o interesse de alguns frigoríficos e pecuaristas.

A carne orgânica é obtida através de técnicas e manejo que utilizam os recursos naturais de forma racional e preconizam um sistema de produção sustentável. Nesse sistema é proibido o uso de produtos químicos não naturais, quer na pastagem, na forma de adubos ou herbicidas, ou no próprio animal, como medicamentos, vermífugos, promotores de crescimento, ionóforos etc. É permitido o uso de medicamentos naturais e homeopáticos, vacinações obrigatórias por lei (aftosa), uso de sal mineral e técnica de inseminação artificial. Os animais devem ser adaptados à região, garantindo a eficiência do sistema.

Para a conversão de toda uma área (pastagens, lavoura etc.) para o orgânico, são necessários cerca de 24 meses. Os animais, para terem a carne certificada como orgânica, deverão ser provenientes de áreas certificadas ou nascidos na propriedade certificada. Os reprodutores convencionais que ingressam no sistema são considerados orgânicos após três meses de conversão. A cada ano, pode-se incorporar 10% de animais convencionais ao rebanho (como reprodutores). Um bovino nascido em sistema convencional nunca poderá ter a sua carne certificada como orgânica

O manejo dos animais no sistema é feito com vacinação e cura de umbigo com anti-séptico natural. Medidas de vermifugações e tratamentos de animais doentes devem ser feitas com medicamentos naturais e homeopáticos. Alguns produtos com baixo poder residual podem ser permitidos em casos especiais e com autorização da certificadora. As instalações, como piquetes, curral de manejo, *creep feeding* e confinamento, devem ser construídas de modo a permitir segurança e conforto aos animais.

A produção de volumosos para o fornecimento aos animais nas formas de feno e silagem também é permitida, desde que sejam produzidos de forma completamente orgânica.

A suplementação mineral é basicamente a mesma dos sistemas tradicionais, respeitando-se a não-inclusão de uréia, promotores de crescimento e ionóforos. A suplementação de animais em Creeper, na recria, ou a terminação em confinamento ou semiconfinamento são permitidas, com a autorização do órgão certificador. Os alimentos devem ser de origem vegetal, obrigatoriamente produzidos de acordo com as normas da "agricultura orgânica". Alimentos orgânicos não produzidos na propriedade devem entrar no máximo em 10% da formulação.

O transporte, o manejo pré-abate e o abate dos animais devem seguir princípios humanitários e de bem-estar animal, assegurando a qualidade sanitária da carcaça, e no frigorífico os animais orgânicos são colocados em currais separados exclusivos para orgânicos.

Para a efetivação da sustentabilidade, os sistemas devem obedecer a alguns requisitos, como:

- respeitar o bem-estar animal;
- manter um nível higiênico em todo o processo criatório compatível com as normas de saúde pública vigentes;
- adotar técnicas sanitárias preventivas sem o emprego de produtos proibidos;
- contemplar uma alimentação nutritiva, sadia e farta, incluindo-se a água, sem a presença de aditivos químicos e/ou estimulantes;
- dispor de instalações higiênicas, funcionais e confortáveis;
- praticar um manejo capaz de maximizar uma produção de alta qualidade biológica e econômica;
- utilizar raças, cruzamentos e melhoramento genético compatíveis com as condições ambientais e com o estímulo à biodiversidade (organismos geneticamente modificados, especificamente os transgênicos, são proibidos).

7. Iniciativas brasileiras de programas de qualidade da carne e qualificação de fornecedores: Nelore Natural, Carne Angus e Rubia Galega

Surgiram nos últimos anos importantes e pioneiras iniciativas de programas de qualidade da carne bovina, acompanhando as tendências do mercado mundial. Esses programas devem, mais apropriadamente, ser classificados como de qualificação de fornecedores, uma vez que se baseiam em protocolos de associações de produtores ou de compradores dos produtos qualificados. Nestes casos não existe um processo de certificação independente e de terceira parte e são os próprios "detentores" das normas que auditam a conformidade do produto.

Programa Nelore Natural

Segundo a ACNB – Associação dos Criadores de Nelore do Brasil, já em 1999 se realizaram julgamentos de carcaças para mostrar as vantagens do Nelore como produtor de carne de qualidade e para mobilizar os criadores em torno da produção desse tipo de animal, explorando comercialmente a uniformidade de peso e de acabamento de carcaças da raça, inclusive para exportação. Ainda segundo a ACNB, com a confirmação das expectativas, estava aberto o caminho para a implantação de um projeto visando assegurar a oferta de carne de qualidade no mercado. Para ser eficaz, esse sistema deveria controlar o caminho percorrido pela carne, do produtor ao consumidor, integrando toda a cadeia produtiva (criadores, frigoríficos e pontos-de-venda). O marketing da carne nelore estava nascendo, sob o respaldo do Programa de Qualidade Nelore Natural (PQNN).

Na sua concepção, o PQNN visa garantir um padrão para carcaças bovinas de animais nelore, com padronização e qualidade controlada. O programa foi concebido em quatro módulos independentes. O módulo I, qualidade da carne, que consiste na qualificação de animais no pré-abate com base em características raciais e tipificação de carcaças de acordo com os critérios do programa, foi o que mais se desenvolveu e deu grande visibilidade à marca Nelore Natural. Os demais módulos – rastreabilidade do sistema de cria, rastreabilidade do sistema de engorda e qualidade de reprodutores, que já incorporava preocupação com garantias do sistema de produção – tiveram um crescimento mais modesto.

O processo de controle da qualidade e as inspeções nos frigoríficos ainda são realizados por técnicos da própria associação e não avançaram para um processo de certificação independente. É seguramente o programa que envolve o maior número de pecuaristas, frigoríficos e distribuidores do Brasil.

Programa Carne Angus Certificada

Esse programa, em atividade desde janeiro de 2003, é uma parceria entre a Associação Brasileira de Angus e o Frigorífico Mercosul no Rio Grande do Sul.

Segundo a Associação, "o principal objetivo é a valorização da carne de animais Angus e suas cruzas, garantindo aos produtores a diferenciação em termos de pagamento por qualidade e a participação em um projeto orientado pelas novas tendências mundiais do agronegócio, fomentando o crescimento da Raça Angus como um todo".

O programa trabalha com duas categorias de animais:

- Angus Premium: animais com até quatro dentes (30 meses) e acabamento de gordura G3 e G4 (entre 3 e 10 mm).
- Angus Export: animais com carcaças pesadas, compatíveis com a classe de pagamento Exportação do Frigorífico Mercosul e bom acabamento de gordura G3 e G4 (entre 3 e 10 mm), sem restrição de idade.

O programa também estabelece seis padrões raciais para Angus e Red Angus e seus cruzamentos.

A carne Angus é certificada pela Associação Brasileira de Angus, através da identificação diferenciada da carcaça no frigorífico por veterinários credenciados, nas plantas frigoríficas.

A desossa, embalagem e expedição são realizadas pelo veterinário responsável técnico pelo controle de qualidade da Associação Brasileira de Angus, que atesta o padrão de qualidade do processo estabelecido pelo protocolo da associação. A carne aprovada é embalada a vácuo e recebe o selo de certificação da Associação Brasileira de Angus.

Programa da Raça Rubia Galega

Ao contrário dos demais programas de raça, este encontra-se vinculado ao Programa de Produção de Carne de Qualidade, iniciado pelo hipermercado Extra em 2003. É apresentado como o primeiro sistema de rastreabilidade individual de bovinos do país. Através de um software desenvolvido pelo Extra em parceria com a Genética Galega (GMG), o pecuarista poderá, pela primeira vez, ter seu produto identificado pelo consumidor diretamente na gôndola do hipermercado. O "RG do Boi" consiste em garantir e informar o consumidor sobre o ciclo de vida de um produto em todas as fases da cadeia produtiva, desde a inseminação, passando pelo nascimento e indo até o abate e a oferta dos animais para o consumo.

Até agora, onze fazendas, localizadas nos Estados de São Paulo, Goiás e Mato Grosso, já participam do programa com 20 mil animais inseminados. O objetivo é inseminar 150 mil vacas ainda em 2006.

Os participantes recebem assistência técnica e contam com um sistema informatizado de gestão para garantir a rastreabilidade. O compromisso do pecuarista é inseminar matrizes e obter animais desse cruzamento; o Extra assume o compromisso de comprar 100% dos animais nascidos na fazenda.

Os critérios para seleção dos produtores já refletem as preocupações do mercado com as novas questões discutidas anteriormente. Os principais critérios, de acordo com o programa, são: rastreabilidade, com um software próprio; certificação e auditoria de todas as fases de produção; cuidados com o solo e a água; diversificação de cultivos (não se admite a monocultura nas propriedades); requisitos de justiça e direitos sociais e adesão à campanha de combate ao trabalho escravo; conformidade da propriedade com o Código Florestal Brasileiro; bem-estar animal; alimentação livre de produtos geneticamente modificados.

Essas três experiências, selecionadas entre outras no Brasil, permitem três conclusões que julgamos importantes:

1. O processo de certificação da qualidade da carne bovina no Brasil, embora incipiente, já acumula experiências importantes e está atento para os novos requisitos do mercado.
2. Os programas de iniciativa dos produtores nacionais focam principalmente o mercado interno, e quando as ações são coordenadas pela indústria frigorífica o foco é o mercado internacional, particularmente a Europa.
3. Os programas locais, com exceção da carne orgânica, ainda não adotaram um sistema de certificação independente de terceira parte, que é exigido para o mercado internacional.

Análise de risco microbiológico no contexto da produção de carne bovina

Bernadette Dora Gombossy de Melo Franco*

1. Histórico

Doenças causadas por patógenos de origem alimentar constituem um problema de saúde pública mundial e sua prevenção é o objetivo de todas as sociedades. Doenças de origem alimentar de natureza microbiana são causadas por bactérias ou seus metabólitos, parasitas, vírus ou toxinas. A importância das diferentes doenças de origem alimentar varia entre países, dependendo do alimento consumido, dos procedimentos de processamento, preparação, manuseio e armazenamento dos alimentos e da sensibilidade da população. Enquanto a

* Departamento de Alimentos e Nutrição Experimental. Faculdade de Ciências Farmacêuticas. Universidade de São Paulo.

completa eliminação das doenças de origem alimentar é inatingível, tanto os gestores governamentais de saúde pública quanto a indústria estão comprometidos em reduzir a incidência de doenças causadas por alimentos contaminados.

Durante décadas, os riscos associados ao consumo de alimentos contendo microorganismos patogênicos eram avaliados exclusivamente através de padrões e critérios microbiológicos preestabelecidos. Para isso, agências de vigilância da segurança dos alimentos e estabelecimentos produtores de alimentos recorriam a análises microbiológicas para determinar se eles estavam de acordo com esses padrões e critérios e, conseqüentemente, se eram seguros do ponto de vista da saúde do consumidor. No entanto, logo se percebeu que análises laboratoriais são uma ferramenta muito limitada para assegurar a segurança dos alimentos, principalmente quando o índice de contaminação é baixo. Segundo a ICMSF (International Commission on Microbiological Specifications for Foods), em um processamento industrial em que se produz um lote de alimento no qual existe uma unidade contaminada para cada duzentas unidades produzidas (0,5%), mesmo se forem analisadas 100 unidades do lote, a probabilidade de ele ser aprovado é de 61%. Os padrões e critérios microbiológicos possuem maior aplicação em produtos acabados, com pouca ou nenhuma contribuição para a solução de problemas durante um processo produtivo.

Era, portanto, necessário que os produtores de alimentos agissem de forma proativa, utilizando outras ferramentas para assegurar a segurança dos alimentos. Nessa esteira, surgiu o sistema HACCP, cuja eficácia depende de prévia implantação das boas práticas de higiene. O principal foco do sistema HACCP é identificar e controlar as etapas de um processo produtivo que afetam a produção de um alimento seguro, visando não ultrapassar limites que possam colocar em risco a saúde da população. Embora todos os produtores que se preocupam com a segurança dos alimentos que produzem tenham sistemas HACCP implantados, é difícil correlacionar os limites estabelecidos com os impactos à saúde pública, principalmente em países com dados epidemiológicos precários. Também não é possível avaliar se planos HACCP semelhantes, aplicados para processos produtivos diferentes, garantem um mesmo nível de proteção. Essas limitações, a necessidade de estimar de forma mais adequada o impacto potencial da segurança dos alimentos junto à saúde pública e os custos econômicos associados a doenças transmitidas por alimentos resultaram no desenvolvimento de uma nova ferramenta de gestão de segurança, denominada análise de risco.

A partir de 1995, com o Acordo Sanitário e Fitossanitário, da Organização Mundial do Comércio, a análise de risco tornou-se uma estratégia importante na área de segurança alimentar (WTO, 1995). Esse acordo visa proteger a saúde humana, animal e das plantas, impedir o protecionismo e prevenir a criação de barreiras desnecessárias ao comércio internacional. Segundo o acordo, alimentos podem ser importados livremente, desde que não comprometam o nível de proteção ao consumidor exigido pelo país importador.

2. O que é uma análise de risco?

A análise de risco é um instrumento de gestão à disposição das autoridades de um país para seleção de medidas de controle eficazes, que assegurem que o consumidor está devidamente protegido contra as enfermidades transmitidas pelos alimentos.

Ela é constituída por três componentes: a avaliação do risco, a gestão do risco e a comunicação do risco, envolvendo autoridades sanitárias, produtores de alimentos, comunidade científica e consumidores (ICMSF, 2002; ILSI, 2004).

A avaliação de risco consiste em determinar a probabilidade e a gravidade de um efeito prejudicial à saúde em uma população exposta a determinada combinação patógeno/alimento. Trata-se de um procedimento científico no qual se determinam quais os perigos de relevância em determinado alimento, qual o perfil do consumidor, qual a concentração dos perigos nesse alimento, qual a concentração do perigo que causa danos potenciais ao consumidor (avaliação dose-resposta) e qual a gravidade desses danos, chegando-se então a uma estimativa de risco.

Na gestão do risco, são estabelecidas as estratégias para manter os perigos microbiológicos sob controle. Nessa etapa, o gestor de risco, tendo em vista os dados gerados na avaliação de risco, verifica quais as opções possíveis para gerir esse risco (HACCP, boas práticas de higiene etc.), implementa essas ações e monitora seu funcionamento para saber se o risco está, de fato, sendo controlado. A tarefa do gestor de risco é avaliá-lo levando em conta não apenas características científicas, mas também aspectos sociais, éticos e econômicos, decidindo quais ações são necessárias e quais são possíveis.

A comunicação do risco consiste em um intercâmbio de informações e opiniões ao longo de todo o processo de análise de risco, relativas aos fatores relacionados com os riscos e com a sua percepção. Desse processo participam as pessoas encarregadas da avaliação dos riscos, aquelas envolvidas na gestão desses riscos, os consumidores, os produtores, a comunidade acadêmica e todos os demais interessados.

3. Instrumentos de gestão de riscos microbiológicos

Independentemente do método utilizado para estimar os riscos de doenças de origem alimentar, o passo seguinte é decidir se um risco pode ser tolerado ou deve ser reduzido. O nível de risco que uma sociedade aceita é definido como nível apropriado de proteção (NAP); em língua inglesa, *appropriate level of protection* (ALOP).

Segundo a Organização Mundial da Saúde (OMS), define-se NAP como o nível de proteção considerado adequado por um país que estabelece uma medida sanitária ou fitossanitária para proteger a saúde humana, animal e de plantas em seu território. Um NAP pode ser expresso pelo número de casos anuais aceitáveis (ou toleráveis) de determinada enfermidade causada por um microorganismo em um alimento para cada 100.000 habitantes de um país. Envolve, portanto, três elementos: o alimento, o patógeno e o consumidor. Para ser estabelecido, é necessário conhecer a freqüência de determinada doença, o alimento mais comumente envolvido e as características das pessoas afetadas (idade, condições imunológicas, presença de outras patologias etc.), o que somente é possível quando se faz uma análise de risco.

No rastro do Acordo Sanitário e Fitossanitário e da análise de risco, o Codex Alimentarius oficializou novas ferramentas de gestão dos riscos microbiológicos, a saber:

- objetivos de inocuidade de alimentos (OIA); em inglês, *food safety objectives* (FSO);

- objetivos de desempenho (OD); em inglês, *performance objectives* (PO);
- critérios de desempenho (CD); em inglês, *performance criteria* (PC);
- critérios microbiológicos (CM); em inglês, *microbiological criteria* (MC).

3.1. Objetivos de inocuidade de alimentos (OIA)

Exaustivos trabalhos conjuntos da ICMSF e do Codex Alimentarius permitiram chegar a uma definição de consenso para esse novo conceito de gestão: um OIA corresponde à máxima freqüência ou concentração de um perigo microbiológico em um alimento no momento do consumo, de forma a atender ao NAP estabelecido. Exemplo: *L. monocytogenes* em produtos cárneos prontos para consumo: < 100/g.

3.2. Objetivos de desempenho (OD)

Um OIA estabelecido para um alimento no momento de seu consumo precisa ser transformado em um parâmetro mensurável durante a cadeia produtiva. Assim, o OD corresponde a um objetivo de desempenho a ser atingido em determinado momento da cadeia produtiva de um alimento. Como um OIA, um OD deve atender ao NAP estabelecido (Figura 1). Exemplo: carcaças de frangos crus positivas para *Salmonella*: máximo de 15%.

3.3. Critérios de desempenho (CD)

Um CD corresponde à mudança na freqüência e/ou concentração de um perigo em um alimento, que deve ser obtida através da aplicação de uma ou mais medidas de controle, de forma a alcançar um OD ou OIA. Entende-se por medida de controle toda e qualquer ação que pode prevenir ou eliminar um perigo ou reduzi-lo a um nível aceitável. Exemplo: redução 6D de *Listeria monocytogenes* em produtos cárneos refrigerados prontos para consumo.

3.4. Critérios microbiológicos (CM)

Um CM é um padrão microbiológico que define a aceitabilidade do produto, ou lote de produtos, com base na ausência, presença ou

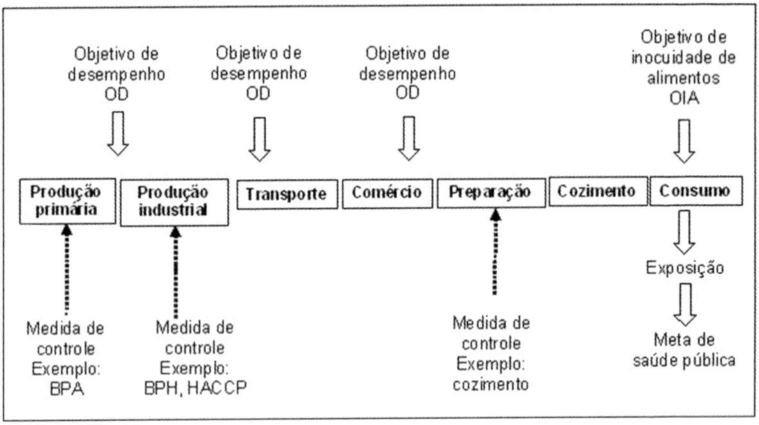

Figura 1. Modelo de cadeia produtiva mostrando a posição de um objetivo de inocuidade de alimentos e dos objetivos de desempenho derivados.

número de microorganismos por unidade de massa, área ou lote. Depende, portanto, de análise laboratorial. Para estabelecer um CM para um alimento, é necessário ter evidências da existência de um perigo real ou potencial nesse alimento, conhecer a microbiota da matéria-prima e os efeitos do processamento, determinar as probabilidades e conseqüências da contaminação e multiplicação durante a manipulação, conhecer as condições em que o alimento será armazenado e consumido, a categoria dos consumidores em risco, a relação custo/benefício do uso do critério, bem como o uso pretendido do alimento. Segundo o Codex Alimentarius, o estabelecimento de CMs deve levar em conta a importância do perigo microbiológico, a metodologia analítica a ser adotada, o plano de amostragem, os limites e a tolerância de resultados que não atendem a esses limites. São exemplos de CMs: *Salmonella* em produtos cárneos prontos para consumo: ausência em 25 g.

4. Considerações finais

Análise de riscos e as ferramentas de gestão a ela relacionadas são conceitos novos, introduzidos com o objetivo de auxiliar o governo e as indústrias na comunicação e no atendimento das metas de saúde pública (Figura 2). Essas ferramentas são complementares aos programas existentes de boas práticas de higiene, boas práticas de fabricação e HACCP, que são as vias pelas quais os níveis de ODs e OIAs serão atingidos. Assim, OIAs e ODs não substituem, mas apóiam-se em práticas e conceitos existentes de inocuidade de alimentos.

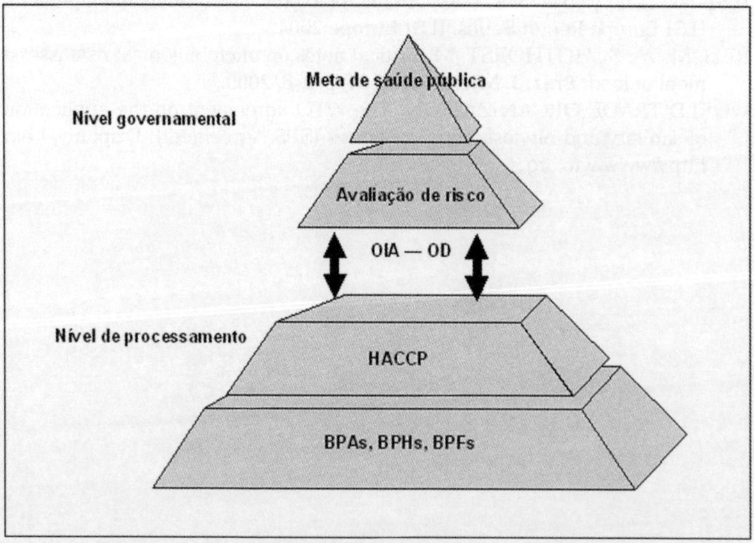

Figura 2. OIAs e ODs são formas de comunicação de metas de saúde pública a serem atingidas por processadores de alimentos aplicando boas práticas e HACCP.

5. Referências bibliográficas

CODEX ALIMENTARIUS COMMISSION (CAC). Joint FAO/WHO Food Standards Progamme. Codex Committee on Food Higiene. Principles and Guidelines for the Conduct of Microbiological Risk Assessment. CAC/GL 30-1999. Secretariat of the Joint FAO/WHO Food Standards Programme. Rome: Food and Agriculture Organization of the United Nations, 1999.

COLE, M. B.; TOMPKIN, R. B. Microbiological performance objectives and criteria. In: SOFOS, J. (ed.). *Improving the safety of fresh meat.* Woodhead Publishing Ltd., Cambridge, England, 2005.

FAO. Assuring food safety and quality – Guidelines to strengthening national food control systems. FAO Food and Nutrition paper number 76, 2003. ISSN 0254-4725.

FOOD CONTROL. Impact of food safety objectives on microbiological food safety management. Proceedings of a workshop held on 9-11 April 2003, Marseille, France. v. 16, issue 9, p. 775-832, 2005.

ICMSF. Microorganisms in foods 7. Microbiological testing in food safety management. Kluwer Academic/Plenum Publishers, New York, USA, 2002.

ICMSF. Guia simplificado para compreensão e uso de objetivos de inocuidade de alimentos e objetivos de desempenho. Disponível em http://www.icmsf.org. 2006.

ILSI-EUROPE. Food safety management tools. ISBN 1-57881-034-5, 1998.

ILSI. Food safety objectives — Role in microbiological food safety management. ILSI Europe Report Series. ILSI Europe 2004.

REIJ, M. W.; SCHOTHORST, M. Critical notes on microbiological risk assessment of food. **Braz. J. Microbiol**. v. 31, p. 1-8, 2000.

WORLD TRADE ORGANIZATION. The WTO agreement on the application of sanitary and phytosanitary measures (SPS Agreement). Disponível em http://www.wto.org.

Adequação ambiental das áreas de pastagem

Janete Brigante*

1. Apresentação

O mundo atual clama por mudanças nas relações sociais e econômicas, de modo a gerar menores impactos sobre o meio ambiente. Busca-se com isso a manutenção ou restituição da integridade e dos serviços dos ecossistemas naturais. Ao ser resguardada a capacidade autodepurativa dos ecossistemas diante dos distúrbios provocados pela sociedade moderna, estarão também sendo protegidos os recursos de biodiversidade e genéticos, pano de fundo para o estabelecimento e o avanço do desenvolvimento sustentável.

A evolução do conceito de desenvolvimento sustentável tomou fôlego após a Conferência das Nações Unidas sobre Meio Ambiente

* Núcleo de Estudos em Ecossistemas Aquáticos – NEEA/CRHEA/SHS/EESC/USP. castele@terra.com.br

e Desenvolvimento realizada no Rio de Janeiro, em 1992. Na ocasião, o processo preparatório da conferência objetivava atingir, ao final, a adoção de princípios básicos a serem seguidos por todos os povos com relação ao meio ambiente e ao desenvolvimento, a chamada Carta da Terra, além de convenções internacionais que cobrassem iniciativas das nações, relativas aos aspectos específicos de proteção da atmosfera e da biodiversidade, e um plano de ação denominado Agenda 21, contendo metas acordadas internacionalmente sobre prioridades, estimativas de custos e responsabilidades, para serem implementadas no período pós-1992, adentrando o século XXI.

Desde então, os princípios da sustentabilidade ou do desenvolvimento sustentável têm evoluído à custa de muitas reflexões sobre os resultados entre teoria e prática, aliados ao nível atual de entendimento e conscientização dos povos. Depreende-se dessas reflexões que tais princípios são compatíveis e devem ser introduzidos em todas as esferas produtivas da nossa sociedade. Adotando-se essa premissa, esses princípios são perfeitamente aplicáveis, por exemplo, às atividades agrícolas e de pecuária.

Respondendo positivamente a essa tendência mundial, o Ministério da Agricultura, Pecuária e Abastecimento (Mapa) e suas coligações juntam esforços no sentido de mudar os rumos e valores da agricultura no país, buscando associar o desenvolvimento do agronegócio com a conservação, a valorização e o uso sustentável dos recursos naturais, notadamente os recursos de biodiversidade. As ações desse ministério estão voltadas às políticas de sustentabilidade ambiental, com ênfase no manejo e na conservação do solo. Percebe-se que o campo da agroecologia no país está fincando bases mais profundas quando o ministério discute a criação da Rede Nacional de Competência em Agricultura de Base Ecológica.

Na implantação de novos paradigmas agrícolas, busca-se integrar boas práticas agrícolas, conservação, uso sustentável e gestão territorial no planejamento do uso da terra em escala temporal e espacial. Em resumo, essa integração representa um avanço na adequação ambiental de setores rurais produtivos. Durante esta breve reflexão, em que não se pretende esgotar o tema, o foco será o setor pecuário e a viabilidade de sua implementação sob o sistema de pastagens ambientalmente adequadas.

2. Panorama atual das pastagens no Brasil

Grandes extensões de sistemas naturais brasileiros, a maioria sistemas florestais, como os cerrados, a Floresta Atlântica e a Floresta Amazônica, estão hoje convertidas em pastagens. Esta conversão continua crescendo paulatinamente, sobretudo no Estado do Amazonas, no qual 77% das áreas desmatadas foram transformadas em pastagens, totalizando cerca de 45 milhões de hectares. Outros Estados do Brasil também apresentam expressiva quantidade de hectares de pastagens, notadamente Mato Grosso, Minas Gerais, São Paulo e os Estados sulinos.

Uma avaliação das condições dessas pastagens, porém, revela que pelo menos 50 milhões de hectares de pasto encontram-se em diferentes graus de degradação. Alguns estudiosos avaliam que 50% das áreas de pastagens no Brasil estão em processo de degradação (Carvalho, 1998; Melado, 2002). Esse é um valor alarmante para a economia baseada na pecuária, e também indica um valor de intervenção no sentido de priorizar técnicas de conservação dos solos no país. Nas regiões em que os ecossistemas florestais nativos ainda subsistem, esse quadro de degradação cria um risco potencial de que novas áreas naturais poderão ser destruídas e utilizadas para pecuária (Melado, 2002).

Do ponto de vista da produtividade, uma pastagem é considerada degradada quando é invadida por outras espécies herbáceas ou lenhosas, o que é favorecido pelas falhas que começam a ocorrer na gramínea e expandem-se por toda a área da pastagem. Este quadro de degradação, com aumento da diversidade vegetal e redução da produtividade, é o que predomina nas pastagens degradadas implantadas na região amazônica. Níveis ainda mais severos de degradação observados nas pastagens do Brasil são aqueles que provocam forte redução das gramíneas, com exposição do solo às intempéries e início de processos erosivos e de *runoff*, que aceleram o empobrecimento dele (Dias-Filho, 1998; Melado, 2002).

Para compreender as origens da degradação das pastagens, é preciso avaliar as tecnologias de implantação e de manejo utilizadas convencionalmente, ainda em grande escala, as quais são consideradas técnicas de alto impacto, gerando conseqüências danosas tanto para o meio ambiente quanto para o próprio produtor.

Na prática, essas técnicas dependem de altos investimentos financeiros, para viabilizar implementos pesados de aração, correção e adubação química do solo, herbicidas e fogo para controlar invasoras. São técnicas aplicadas tanto na implantação da pastagem quanto na tentativa de correção da degradação que se instala após alguns anos de pastejo contínuo, em que o pecuarista necessita reformar o pasto. É importante observar que tanto o superpastejo quanto o subpastejo podem levar à degradação da pastagem, porém, Melado (2002) enfatiza que a principal alavanca que aciona a degradação ainda é o pastejo contínuo.

Os diferentes níveis de degradação das pastagens ocorrem devido à drástica redução da capacidade suporte do solo, a qual é fortemente afetada pelas tecnologias de manejo aplicadas a esses sistemas (Stenberg et al., 1998). Uma conseqüência ambiental grave das práticas convencionais de manejo de pastagem é a redução da fertilidade do solo, com a perda da sua atividade biológica, o que, aliado ao pastoreio contínuo sobre monocultura de gramínea, caracteriza a não-sustentabilidade do sistema em longo prazo, como sumarizado na Figura 1.

3. Adequação ambiental dos sistemas de produção rural

O termo "adequação ambiental" significa estar em conformidade com requisitos predefinidos, baseados nas normas da ISO. Na área rural, este termo ganha força, ao ser inicialmente aplicado a sistemas florestais e de proteção de remanescentes florestais nativos. A evolução do termo nesse campo acelera-se devido a uma nova ordem que se impõe, paulatinamente, aos sistemas produtivos: que sejam ambientalmente adequados, que sinalizem para a sustentabilidade. Atualmente, agricultores e pecuaristas despertam para o interesse pela adoção de técnicas de manejo sustentáveis, como uma forma de conservar e restaurar os recursos do solo e da água e ampliar o potencial de produção.

Programas, normas e leis específicos buscam cada vez mais apoiar e incentivar modelos de produção sustentáveis, como o Programa de Modernização da Agricultura e Proteção de Recursos Naturais — Moderagro, instituído em 2005 pelo BNDES; a Resolução Bacen

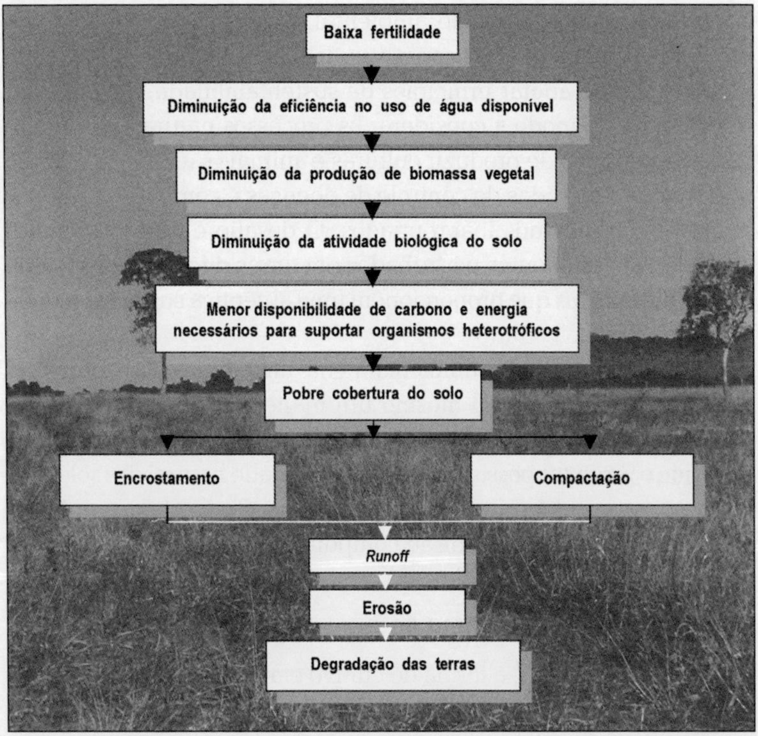

Figura 1. Processos que levam à degradação das terras. (Fonte: Syers et al., 1996).

nº 3.352, de 24 de fevereiro de 2006, que instituiu o Programa de Integração Lavoura/Pecuária — Prolapec; a Resolução SAA-17, de 11 de julho de 2005, que estabeleceu normas a serem atendidas pelo Programa Estadual de Microbacias Hidrográficas, a qual, entre outras metas, estimula a adoção de técnicas de conservação do solo pelos produtores. Não só pela conscientização do produtor rural ou por consumidores cada dia mais conscientes e mais exigentes, a prática dos princípios da sustentabilidade e da proteção aos recursos naturais tem sido a cada dia mais adotada, mas também pela influência de sanções cada vez mais restritivas sobre as atividades produtivas que geram distúrbios ambientais.

Ao aplicar a adequação ambiental rural, buscam-se soluções preventivas, mais do que corretivas. Isto significa que a atividade do produtor, ao adotar princípios de sustentabilidade, deverá estar direcionada de modo a considerar os processos naturais e a habilidade da natureza de produzir culturas e animais saudáveis, mais do que focar em medidas de controle de doenças e combate aos efeitos negativos de métodos inapropriados. O desafio é que os sistemas agrícolas são ambientes perturbados em graus diferenciados, o que demanda técnicas que proporcionem uma autêntica sustentabilidade em longo prazo.

Na pecuária, adequar ambientalmente uma pastagem é introduzir um manejo integrado ou mesmo um manejo ecológico, em que a manutenção e o estímulo à fertilidade natural do solo são essenciais. Para que o produtor possa promover a fertilidade natural dos solos por meio de manejo diferenciado das pastagens, é importante conhecer esse sistema, em especial o seu componente biológico.

4. Conhecendo o sistema solo

No Brasil agrícola, a forma de cultivo e manejo tradicionalmente praticada está provocando a exaustão dos recursos edáficos, o que é agravado pela característica tropical do continente, ou seja, chuvas torrenciais e dias muito ensolarados. Manejos que envolvem o revolvimento periódico do solo, a exposição solar direta, a adubação maciça e o uso de pesticidas concorrem para romper a integridade desse importante sistema. O que essa prática agrícola provoca no solo que compromete sua integridade? Para dimensionar os impactos promovidos pelas formas de manejo tradicionais sobre o sistema solo, é importante conhecer os seus componentes e integrar, em especial, o seu componente biológico.

Até poucas décadas atrás, os estudos do solo restringiam-se às suas características físicas e químicas, deixando-se de lado a busca de conhecimentos sobre as características biológicas dele. Essa tendência teve várias causas, dentre elas, a natureza opaca do solo, a complexa estrutura química e física atuante, a falta de reconhecimento da função dos organismos do solo na determinação das propriedades físicas e químicas e no potencial de produção, como também as controvérsias a respeito da diversidade dos organismos edáficos e das dificuldades taxonômicas para a identificação desses organismos (Brussaard et al., 1997).

Ao serem superadas as dificuldades associadas com o estudo dos organismos do solo *in situ*, foi possível o reconhecimento da influência da biodiversidade de organismos edáficos na reciclagem da matéria orgânica e no fluxo de energia do solo (Moore et al., 1988), ou seja, houve a integração dos três componentes — físico-químico e biológico, sendo possível delinear um modelo compreensível de seu funcionamento. Esta compreensão dará subsídios para ações no sentido de manter a sustentabilidade de sua fertilidade, monitorar sua habilidade em estocar e liberar carbono em um ambiente globalmente alterado e quantificar e entender a função de sua biodiversidade.

4.1. A vida dos solos

O sistema solo é uma estrutura complexa criada pela influência da geologia, topografia, clima, tempo e atividades biológicas. Os organismos que vivem no solo incluem desde bactérias até grandes animais. Porém, os microorganismos e os insetos do solo tornam-se os maiores responsáveis pela reciclagem e redisponibilização de nutrientes, fatores importantes para a produção agrícola (Tabela 1).

A prova da importância dos processos biológicos do solo está na impressionante produtividade primária de sistemas naturais, a qual atinge várias dezenas de megagramas de massa fresca ha^{-1} (Lavelle et al., 1992), sendo esta produção sustentada por solos relativamente pobres. Isso ocorre porque um ciclo fechado de nutrientes conserva um ótimo de fertilidade mineral, enquanto a estrutura desse solo é mantida por meio de diversos processos, particularmente uma intensa atividade biológica.

Os estudos sobre os microorganismos mostram que estes são imprescindíveis para a qualidade e fertilidade do solo, sendo responsáveis pelos processos de decomposição da matéria orgânica e mineralização dos nutrientes, como também são críticos na criação e manutenção de uma boa estrutura do solo, proporcionando aeração, formação de húmus e partículas agregadas estáveis (Lynch, 1984; Lynch e Bragg, 1985; Gupta e Germida, 1988; Doran e Parkin, 1994).

Tabela 1. Número de indivíduos e biomassa de alguns grupos de organismos do solo — valores adaptados de vários autores e estimados para 1 m^2 de um solo hipotético, não cultivado, sob condições tropicais. (Fonte: Vargas e Hungria, 1997).

Organismos	Quantidade estimada (indivíduos/m^2)	Biomassa fresca estimada (g)
Bactérias	$10^{13} - 10^{14}$	$10 - 10^2$
Actinomicetos	$10^{12} - 10^{13}$	$10 - 10^2$
Fungos	$10^{10} - 10^{11}$	$10 - 10^2$
Nematóides	$10^8 - 10^{10}$	0,1 – 10
Ácaros	$1 - 3 \times 10^5$	0,1 – 10
Colêmbolos	$0,5 - 2 \times 10^5$	0,5 – 10
Larvas de coleópteros	$10 - 10^3$	$1 - 10^2$
Larvas de dípteros	$10 - 10^3$	0,5 – 10
Minhocas	$1 - 5 \times 10^2$	$0,1 - 1 \times 10^2$
Térmitas	$10^2 - 10^5$	0,05 – 50
Formigas	$10^2 - 10^5$	0,05 – 50

As bactérias e os fungos (especialmente os filamentosos) têm papel decisivo na formação e estabilização dos agregados do solo. As bactérias produzem metabólitos extracelulares, como polissacarídeos, lipídios e proteínas, que funcionam como agentes de ligação dos agregados do solo, e os fungos filamentosos têm a capacidade de emaranhar esses agregados com suas hifas (como também as raízes das plantas), tornando-os estáveis (Luscher, 1961; Garnier-Sillam e Harry, 1995; Doran e Parkin, 1994; Villanio et al., 1999). Outras funções importantes dos microorganismos do solo aparecem resumidas na Tabela 2.

Quanto aos estudos da fauna edáfica, os esforços estão direcionados mais especificamente ao entendimento da funcionalidade dos diferentes grupos taxonômicos constituintes.

Para facilitar os trabalhos nesse campo, os estudiosos adotaram bases diferentes de classificação desse grupo de animais. Assim, Bachelier (1978) tomou como princípio o tamanho dos organismos, segundo uma base logarítmica, e propôs a classificação em micro, meso e macrofauna, enquanto Lavelle et al. (1994) propuseram as mesmas divisões, porém com base no tamanho e na mobilidade dos organismos (Tabela 3).

A microfauna é composta principalmente por protozoários e nematóides, representando um dos maiores componentes da cadeia

Tabela 2. Resumo do papel funcional dos maiores grupos taxonômicos de microorganismos do solo. (Fonte: Brussaard et al., 1997).

Grupo	Função
Bactérias de vida livre	Elemento de imobilização; elemento de mineralização; associação intestinal mutualística; recurso para animais pastadores; gênese de biofilmes; promotores do crescimento de plantas; patógenos de plantas; parasitas e patógenos de animais do solo; síntese de materiais húmicos; agregação do solo; decompositores de agroquímicos e xenobióticos.
Bactéria *rizobium*	Fixadoras de N_2 para as plantas, oferecendo vantagens competitivas; recurso para nematóides que se alimentam de raízes e outros animais.
Fungos não micorrízicos	Elementos de imobilização; elementos de mineralização; associações mutualísticas e comensais; recurso para artrópodos, protozoários e nematóides pastadores e para alguns outros fungos; redistribuição de nutrientes; parasitas de artrópodos e nematóides; síntese de materiais húmicos; agregação do solo; decompositores de agroquímicos e xenobióticos.
Fungos micorrízicos	Associados às plantas, oferecem as seguintes vantagens competitivas: mediação do transporte de elementos essenciais e água do solo para as raízes; mediação do movimento de planta para planta de elementos essenciais e carboidratos; seqüestro de elementos essenciais presentes nas formas não disponíveis para as plantas; regulação do movimento de água e íons através das plantas; regulação da taxa fotossintética das plantas; regulação da alocação de carbono no solo; recurso de alta qualidade para pastadores da meso e microfauna etc.

Tabela 3. Classificação proposta por (1) Bachelier (1978) e Berthelin et al. (1994) e (2) Lavelle et al. (1994). (Fonte: Vargas e Hungria, 1997).

Grupos	Tamanho		Tipos de organismos* incluídos	Características
	(1)	(2)		
Microfauna	< 0,2 mm	< 0,2 mm	Protozoários (amebas, flagelados, ciliados) e nematóides; inclui também rotíferos, tardígrados, gastrótricos e pequenos turbelários.	Ligeiramente mais móveis que a microflora.
Mesofauna	0,2 – 4 mm	0,2 – 4 mm	Ácaros e colêmbolos; secundariamente, inclui proturos, dipluros, tisanuros, miriápodes e pequenos insetos.	Movimentam-se em fissuras, poros e na interface serrapilheira/solo.
Macrofauna	4 – 80 mm	> 4 mm	Anelídeos, térmitas, formigas; inclui também moluscos, crustáceos e aracnídeos.	Constroem ninhos, cavidades e galerias e transportam material de solo.

* Esses diferentes tipos de organismos são, por vezes, classificados de formas distintas por alguns autores.

alimentar de detritos do solo, alimentando-se sobretudo de raízes, microorganismos e outros grupos de microfauna. Sua atuação é essencial na liberação de nutrientes disponíveis para as plantas (Wardle, 1995). A microfauna inclui os animais que necessitam de água livre no solo, pois vivem nos poros cheios de água, mas em condições adversas desenvolvem estruturas de resistência, reduzindo sua atividade metabólica (quiescência). São ligeiramente mais móveis que os microorganismos e seu tamanho microscópico lhes dá o poder de penetrar nos pequenos poros do solo. Outros grupos, não diretamente ligados à cadeia alimentar de detritos, podem ser parasitas de plantas ou predadores.

A mesofauna compreende principalmente colêmbolas e ácaros, compondo o maior grupo da fauna do solo. Sua atuação atinge vários níveis tróficos, consumindo a serrapilheira, predando microorganismos, microfauna e outros organismos componentes da mesofauna. Movimentam-se em fissuras, poros e na interface serrapilheira/solo. Possuem formas que necessitam de uma atmosfera edáfica rica em vapor d'água; outras apresentam boa resistência à seca e a extremos de temperatura (Lavelle et al., 1991).

Também considerados integrantes da mesofauna, os enquitreídeos ou vermes do solo são sensíveis às variações do pedoclima, particularmente da umidade e da temperatura (Brussaard et al., 1997; Lavelle, 1994; Wardle, 1995). Eles exercem importante papel no solo, regulando a população de fungos e de bactérias (Didden, 1990).

A macrofauna, por sua vez, consiste numa grande variação de subgrupos taxonômicos, adaptados para viver tanto abaixo quanto na superfície do solo. Apresentam efeitos sobre a ciclagem de nutrientes pelo processo de cominutação e enterramento de detritos e fragmentos de plantas. Por meio de suas atividades de construção de ninhos, cavidades e galerias e do transporte de materiais através do solo, reorganizam fisicamente as partículas deste e enriquecem-no com material que passa pelo seu intestino, tendo conseqüências diretas sobre a atividade microbiana do solo.

Da mesma forma, o processo de bioturbação realizado por esses organismos produz efeitos na produção, purificação e restauração do potencial do solo (Hole, 1981; Wedderburn e Carter, 1999). Esse grupo pode escapar das condições adversas, movendo-se para micro-habitats mais favoráveis ou alterando aqueles já existentes, tornando-os mais hospitaleiros. A macrofauna pode ser dividida em três principais grupos funcionais, dependendo do tipo de alimento que utilizam (serrapilheira superficial, serrapilheira parcialmente decomposta ou matéria orgânica do solo) e de sua localização no perfil (serrapilheira, subsolo ou galerias e canais).

4.2. A fertilidade do solo

A fertilidade do solo é o resultado de três grandes componentes controladores: 1) físicos, em que a estrutura física do solo controla os espaços vazios e, portanto, a quantidade de água e oxigênio nele acumulados, que por sua vez controlam a taxa na qual a água e o oxigênio estão disponíveis para as raízes; 2) químicos, em que o suprimento de nutrientes para as plantas depende da intensidade e do padrão espacial e temporal da liberação de nutrientes, através da mineralização da matéria orgânica, e da habilidade do solo em reter o estoque de cátions trocáveis na superfície dos colóides, ou seja, as argilas minerais e matéria orgânica do solo (Lavelle et al., 1991); 3) biológicos, representados pelos sistemas biológicos de regulação que atuam no ecossistema edáfico.

A estrutura física do solo e a decomposição da matéria orgânica são ambos determinados por fatores hierarquicamente organizados e que operam em diferentes escalas de tempo e espaço (Lavelle et al., 1991). No nível mais alto da hierarquia encontra-se o clima (regimes de precipitação e temperatura).

Aprofundando-se um pouco mais nos níveis hierárquicos que determinam a fertilidade do solo, tem-se as características do material de origem. A natureza desse material influencia expressivamente a textura, o estado nutricional e a natureza e abundância das argilas minerais, atuando, portanto, na decomposição e na estrutura física do solo (Lavelle et al., 1991). O próximo nível inferior diz respeito ao material orgânico que entra no sistema edáfico, afetando a taxa de decomposição, por meio de compostos químicos recalcitrantes e inibidores da atividade microbiana.

Finalmente, em um nível de resolução ainda maior, tem-se a diversidade de grupos funcionais de organismos do solo, que atuam de forma integrada sobre a fertilidade edáfica e criam verdadeiros sistemas biológicos de regulação do solo (Moore et al., 1988; Lavelle, 1988).

4.3. Os sistemas biológicos de regulação do solo

Os sistemas biológicos de regulação do solo atuam mediando a decomposição da matéria orgânica, através da atividade digestiva e da produção de metabólitos por diferentes grupos de organismos, com distintas propriedades químicas e físicas (Figura 2).

Esses sistemas biológicos de regulação assumem duas funções essenciais: remoção de barreiras que tendem a imobilizar a matéria orgânica e os nutrientes em formas resistentes e sincronização da liberação de nutrientes através dos processos biológicos, e captação desses nutrientes pelas plantas ou por algum reservatório intermediário (Lavelle, 1988).

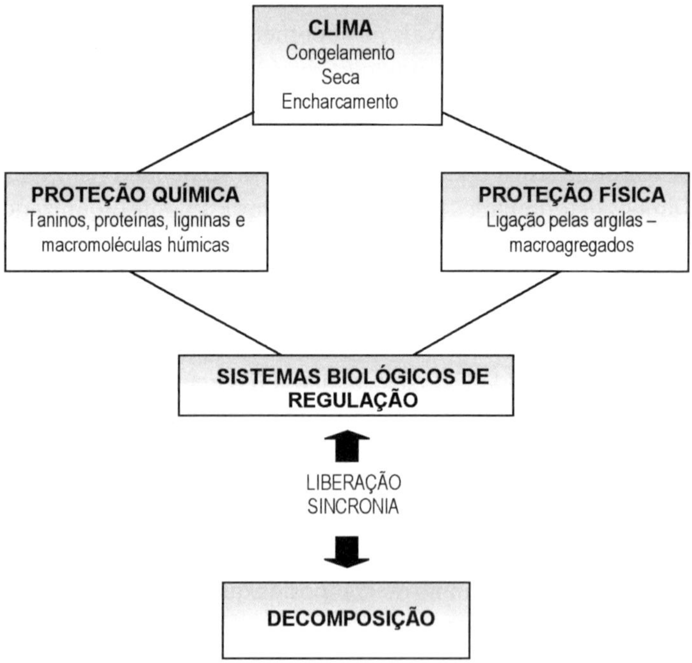

Figura 2. Hierarquia de fatores que determinam a atividade microbiana e as taxas de decomposição. (Fonte: Lavelle et al., 1992).

Segundo Paine (1980), a habilidade de um organismo de regular um sistema não está necessariamente relacionada com a sua abundância, biomassa ou taxa de uso de energia, porém, mais do que isso, é uma função da habilidade do organismo em afetar outros organismos com os quais interage.

Microorganismos, raízes e invertebrados desenvolveram estratégias adaptativas complementares, por meio das quais eles influenciam os três maiores processos do solo: a dinâmica e a decomposição da matéria orgânica; a formação e manutenção da estrutura; e o suprimento de água e nutrientes para as plantas.

4.4. Habitats edáficos como sistemas biológicos de regulação

Foi reconhecido por Beare et al. (1995) um número de habitats edáficos que agem como sistemas biológicos de regulação ou esferas de influência (Tabela 4). Lavelle et al. (1992), por sua vez, reconhecem quatro principais esferas de influência no solo (Figura 3), as quais incluem:

- Serrapilheira e o sistema radicular superficial e sua principal função, que é a ciclagem direta de nutrientes das suas folhas para as raízes superficiais, prevenindo, dessa forma, as perdas. Nesse sistema, a serrapilheira é a fonte de energia, ocorrendo um domínio de fungos e macroorganismos, incluindo uma comunidade rica e diversa de artrópodos que se alimentam da e na serrapilheira.
- Rizosfera, sistema que concentra muito das interações mutualísticas entre raízes, microflora e uma macrofauna associada (protozoários e nematóides). O sistema é ativado pela produção de exsudatos de raízes.
- Drilosfera, que compreende populações de minhocas que se alimentam de solo, influenciando-o através de seus conteúdos intestinais, dejeções e galerias.
- Termitosfera, ou esfera de influência dos térmitas. As comunidades microbianas que ocorrem nesse sistema são diversas e, por vezes, altamente específicas (exemplos: simbiontes intestinais e *Termitomyces* spp., que são fungos característicos cultivados dentro dos termiteiros).

Tabela 4. Habitats do solo atuando como sistemas biológicos de regulação, de acordo com Beare et al. (1995).

Esfera de influência	Características
Detritosfera	Zona de depósito de detritos animais e vegetais
Drilosfera	Zona de interface da serrapilheira com o solo
Porosfera	Zona definida pelos bioporos abertos ou obstruídos pelos organismos
Agregadosfera	Zona definida pelos agregados formados sob influência dos organismos
Rizosfera	Zona sob influência direta das raízes

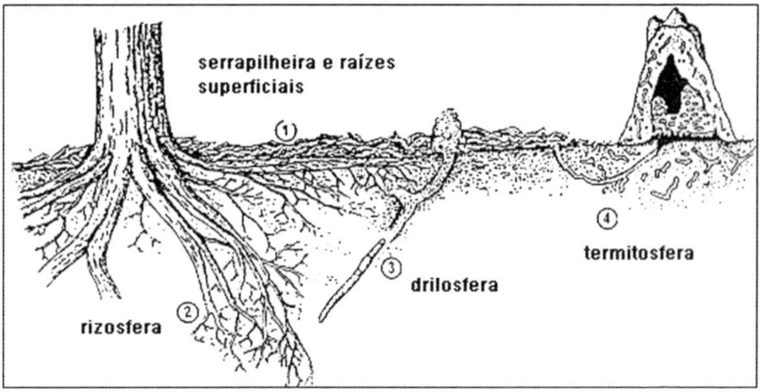

Figura 3. Sistemas biológicos de regulação. (Fonte: Lavelle et al., 1992).

Dessa forma, os sistemas biológicos de regulação são compostos de microorganismos (principalmente bactérias e fungos), cuja atividade é diretamente controlada pelos macroorganismos (Figura 4). Na decomposição da matéria orgânica, definida como a mineralização do carbono, 90% é feita pelos microorganismos, auxiliados pelos macroorganismos, tais como minhocas, formigas e térmitas, que quebram os resíduos, aumentando a área útil para o ataque de bactérias e fungos, dispersando os propágulos microbianos (Moore e Walter, 1988).

As análises e descrições da cadeia alimentar do solo revelaram que os artrópodos e os anelídeos têm o potencial não somente de processar significativa quantidade de matéria orgânica e energia,

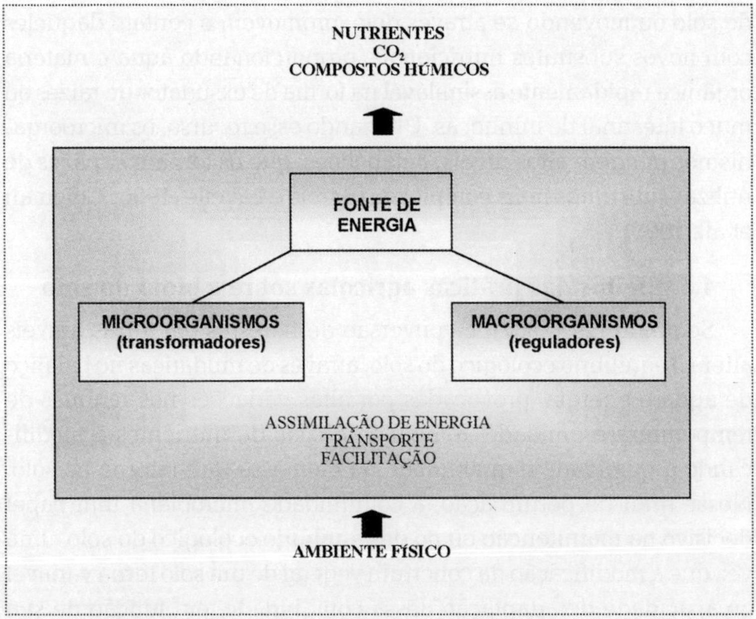

Figura 4. Organização geral dos sistemas biológicos de regulação nos solos. (Fonte: Lavelle, 1994).

mas também podem influir na abundância e na quantidade de energia processada pela presa. Esse potencial existe, mesmo tendo os artrópodos e anelídeos biomassa mais baixa em comparação com os microorganismos e a micro e mesofauna; a biomassa de um solo fértil pode exceder 20.000 kg de peso vivo ha^{-1} e pode ser composta de 50 kg de microfauna, 20 kg de mesofauna, 900 kg de minhocas e 20.000 kg de microorganismos (Bergstrom e Stenstron, 1998).

A forma pela qual a macrofauna toma parte na ciclagem de nutrientes é a reativação da capacidade metabólica microbiana, ou seja, apesar de elevados valores de biomassa microbiana nos solos, sabe-se que essa população gasta a maior parte de seu tempo de vida em estádios de dormência, com baixa atividade metabólica, esperando condições microclimáticas favoráveis.

A reativação de microorganismos e propágulos dormentes normalmente resulta da atividade da macrofauna, que, pela mistura do solo ou movendo-se através dele, promovem o contato daqueles com novos substratos nutricionais, proporcionando água e matéria orgânica rapidamente assimilável na forma de exsudatos de raízes ou muco intestinal de minhocas. Utilizando esse recurso, os microorganismos atingem altos níveis metabólicos, que os tornam capazes de utilizar substratos mais complexos (Barois e Lavelle, 1986; Coleman et al., 1990).

4.5. Efeitos das práticas agrícolas sobre a biota do solo

Segundo Lal (1987), a conversão de florestas em terras aráveis altera o equilíbrio ecológico do solo, através de mudanças no balanço de água e energia, provocadas por altas variações nos regimes de temperatura e umidade, rompendo o ciclo de nutrientes e modificando a qualidade e quantidade de biomassa que retorna ao solo. Nesse grau de perturbação, a comunidade microbiana tem papel decisivo na manutenção ou no desequilíbrio ecológico do solo, uma vez que a modificação da cobertura vegetal de um solo torna variável a capacidade de adaptação dessa comunidade, em função de sua constituição genética. Essa capacidade de adaptação é conhecida como tampão biológico do solo.

Em solos não cultivados, ou, de outro modo, em ecossistemas que não recebem fertilizantes, a principal reserva de nutrientes é o material orgânico, que inclui raízes vivas, animais do solo, microorganismos e matéria orgânica morta, em diferentes estágios de decomposição. Nesses solos, a relação carbono : nitrogênio da matéria orgânica é baixa (1 : 20), podendo suportar uma grande população de microorganismos, especialmente bactérias decompositoras e minhocas. A matéria orgânica em solos agrícolas, por sua vez, possui normalmente C : N de 1 : 12 (Tivy, 1990).

Por outro lado, as populações de organismos componentes da macrofauna do solo podem sofrer aumento, limitação ou manutenção de seu tamanho, dependendo do tipo de manejo adotado e, mais precisamente, do tipo de impacto a que são submetidas (Heisler e Kaiser, 1995). Mesmo não ocorrendo modificação no tamanho da população quando submetida a um impacto, podem ocorrer alterações na sua estrutura, como redução da quantidade de formas juvenis, de ovos etc., como também o aumento em determinadas castas nos insetos sociais. Segundo Vargas e Hungria (1997), a redução da diversidade de espécies da biota do solo e a alteração da estrutura da população de alguns grupos podem ser indicadores de degradação do solo e de perda de sua fertilidade.

Os estudos a respeito da manutenção da biodiversidade no contexto agrícola consideram que, em solos intensamente manejados, a biodiversidade tem diminuído (Stewart, 1991). A conseqüência imediata da retirada da vegetação nativa e substituição por um sistema de pastagem é uma drástica redução na complexidade do habitat. Em uma floresta, os diferentes habitats incluem o solo, a serrapilheira, o extrato arbóreo, o tronco das árvores e o dossel superior, todos abrigando uma rica comunidade biológica em interação. Ao se instalar uma paisagem agrícola, no entanto, os habitats se resumem ao solo, à serrapilheira (bastante dinâmica) e à parte aérea das culturas, que variam conforme a espécie e o tipo de manejo.

Embora o levantamento da biodiversidade, em termos de espécies, entre os diversos biótopos de um sistema natural seja uma questão ainda em estudo, o impacto da conversão das matas em monoculturas e pastagens não é de difícil previsão. Uma vez suprimido o componente arbóreo, forçando o sistema a existir de modo bastante simplificado, especialmente através das monoculturas, a biodiversidade do sistema de decomposição da serrapilheira será afetada, tanto quanto a biodiversidade do componente arbóreo; a camada de serrapilheira será reduzida ou desaparecerá e tanto a serrapilheira quanto os componentes do solo serão modificados pela exposição às intempéries e alterações nos ciclos dos nutrientes (Holloway e Stork, 1991).

Dentre a variedade de habitats proporcionados pelo solo e que podem ser afetados pela conversão de sistemas naturais para sistemas agrícolas estão os poros ou espaços livres entre as partículas sólidas que compõem o solo. Esse habitat, chamado de porosfera, uma vez alterado por adensamentos, refletirá na distribuição e sobrevivência dos organismos edáficos. A porosfera determina o movimento dos organismos que acompanham as diferentes escalas de tamanho e forma dos poros, como também a presença de ar, água e nutrientes (Elliott e Coleman, 1988). A geometria e a conectividade dos poros definem os limites espaciais dos nichos disponíveis para a maioria da biota do solo (Lee, 1991).

Lavelle e Pashanasi (1989), estudando os efeitos da retirada da mata sobre a biota do solo no Peru, observaram que as florestas primárias mantinham uma biodiversidade de fauna do solo mais abundante e diversa, apresentando 6.303 indivíduos/m^2 e 41 unidades taxonômicas, enquanto naquelas matas convertidas em culturas e pastagens, com altos *inputs* de insumos, metade das unidades taxonômicas tinha desaparecido e a densidade populacional foi reduzida em 17%. Segundo esses pesquisadores, os efeitos da agricultura de alto impacto foram prejudiciais para a macrofauna do solo.

4.6. Relações entre diversidade vegetal e grupos funcionais do solo

Nas discussões sobre o significado funcional da biodiversidade de organismos do solo, alguns ecologistas afirmam que grande número de espécies edáficas realiza a mesma função (Eijsackers, 1998) e que esses ecossistemas possuem mais espécies do que o número de processos ecológicos. Quando mais de uma espécie atua em uma função semelhante de um processo ecológico, estabelece-se o que se convencionou chamar de redundância funcional ou equivalência ecológica (Freckman et al., 1997).

Muitos ecologistas, como Swift e Anderson (1993), assumem que as espécies redundantes são supérfluas, podendo ser eliminadas sem prejudicar as funções do sistema solo. Outros, porém, discordam desse pensamento. Segundo estes, a redundância não significa que todas as espécies podem ser substituídas igualmente para assegurar a manutenção de um processo (Brussaard et al., 1997). As espécies variam na quantidade e no tipo de contribuição que produzem para um processo. Assim, a perda de uma espécie pode ser incompletamente compensada por outra espécie funcionalmente semelhante (Orians, 1997). Além disso, nem todas as espécies interagem igualmente com outras espécies, de modo que os efeitos da perda de uma espécie em particular podem propagar-se através do ecossistema de maneira desconhecida e imprevisível (Freckman et al., 1997). De acordo com esses ecologistas, é a combinação de espécies e de nichos específicos que torna as espécies do solo únicas e não redundantes.

Sanchez (1979), Dalal e Mayer (1986) e Brossard et al. (1988) mostraram que houve rápida perda de matéria orgânica do solo quando a vegetação natural foi retirada, o solo cultivado e as plantas anuais introduzidas como culturas. Tal comprovação confirmou a hipótese reguladora dos sistemas biológicos de regulação atuando no solo, pois, segundo os pesquisadores, uma vez retirada a vegetação natural e simplificados esses ambientes, os sistemas biológicos de regulação são removidos ou desaparecem. Isso acontece porque seus organismos componentes tornam-se incapazes de se adaptar às novas condições ambientais criadas. Essas novas condições incluem um aumento de amplitude da variação térmica e da tensão de água no solo, o qual pode aumentar a atividade microbiana (Clarholm e Rosswall, 1980; Bottner, 1985).

Depois de o novo sistema ter sido criado, a macrofauna poderá ser incapaz de manter a estrutura desse solo. Dessa forma, a proteção física da matéria orgânica torna-se deficiente, ocorrendo então uma aceleração da sua mineralização (Albrecht, 1988). Se um eficiente sistema biológico de regulação alternativo não for capaz de se desenvolver, a rápida mineralização esgotará a matéria orgânica do solo e os nutrientes serão lixiviados, devido à pouca sincronização entre a liberação de nutrientes e a demanda das plantas.

Lavelle et al. (1991), estudando a densidade e a biomassa de macroinvertebrados de solos florestados e de pastagem, observaram que a natureza e a diversidade da comunidade biológica dependiam largamente do tipo de vegetação, sendo que a diversidade de organismos foi maior nos solos florestados e a biomassa, melhor distribuída entre os diferentes grupos de organismos, quando comparados com os solos de pastagem.

5. Manejo ecológico da pastagem

Todos esses conhecimentos sobre a estrutura e a função do sistema solo deverão ser decisivos diante das atuais correntes tecnológicas de produção e manejo de pastagem. Segundo Melado (2002), existem duas correntes tecnológicas que atuam no estabelecimento e manejo de pastagem. Uma delas, já citada, adota sistemas tradicionais, bastante dependentes de adubos, pesticidas e maquinário pesado, não havendo cuidados em estimular a fertilidade natural dos solos, que ocorre através da atividade biológica. A segunda corrente busca, após o plantio, introduzir um manejo sustentável da pastagem, a chamada pastagem ecológica. Esta pastagem dispensa práticas consideradas nocivas para a vida do solo, como desmatamento, enleiramento, queimada, aração e gradagem. O desmatamento é evitado em função do aumento da capacidade suporte da pastagem e da produtividade, ocasionado pela incorporação de práticas que estimulam as relações ecológicas no sistema de produção. Da mesma forma, esse sistema busca a diversificação das forrageiras e o consórcio de espécies vegetais no pasto, como árvores.

Os benefícios de evitar o desmatamento, a aração e a gradagem tornam-se claros quando se reporta aos conhecimentos sobre o solo pré-relatados neste trabalho. Sabe-se que as alterações drásticas de temperatura e umidade que ocorrem durante a movimentação mecânica do solo são decisivas para a sobrevivência dos organismos edáficos.

Quanto à diversificação vegetal, incluindo-se espécies arbóreas na pastagem, muitos estudiosos já relataram seus efeitos para a biodiversidade do solo, apesar de ainda faltarem estudos mais conclusivos no sentido de estabelecer alguns *feedbacks*, em nível de processos, entre a biodiversidade vegetal e animal do solo (Anderson, 1978). Porém, sabe-se que a diversificação de espécies vegetais favorece a cobertura do solo, a exploração de maior volume do solo pela biota, além de reduzir o estreitamento genético que, por sua vez, contribui para uma maior diversidade e atividade de microorganismos. A integração de pastagens com árvores pode contribuir, inclusive, para evitar a degradação das pastagens, inibindo o processo erosivo e conseqüente aumento da infiltração de água no terreno, seqüestro de carbono, zonas de conforto térmico para os animais e melhoria do microclima.

Um olhar mais atento sobre os efeitos envolvendo a diversidade vegetal diz respeito à composição da serrapilheira e sua influência no tipo e na quantidade de matéria orgânica do solo. Uma maior diversidade de serrapilheira entrando no solo pode influenciar componentes da cadeia alimentar decompositora, como tem sido observado em solos florestados que apresentam estruturas biológicas mais complexas. Estudos demonstraram a habilidade de diferentes espécies de plantas em regular, diferencialmente, vários níveis tróficos da cadeia alimentar do solo, provavelmente como resultado de padrões diferenciados de alocação de carbono na rizosfera. Portanto, sistemas antrópicos com níveis mais altos de diversidade vegetal, como as árvores, contribuem para suportar uma biota mais rica e mais diversa e aumentar a capacidade de auto-regulação do sistema, pois essa diversidade vegetal aproxima-se dos sistemas naturais (Wardle, 1995; Altieri, 1991).

Quando uma propriedade rural implanta adequação ambiental de áreas de pastagem, invariavelmente extrapola as áreas produtivas, trazendo benefícios para todos os demais recursos naturais da propriedade. Neste sentido, o recurso água é um dos principais beneficiários de práticas ecológicas de produção. O solo, como se sabe, funciona como um filtro ambiental, limpando o ar e a água. Se manejado inadequadamente, pode trabalhar de forma contrária, por exemplo, poluindo o ar pela emissão de gases nitrogenados e a água pela lixiviação de nitrogênio proveniente da adubação inorgânica (Torstensson et al., 1998).

Portanto, a busca de uma qualidade mais elevada para o solo não significa apenas aumentar sua capacidade de produção de alimentos para atender a uma população em contínuo crescimento, mas também assegurar sua função de estabilizador de ecossistemas, garantindo a qualidade do ar e da água, em sincronia com os princípios da sustentabilidade.

5.1. Experiências de manejo de pastagem ambientalmente adequadas

São várias as iniciativas de manejo ecológico de pastagem, nas quais ocorre uma integração de conhecimentos e práticas benéficas para o produtor e para o meio ambiente. No Brasil, essas iniciativas vêm aumentando dia-a-dia, como reflexo do maior conhecimento dos recursos do solo e da relação de causa e efeito que práticas impróprias provocam no delicado equilíbrio das forças da natureza.

Uma das experiências mais difundidas na atualidade, e que responde ao quesito "ambientalmente adequado", é o sistema de pastoreio racional Voisin, desenvolvido por André Marcel Voisin, na Normandia. O princípio desse método baseia-se em controlar o pastoreio, de modo a evitar o esgotamento das pastagens. Com o pastoreio programado, ocorre um controle natural das plantas competidoras, e o produtor não precisa utilizar roçadas, queimadas e/ou herbicidas. Essa técnica também promove um aumento da fertilidade do solo e do seu componente biológico (Melado, 2002).

Uma variante desse sistema é o sistema Voisin silvipastoril. Neste, a pastagem recebe sementes de gramíneas forrageiras adaptadas a cada região e que crescem junto com ela. O resultado é uma pastagem com biodiversidade de forrageiras, além de serem toleradas as árvores e os arbustos nativos. Nas fazendas que adotaram esse sistema, a produtividade foi duas vezes superior à pastagem convencional (Melado, 2002).

Da mesma forma, órgãos como a Embrapa Florestas, no Estado do Paraná, também têm estimulado a adoção de práticas conservacionistas e ecológicas no manejo de pastagens. Projetos incentivando a introdução de árvores em pequenas propriedades rurais, integrando os componentes agrícola, pecuário e florestal, esperam reverter os efeitos degradadores dos recursos naturais nas atividades rurais e implantar uma nova ordem de produção auto-sustentada.

Em áreas de pastagens já degradadas ou em processo de degradação existe a possibilidade de se integrar lavoura-pecuária (ILP) em sistema de plantio direto (SPD). Esse é um projeto de iniciativa do Ministério da Agricultura, Pecuária e Abastecimento (Mapa), a ser implantado especialmente em áreas de cerrado nos Estados da Bahia, Mato Grosso, Goiás, Mato Grosso do Sul, Minas Gerais, Distrito Federal e Tocantins. Essa prática proporciona significativos ganhos ambientais, devido ao incremento da matéria orgânica do solo e suas vantagens associadas.

Outros programas do Mapa que atestam a preocupação com os efeitos indesejáveis da pecuária convencional e que caminham lado a lado com a adequação ambiental incluem o Sistema Agropecuário de Produção Integrada, aplicado, entre outros, ao gado de corte e de leite. Nesse sistema, a integração diminui o uso de insumos, melhora as condições edáficas e, conseqüentemente, a drenagem, reduz os problemas erosivos, promove incremento na biodiversidade e na população de inimigos naturais das pragas, diminuindo a pressão de ocupação sobre os sistemas naturais.

6. Referências bibliográficas

ALBRECHT, A. Influence du système de culture sur l'agrégation d'un vertisol et d'un sol ferralitique (Antilles). **Cah. Orstom**, Sér. Pédologie, 24: 351-3, 1998.

ALTIERI, M. A. How can we best use biodiversity in agroecosystems? **Outl. Agric.**, 20: 15-23, 1991.

ANDERSON, J. M. Inter- and intra-habitat relationship between woodland cryptostigmata species diversity and the diversity of soil litter microhabitats. **Oecologia**, 32: 341-8, 1978.

BACHELIER, G. La faune des sols, son écologie et son action. **Cah. Orstom**, 1978. 391p. (Documentations Techniques, 38).

BAROIS, I.; LAVELLE, P. Changes in respiration rate and some physicochemical properties of a tropical soil during transit through *Pontoscolex corethrurus* (Glossoscolecidae, Oligochaeta). **Soil Biology and Biochemistry**, 18: 539-41, 1986.

BAROIS, I.; LAVELLE, P.; BROSSARD, M.; TONDOH, J.; MARTINEZ, M. A.; ROSSI, I. P.; SENAPATI, B. K.; ANGELES, A.; FRAGOSO, C.; JIMENEZ, J. J.; DECAËNS, T.; LATTALUD, C.; KANYONYO, J.; BLANCHART, E.; CHAPUIS, L.; BROWN, G.; MORENO, A. Ecology of earthworm species with large environmental tolerance and/or extended distributions. In: LAVELLE, P.; BRUSSARD, L.; HENDRIX, P. (eds.). **Earthworm management in tropical agroecosystems**. Oxon, UK, 1999. 300p.

BEARE, M. H.; COLELMAN, D. C.; CROSSLEY, Jr. A hierarchical approach to biogeochemical cycling. **Plant and Soil**, Wagennigenm 170: 5-22, 1995.

BERGSTRÖM, L.; STENSTRÖN, J. Environmental fate of chemicals in soil. **Ambio**, 27: 16-23, 1998.

BERTHELIN, J.; LEVAL, C.; TOUTAIN, F. Biologie des sols. Rôle des organisms dans l'altérations et humification. In: BONNEAU, M.; SOUCHIER, B. (coord.). **Pédologie. 2 – Constituants et proprietés du sol**. Paris: Masson, 1994, p. 143-237.

BOTTNER, P. Response of microbial biomass to alternate moist and dry conditions in a soil incubated with ^{14}C and ^{15}N labelled plant material. **Soil Biology and Biochemistry**, 17: 329-37, 1985.

BROSSARD, M.; LOURY, J.; ALBRECHT, A.; CHOTTE, J. L.; LAURENT, J. Y.; FELLER, C. Systèmes de culture et matière organique de quelques types de sols. In: FELLER, C. (ed.). **Fertilité des sols dans les agricultures paysannes e caribéennes. Effets des restitutions organiques**. EEC-Orstom Report. n. TSDA-0178F 47-54, 1988.

BRUSSAARD, L. et al. Biodiversity and ecosystem functioning in soil. **Ambio**, 26: 563-70, 1997.

CARVALHO, M. M. Recuperação de pastagens degradadas em áreas de relevo acidentado. In: DIAS, E. L.; VARGAS DE MELLO, J. (eds.). **Recuperação de áreas degradadas**, 1998, p. 149-61.

CLARHOLM, M.; ROSSWALT, T. Biomass and turnover of bacteria in a forest soil and a peat soil. **Biology and Biochemistry**, 123: 49-57, 1980.

COLEMAN, D. C.; INGHAM, E. R.; HUNT, H. W.; ELLIOTT, E. T.; REID, C. P. P.; MOORE, J. C. Seasonal and faunal effects on decomposition in semiarid prairie meadow and lodgepole pine forest. **Pedobiologia**, 34: 207-19, 1990.

DALAL, R. C.; MAYER, J. Long-term trends in fertility of soils under continuous cultivation and cereal cropping in southern. Queensland. N loss of organic carbon from different density fractions. **Aust. J. Soil Res**. 24: 301-9, 1986.

DIAS-FILHO, M. Pastagens cultivadas na Amazônia oriental brasileira: processo e causas de degradação e estratégias de recuperação. In: DIAS, E. L.; VARGAS DE MELLO, J. (eds.). **Recuperação de áreas degradadas**, 1998, p. 135-47.

DIDDEN, W. A. M. Involvement of Enchytraeidae (Oligochaeta) in soil structure evolution in agricultural fields. **Biology and Fertility Soils**, 9: 152-8, 1990.

DORAN, J. W.; PARKIN, T. B. Defining and assessing soil quality. In: TORSTENSSON et al. **Ambio**, 27: 4-8, 1998.

EIJASACHERS, J. Soil quality assessment in an international perspective: generic and land-use based quality standards. **Ambio** 27: 70-7, 1998.

ELLIOTT, E. T.; COLEMAN, D. C. Let the soil work for us. **Ecol. Bull.**, 39: 23-32, 1998.

FRECKMAN, D. W.; BLACKBURN, T. H.; BRUSSAARD, L.; HUTCHINGS, P.; PALMER, M. A.; SNELGROVE, P. V. R. Linking biodiversity and ecosystem functioning of soils and sediments. **Ambio**, 26: 556-62, 1997.

GARNIER-SILLAM, E.; HARRY, M. Distribution of humic compounds in mounds of some soil-feeding termite species of tropical rainforests: its influence on soil structure stability. **Inst. Soc.** 42: 167-80, 1995.

GUPTA, V. V. S. R.; GERMIDA, J. J. Distributions of microbial biomass and its activity in soil aggregate size classes as affected by cultivation. **Soil Biology and Biochemistry**, 20: 777-86, 1988.

HEISLER, C.; KAISER, E. A. Influence of agricultural traffic and crop management on collembolan and microbial biomass in arable soil. **Biol. Fertil. Soils**, 19: 159-65, 1995.

HOLE, F. D. Effects of animals on soil. **Geoderma**, 25: 75-112, 1981.

HOLLOWAY, J. D.; STORK, N. E. The dimensions of biodiversity: the use of invertebrates as indicators of human impact. In: HAWKSWORTH, D. L. (ed.). **The biodiversity of microorganisms and invertebrates: its role in sustainable agriculture**. London: CAB International, 1991, p. 37-62.

LAL, R. Tropical ecology and physical edaphology. In: LAL, R. **Soil conservation and biodiversity**, 1991, p. 89-104.

LAVELLE, P.; PASHANASI, B. Soil macrofauna and land management in Peruvian Amazonia. In: HAWKSWORTH, D. L. (ed.). **The biodiversity of microorganisms and invertebrates: its role in sustainable agriculture**. London: CAB International, 1989, p. 133-71.

LAVELLE, P. Earthworm activities and the soil system. **Biology and Fertility Soils**, 6: 237-51, 1988.

LAVELLE, P. **Soil fauna and soil processes: adaptative strategies that determine ecosystem function**. Laboratoire d'Ecologie des Sols Tropicaux, Centre Orstom, 1994, p. 93-103. Bondy Cedex, France.

LAVELLE, P.; DANGERFIELD, M.; FRAGOSO, C. The relationship between soil macrofauna and tropical soil fertility. In: WOOMER, P. L.; SWIFT, M.

J. (eds.). **The biological management of tropical soil fertility**. London: John Willey & Sons, 1994, p. 137-9.

LAVELLE, P.; BLANCHART, E.; MARTIN, A.; MARTIN, S.; SPAIN, A. V.; TOUTAIN, F.; BAROIS, I.; SCHAEFER, R. A hierarchical model for decomposition in terrestrial ecosystems: applications to soils of the humid tropics, 1991. (No prelo).

LAVELLE, P.; BLANCHART, E.; MARTIN, A.; SPAIN, A. V.; MARTIN, S. **Impact of soil fauna on the properties of soils in the humid tropics**. Soil Science Society of America and American Society of Agronomy, 677. S. Segoe Rd., Madison, WI 53711, USA. Myths and Science of Soils of the Tropics. SSSA Special Publication, 1992, n. 29: 157-85.

LEE, L. E. The diversity of soil organisms. In: HAWKSWORTH, D. L. (ed.). **The biodiversity of microorganisms and invertebrates: its role in sustainable agriculture**. London: CAB International, 1991, p. 73-87.

LUSCHER, M. Air-conditioned temite nests. **Science American**, 205: 138-45, 1961.

LYNCH, J. M.; BRAGG, E. Microorganisms and soil aggregates stability. In: **Advances in soil science**. Springer, New York, 1985, p. 133-71.

LYNCH, J. M. Interactions between biological processes, cultivation and soil structure. **Plant and Soil**, 76: 307-18, 1984.

MELADO, J. **Manejo sustentável de pastagens: sem o uso do fogo**. Brasília, Embaixada da Itália, 2002. 60p.

MOORE, J. C.; WALTER, D. E.; HUNT, H. W. Arthropod regulation of micro- and mesobiota in below-ground detrital food webs. **Annual Review Entomology**, 33: 419-39, 1988.

ORIANS, G. H. Biodiversity and terrestrial ecosystem processes. **Sci. Prog.**, 80: 45-63, 1997.

PAINE, R. T. Food webs: linkage, interaction strength and community infrastructure. **J. Anim. Ecol.**, 49: 667-86, 1980.

SANCHES, P. A. Soil fertility and conservation considerations for agroforestry systems in the humid tropics of Latin America. In: LAVELLE, P.; BLANCHART, E.; MARTIN, A.; MARTIN, S. A hierarchical model for decomposition in terrestrial ecosystems: application to soils of the humid tropics. **Biotropica**, 25: 130-50, 1979.

STENBERG, B.; PELL, M.; TORSTENSSON, L. Integrated evaluation of variation in biological, chemical and physical soil properties. **Ambio**, 27(1): 9-15, 1988.

STEWART, W. D. P. The importance to sustainable agriculture of biodiversity among invertebrates and microorganisms. In: HAWKSWORTH, D. L. (ed.). **The biodiversity of microorganisms and invertebrates: its role in sustainable agriculture**. London: CAB International, 1991, p. 3-5.

SWIFT, M. J.; ANDERSON, J. M. Biodiversity and ecosystem function in agricultural systems. In: SCHULTZE, E. D.; MOONEY, H. A. (eds.). **Biodiversity and ecosystem function.** Berlin, Springer, 1993, p. 15-41.

SYERS, J. K.; LINGARD, J.; PIERI, C.; EZCURRA, E.; FAURE, G. Sustainable land management for the semiarid and sub-humid tropics. **Ambio** 25, 484-91, 1996.

TIVY, J. **Agricultural ecology**. Longman Groups UK, 1990, 288p.

TORSTENSSON, L.; PELL, M.; STEBERG, B. Environmental fate of chemicals in soil. **Ambio** 27: 16-23, 1998.

TORSTENSSON, L.; PELL, M.; STENSTROM, J. Need of a strategy for evaluation of arable soil quality. **Ambio** 27: 4-8, 1998.

VARGAS, M. A. T.; HUNGRIA, M. (eds.). **Biologia dos solos dos cerrados**. Planaltina: Embrapa CPAC, 1997. 524p.

VILLANIO, M. G.; ALLEE. L. L.; DÍAZ, A.; ROBBINS, P. S. Adaptative strategies of edaphic arthropods. **Annual Review Entomology**, 44: 233-56, 1999.

WARDLE, D. A. Impacts of disturbance on detritus food webs in agroecosystems of contrasting tillage and weed management practice. **Advance in Ecological Research**, 26: 105-15, 1995.

WEDDERBURN, M. E.; CARTER, J. Litter decomposition by four functional tree types for use in silvopastoral systems. **Soil Biology and Biochemistry**, 31: 455-61, 1999.

BEM-ESTAR ANIMAL APLICADO A BOVINOS DE CORTE — UMA ABORDAGEM MULTIFOCAL

PAULO EDUARDO FONSECA LOUREIRO*

1. Introdução

O Brasil dispõe do segundo maior rebanho bovino do mundo, atrás apenas da Índia. Mas, devido a suas características culturais, este país não explora comercialmente o potencial de seu rebanho. Por isso, o rebanho brasileiro é considerado o maior rebanho comercial. Contamos com mais de 163 milhões de cabeças de gado e ocupamos o primeiro lugar entre os exportadores mundiais de carne bovina (Anualpec, 2006). Porém, isso nem sempre se reflete em excelência de produção. Temos muito que melhorar em relação aos índices de desempenho zootécnico. Precisamos diminuir as contusões de carcaça dos bovinos, que reduzem o valor agregado do produto (carne bovina); também podemos tornar menor o custo de produção, trabalhando

* Médico veterinário – UFU, mestre em Zootecnia – FZEA/USP. Diretor da Vetor – Soluções em Projetos Pecuários. www.vetorvet.com.br – plvet@terra.com.br

com técnicas que proporcionem maior eficiência no manejo. Tais melhorias podem ocorrer implantando-se um manejo focado no bem-estar dos bovinos, eqüinos, muares e da equipe de trabalho como um todo, porque isso melhora a produtividade.

Este texto trata da tríade responsável por melhorar ou piorar a produtividade numa fazenda e o valor agregado ao produto — a relação homem, cavalo, bovino. Estes são os três pilares que sustentam o manejo gentil, ou bem-estar animal. Pretendemos aqui abordar cada um desses pilares, como devem ser abordados num treinamento e as lacunas existentes. Também discutiremos os resultados da implantação do manejo gentil no Grupo XSJ Agribusiness, Estado do Mato Grosso do Sul.

2. Identificando prioridades

O foco inicial na implantação do manejo gentil ou bem-estar animal não deve ser o bovino. O ponto central sem dúvida é o homem, aquele que trabalha diretamente com os animais. Não podemos simplesmente dizer-lhe como fazer, como ele pode obter melhores resultados sem o uso da força e da violência. Fazer palestras ou impor um novo modo de manejo pode ser pouco eficaz. É preciso analisar a situação de forma mais profunda.

Numa fazenda estão inseridas pessoas, não só animais. O bem-estar do tratador deve ser observado e considerado, porque dele depende o sucesso do trabalho. Então, o primeiro passo é a observação. Começamos pela idéia de que as diferenças culturais de cada região do país podem melhorar ou piorar o manejo, isso porque muito do que os manejadores fazem reflete uma cultura assentada há vários anos, há décadas, e mudar o comportamento desses homens é tarefa que exige compreensão e paciência do profissional. Para mudar o comportamento, eles precisarão entender o processo e encontrar um sentido para tal. Isso é essencial para a adesão às mudanças que serão propostas.

Grandin (1988) observou que as pessoas do Sul dos Estados Unidos, vistas com jeito de "duronas", tendem a ser mais rudes com os animais do que as pessoas do Norte desse país, do Canadá e da Escandinávia. Hertzog, Bethcard e Pittman (1991) observam que as mulheres são mais sensíveis e preocupadas com o bem-estar animal, mas infelizmente temos pouquíssimas no trato direto com os bovinos. Curtis e Guiter (1983) perceberam que os países do sul da Europa revelam menor interesse pelo bem-estar animal.

O Brasil tem manejos de ótima e de baixa qualidade em todas as regiões. Notadamente, em determinadas fazendas, que aplicam mais tecnologia, existem manejos mais sensatos e com menor grau de agressividade. Isso reflete a maior preocupação com o desempenho animal e com o valor de alguns exemplares (especialmente gado de pista). Os melhores manejos são encontrados em fazendas lideradas por pessoas (capataz ou gerente) que intuitivamente acham errada a forma rude de trato com os animais. Então, elas adaptam os manejos e atitudes para acalmar o gado e obter sua cooperação, mas isso ocorre de forma intuitiva e pessoal.

A cultura de manejo gentil existe de norte a sul do Brasil, mas na forma de ilhas de excelência e, muitas vezes, sem a colaboração de todos os companheiros de trabalho. Nesses casos, quando eles são apresentados à técnica do manejo gentil e recebem explicações técnicas sobre o comportamento bovino, uma clara satisfação e motivação passam a integrar seus trabalhos, pois vêem que não são únicos e que agiam corretamente.

Então, na identificação das prioridades, o trabalho numa fazenda deve focar inicialmente o manejador do gado. É ele que tem que ser convencido da necessidade da mudança e acreditar nela, para que realmente o manejo gentil possa ser assimilado, aprendido e utilizado. Só então se deve passar para a verificação das condições de vida do seu companheiro de equipe — o eqüino ou o muar. Porém, não podemos falar em bem-estar animal se a pessoa envolvida na lida diária não vive o bem-estar pessoal. Há necessidade de se analisar o primeiro ponto da tríade.

2.1. O manejador

Não podemos falar em bem-estar do bovino e do eqüino sem antes pensar no bem-estar humano. No geral, as pessoas que constituem a mão-de-obra das fazendas brasileiras tiveram pouco acesso ao estudo formal. Começaram a trabalhar muito cedo, por isso têm baixa escolaridade. O vaqueiro aprende seu ofício com outro vaqueiro mais experiente, que também teve instrutor informal, sem a orientação e o apoio de veterinários, zootecnistas e agrônomos. Quanto aos profissionais, que poderiam ser os dirigentes dessa empreitada, nem sempre eles têm preparo técnico para isso. A realidade das universidades brasileiras, infelizmente, é que a disciplina de etologia (estudo do comportamento animal) nem sempre é obrigatória, e algumas nem a incluem em seus currículos. Infelizmente, as universidades ainda priorizam as técnicas de reprodução, a alimentação, a sanidade e a genética, dando pouca ou quase nenhuma relevância ao manejo e ao comportamento animal.

A realidade de muitos empregados de fazendas é que ainda vivem em condições precárias. Há maior concentração de condições ruins nas fazendas do Norte e do Nordeste, com louváveis exceções. Nessas regiões, ainda é comum, hoje em dia, fazendas sem luz elétrica, sem água potável nas casas dos empregados, ausência de banheiro e fossa, falta de acesso à escola para os filhos, empregados sem registro em carteira profissional e muitas vezes recebendo salário muito baixo. Todas essas condições contam desfavoravelmente para a implantação do manejo gentil, porque o homem que trabalha sob elas ainda não atingiu o seu bem-estar.

São poucas as fazendas preocupadas com a condição socioeconômica mínima dos seus empregados, que treinam suas equipes e as bonificam por seus bons resultados. Bonificar por metas cumpridas aumenta a produtividade e não onera o custo da fazenda, ao contrário, pode ser um grande benefício.

Antes de iniciar um trabalho com os bovinos, temos que verificar e ajudar a melhorar a vida dos manejadores, senão o treinamento surtirá pouco efeito. A pessoa precisa viver bem, ter condições mínimas de sobrevivência digna para conseguir encontrar um sentido para o trabalho que será implantado. Caso contrário, ela ouve e não aplica, porque não vê sentido em tudo aquilo.

O aspecto humano deve ser discutido previamente com o responsável pela empresa pecuária, ou diretamente com o dono do negócio. Devemos ajudá-lo, orientá-lo a tomar a decisão de melhorar a condição de vida dos seus empregados. Esse chefe também precisa se conscientizar da importância disso tudo, do funcionamento em cadeia do bem-estar humano e animal.

O treinamento das técnicas de manejo gentil pode ser aplicado ao mesmo tempo que as mudanças nas condições de trabalho e de vida estão ocorrendo. É importante ressaltar, mais uma vez, que um ponto relevante do fracasso do trabalho é a condição de vida ruim do homem do campo.

Feito isso, o trabalho se inicia com a observação. O profissional que dará o treinamento deve observar o manejo da fazenda e detectar o grau de agressividade de cada manejador, os problemas das instalações e a condição da tropa. Tudo isso porque, apesar de a técnica ser uma só, a orientação é focada, individual, para cada demanda identificada.

Durante o treinamento, é importante cronometrar o tempo de cada manejo efetuado da forma tradicional e depois, com o manejo gentil implantado, comparar as diferenças. Também é essencial discutir com o pessoal envolvido as facilidades e dificuldades que encontram com o novo manejo. Isso ajuda a adequar o trabalho às necessidades locais e também facilita a assimilação e a adoção da nova tecnologia.

Demonstrações práticas também são essenciais, já que todo gado, por mais agressivo que seja, acaba se adequando ao manejo gentil. Os vaqueiros e peões (os manejadores) precisam visualizar todas as técnicas em seu próprio rebanho. O acompanhamento do desenvolvimento do trabalho e treinamentos constantes podem levar a fazenda a um grau de eficiência muito satisfatório em menos de seis meses.

2.2. O cavalo (a tropa)

A tropa do Brasil possui em torno de 5,7 milhões de animais, entre eqüinos, muares e asininos (Lima, Shirota, Barros, 2006), e sua distribuição no país acompanha a distribuição do rebanho de bovinos. São animais que trabalham no mesmo sistema de produção.

No Sul do Brasil, na Argentina e no Uruguai, o cavalo não é um animal de trabalho: é considerado um companheiro, um parceiro, um amigo. Essa cultura de cuidado com o cavalo deveria ser expandida para todo o país. No restante do Brasil, infelizmente, essa linha de tratamento não é seguida por todos que trabalham com eqüinos, e as crueldades com cavalos de serviço, nas fazendas, são comuns.

Os eqüinos, que movimentam o gado nas fazendas, são os responsáveis pelo sucesso e expansão da nossa pecuária (Lima, Shirota,

Barros, 2006). Conscientizar o vaqueiro de que o cavalo ou o burro são seus companheiros de trabalho, animais fiéis, inteligentes e que são seus melhores parceiros é imprescindível para evitar os abusos. Os donos de agropecuárias também devem entender que o cavalo ou muar tem exigências específicas e merece cuidados especiais. Ele é um parceiro importante, parte do sucesso do negócio, e necessita apenas de bom trato, boa alimentação e descanso.

É primordial entender que os eqüinos não são máquinas, não constituem despesas dentro das fazendas, não são apenas comedores de capim (muitas vezes inadequado às suas exigências nutricionais) e ocupam espaço do gado. Os animais de trabalho, eqüinos e muares, são fonte de renda, são parte da equipe de manejo, a base do trabalho com o gado, juntamente com o cavaleiro. Por isso, o cuidado com os eqüinos é imprescindível para o sucesso do trabalho. Nesse âmbito, devemos estar atentos à saúde geral da tropa, com atenção especial aos cascos, que muitas vezes são negligenciados, por falta de instrução correta de casqueamento e uso de equipamentos inadequados. A tropa deve ser casqueada no mínimo mensalmente, e é importante um instrutor qualificado em casqueamento reciclar a equipe de peões na execução desse cuidado rotineiro. Outro ponto importante é o rodízio dos animais de serviço. Na lida diária, de quatro a seis animais devem estar disponíveis para cada cavaleiro, conforme exemplifica o Esquema 1. As montarias devem ser utilizadas apenas meio período. O animal deve ser trocado por outro no trabalho da tarde. Com esses cuidados, um eqüino trabalhará de quatro a seis horas, a cada dois dias, tendo um descanso adequado para se recuperar do desgaste

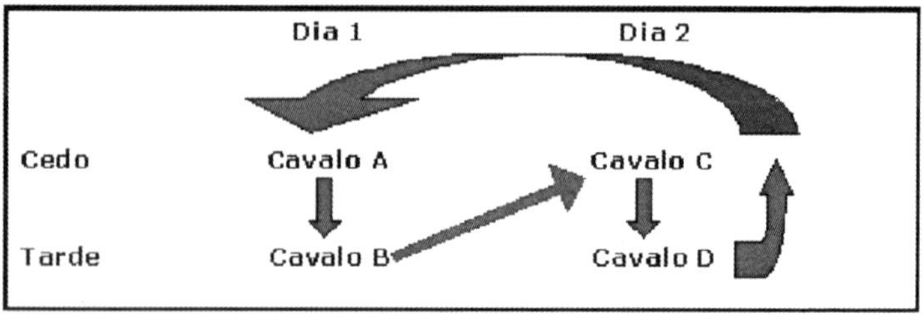

Esquema 1. Esquema de trabalho para a tropa: rodízio.
Número de montarias por peão: 4 a 6.
Rodízio diário.

músculo-esquelético a que foi exposto na lida com o gado. Nas fazendas em que não há rodízio de tropa, notam-se abusos no uso de esporas. Isso é reflexo de tropa cansada.

Animais descansados, saudáveis e bem nutridos evitam abusos e maus-tratos por parte do cavaleiro e melhoram o rendimento no trabalho.

Outro foco de atenção é o estabelecimento de um programa de vermifugação a cada três ou quatro meses. Isso ajudará a manter os eqüinos e muares livres de cólicas verminóticas, que podem ser fatais. A vacinação contra tétano e raiva também deve ser realizada anualmente. Esses cuidados, que são de baixo custo, evitam perdas econômicas, porque deles depende a vida do animal (Blood, Henderson, Radostits, 1983).

Outro fator comum é a baixa qualidade da comida. É comum encontrarmos fazendas que não têm pastagens adequadas à tropa. Muitos cavalos e muares têm a *Brachiaria* spp. como base de sua dieta, o que acaba sendo prejudicial à sua saúde, pois a relação Ca/P dessa espécie não é adequada às necessidades desses animais, predispondo-os a cara inchada, manqueira e lesões podais (Blood, Henderson, Radostits, 1983). A tropa de serviço deve ter acesso a pastos do gênero *Panicum* ou gramíneas, com fornecimento de suplementação mineral específica.

O arreamento também deve ser observado e deve ser fonte de orientação. A tralha deve ser adequada e de boa qualidade. O mau uso da barbela (parte do freio) pode machucar o queixo do eqüino, porque muitas vezes ela é apertada ao extremo. Esse recurso é utilizado em animais mal domados ou baldosos (os chamados "ruins de boca"), mas devemos eliminar os maus-tratos e a dor. Não devemos provocar dor no animal por falha na doma. É mais racional ensinar o peão a corrigir a balda do que maltratar o animal.

A questão da doma é outro problema recorrente. Em nosso país, ela ainda é feita da maneira tradicional, o que significa vencer o animal pelo cansaço e pela dor, e não pelo convencimento ou pela conjunção. A conjunção (*join up*) é uma técnica de doma desenvolvida por Monty Roberts (2005), um cavaleiro norte-americano que a aprendeu com a observação da linguagem corporal de cavalos selvagens em Nevada.

Durante muitos anos, o então jovem Monty, nos idos de 1948, passou dias e dias capturando cavalos Mustang nos altos desertos de Nevada, para usá-los nos rodeios em Salinas, na Califórnia, local onde residia. Monty, que sempre foi bom observador, um homem que amava os cavalos e que não concordava com os métodos de doma de seu pai (uso da força visando a submissão do animal), ficou impressionado ao observar uma manada de Mustangs e suas inter-relações. Notou que, entre os eqüinos, a linguagem corporal é a que predominava, pois o silêncio era importante para a identificação de possíveis predadores. Também observou que eram as éguas que cuidavam da disciplina dos seus potros e, quando os repreendiam, faziam-no numa seqüência de atitudes: murchar de orelhas, olhar fixo para o potro rebelde, correr em sua direção, afastando-o da manada e mantendo-o a uns 200 metros de distância. A égua mantinha o potro à distância, ficando com o corpo totalmente reto em sua direção, olhando-o fixamente. Após certo tempo, o jovem eqüino, sentindo-se ameaçado e sozinho, tentava voltar à manada, contornando a égua, que imediatamente corria em sua direção, impedindo-o de retornar. Após um tempo afastado, o potro começava a fazer sinais à égua líder, como abaixar a cabeça, mostrar os dentes, entre outros sinais mais sutis que Monty decodificou como pedidos de desculpa. Só voltava à manada quando o eixo corporal da égua mudava em relação a ele. Enquanto ela se mantinha reta, com a cabeça apontada em sua direção e com o olhar fixo, sabia que ainda não podia voltar, mas quando ela mostrava o flanco e desviava o olhar, sabia que estava perdoado e voltava ao convívio dos demais, sendo sempre bem recebido pela égua que antes o havia punido com a expulsão. O isolamento é a pior punição para um animal de manada, pois sozinho ele está à mercê de seus predadores (Roberts, 2004, 2005).

Com esses princípios básicos e outros que Monty foi aprendendo com os próprios cavalos, ele revolucionou a doma de eqüinos no mundo todo, diminuindo o estresse e banindo a punição na doma dos animais. Assim, os eqüinos passaram a perceber os humanos como líderes de suas manadas, e não como ameaça. Monty deu à sua técnica o nome de Equus (Roberts, 2004, 2005).

Felizmente, já possuímos no Brasil alguns profissionais que ministram a doma gentil em fazendas e em alguns centros hípicos com muito sucesso, disseminando-a entre os peões. Um cavalo amansado dessa maneira se torna calmo e confiante, de fácil convívio.

2.3. O bovino

O bovino (*Bos taurus*) começou a ser domesticado no Sudoeste da Ásia, na Índia e no Norte da África aproximadamente há oito mil anos e descende do Auroque (*Bos primigenius)*, espécie extinta, que, pela seleção de indivíduos por docilidade, deu origem ao *Bos taurus* (Diamond, 2005).

Mas como esses animais foram domesticados? O que levou nossos ancentrais a optar por essas espécies? Muitas espécies de grandes mamíferos herbívoros não foram domesticadas até hoje e nunca serão, como as zebras, rápidas e muito resistentes, mas que, por seu comportamento irrascível, que piora com a idade, foram deixadas de lado pelos povos africanos após sucessivas e frustradas tentativas. O búfalo africano (*Syncerus caffer*) era um excelente candidato à domesticação, devido a seu rápido crescimento, podendo atingir uma tonelada. Ele vive em rebanhos e tem hierarquia de comando bem definida, mas foi descartado como possível animal doméstico porque é o mais imprevisível e perigoso mamífero da África: muitas pessoas morreram tentando domesticá-lo (Diamond, 2005).

Para que uma espécie de mamífero herbívoro fosse domesticada com sucesso, era necessário que atendesse a alguns princípios:

- **Docilidade e previsibilidade:** atributos presentes em cavalos e bovinos, mas inexistente em zebras e nos búfalos africanos, por isso nossos antepassados optaram por esses animais.
- **Viver em rebanho:** para que pudessem ser reunidos em um mesmo local, os candidatos à domesticação deveriam ter hábitos sociais. Isto é essencial, pois há rebanhos de mesma espécie que vivem em locais diferentes, e tentar colocá-los no mesmo curral teria o efeito de reunir espécies distintas e adversárias.
- **Rebanhos que ocupam as mesmas pastagens:** de modo que os adultos possam coexistir no rebanho e no mesmo local de alimentação sem lutas constantes, cada um respeitando o seu lugar. Na época de procriação, os antílopes africanos vivem separados. É quando seus machos lutam constantemente e não

toleram a presença de outros. Isso ocorre com a maioria dos cervos e dos antílopes, com exceção da rena. Aquela imagem africana de vastos rebanhos de antílopes é impossível de ocorrer em situação de restrição, pois seus machos vivem em constantes disputas, o que inviabiliza a vida sob restrição de espaço, como nas pastagens delimitadas por cercas e nos currais.

- **Hierarquia de dominação ou de comando bem definida:** os rebanhos de cavalos selvagens são formados por um garanhão e por suas éguas (por exemplo, cinco éguas e seus potros). A égua A exerce dominância sobre as demais, B, C, D e E. A égua B é subordinada de A, mas exerce dominância sobre as éguas C, D e E, e assim por diante. Em movimentação, cabe ao garanhão a retaguarda (e a segurança do rebanho). Na frente, sempre estará a fêmea mais importante, seguida por seus potros, ordenados por idade; o potro mais jovem vai à frente. Atrás dela vão as demais éguas, seguidas por seus potros, ordenados por idade (Diamond, 2005; Roberts, 2004).

Os bovinos têm estrutura social matrilinear (Stricklin e Kautz-Scanavy, 1984) e atendem a todos esses requisitos. Como no caso dos eqüinos, ofereciam uma característica social ideal para a domesticação, porque os humanos puderam assumir o controle na hierarquia de dominação. À medida que os animais jovens crescem, eles memorizam os animais que vêem regularmente por perto. Na vida selvagem, esses são os membros de sua própria espécie. Mas animais jovens criados sob condições domésticas vêem as pessoas por perto e as guardam na memória (Grandin, 1996). Ao perceberem os mais velhos de sua espécie obedecendo aos comandos do homem, passam a seguir o seu comportamento. O instinto de seguir o animal líder e memorizá-lo permite que esses animais aceitem que humanos os manejem, e é também esse mesmo princípio que faz com que as ovelhas obedeçam aos cães pastores (Diamond, 2005).

3. Compreendendo um bovino

3.1. Presa e predador

O bovino é um herbívoro ruminante, de comportamento social, que vive em manadas. É presa de grandes felinos, de cães, de lobos, de cobras, de crocodilos (em travessia de rios) e do homem. Enfim, tem sido caçado há milênios.

Para conseguirem sobreviver, aconteceram adaptações durante a evolução dos bovinos. A sua digestão diferenciada (ruminação) é um exemplo. Ela permite que um bovino ingira, em pouco tempo, grande quantidade de capim, que normalmente era encontrada em áreas abertas e desprotegidas (as pradarias), para depois efetuar a mastigação em um local mais seguro e abrigado, através do mecanismo de regurgitação e mastigação.

Os bovinos também preservaram o instinto de vigilância, vital a uma espécie presa, e sempre estão atentos às movimentações anormais, à presença de estranhos e a possíveis rotas de fuga (Grandin, 1996). Sua maior preocupação é com a segurança, pois não possuem nenhum sistema de defesa eficaz, a não ser o senso de grupo, que lhes permite proteger-se de predadores, estando em formação coesa. Outro ponto de defesa são os chifres e as patas, utilizadas como armas. Quando notam uma movimentação anormal ou uma possível ameaça por parte de um predador, os bovinos se agrupam, colocando as suas crias no meio do lote e mantendo formação cerrada. Se o predador encontra-se longe, buscam sempre fugir do confronto.

Bovinos têm comportamento de espécie presa, que é sempre movida pelo medo (Grandin, 1996). O estresse gerado provoca modificações fisiológicas, que mesmo após sua domesticação ainda podem ser mensuradas e observadas.

Quando trabalhamos com bovinos, devemos sempre mantê-los calmos, evitando novidades, ameaças e atitudes que possam ser interpretadas como agressões, porque, do contrário, entram em estado de estresse, que é gerado pelo medo.

A agitação dos animais é um sinal de bem-estar ruim e afeta negativamente o desempenho, levando-os a estado de desconforto, a doenças e à morte, caso não seja corrigido (Broom, Johnson e Johnston, 2003).

O Esquema 2 ilustra a relação entre o manejo pobre e as doenças.

Animais que estão submetidos a rotinas estressantes tendem a desenvolver vícios, como a aerofagia (ingestão de ar), comum em eqüinos e suínos mantidos em baias, em restrição de movimento.

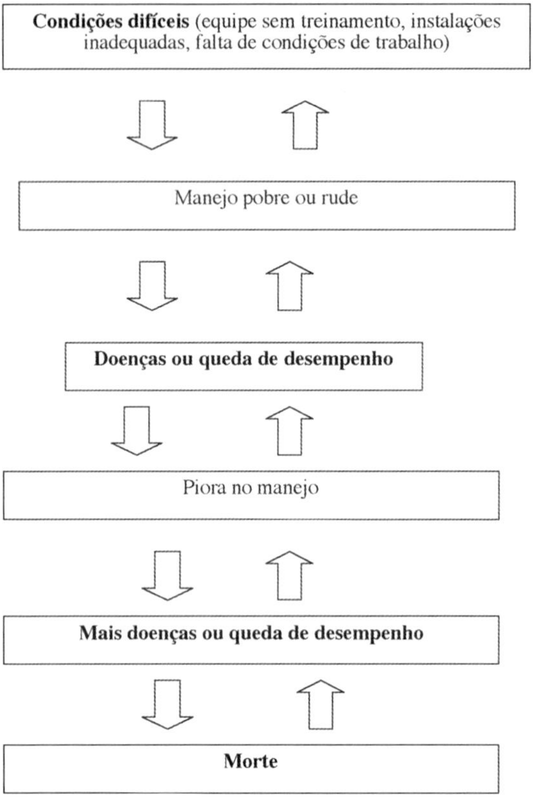

Esquema 2. Interação entre manejo pobre e doenças. (Adaptado de Broom, 1988).

Bovinos confinados e que recebem dietas de alto concentrado e pouca fibra longa podem desenvolver *tongue-rolling*, que é uma sucessão de movimentos de rolamento com a língua, similar aos que o animal faz ao pastar e ingerir o capim. Mudanças na rotina e na dieta podem recuperá-los de tais anomalias, mas devem ocorrer cedo, antes que se tornem irreversíveis (Fraser e Broom, 2005).

A Figura 1 mostra bovinos em situação de emaciamento, por rejeição de dieta com pouca fibra.

Para que o manejo focado em bem-estar seja efetivamente aprendido e implantado, o manejador deve dominar cinco características

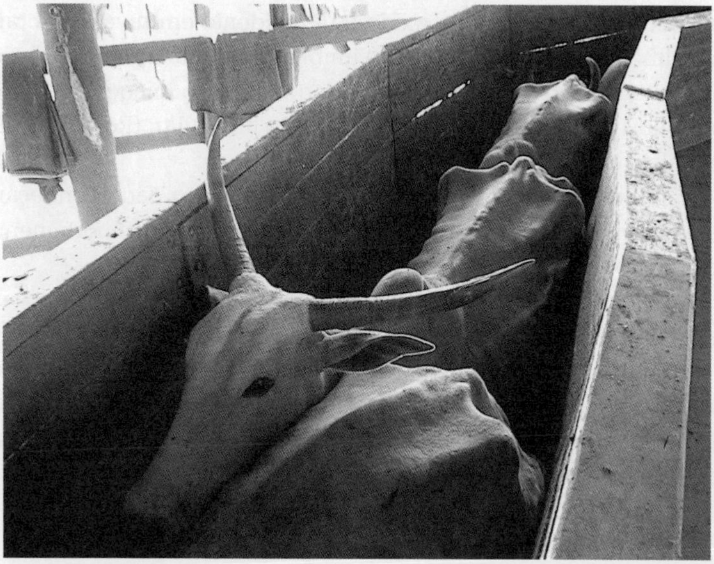

Figura 1. Vacas após 53 dias de confinamento que apresentaram rejeição à dieta com pouca fibra: emaciamento e debilidade. (Foto: Paulo Loureiro, arquivo pessoal).

primordiais dos bovinos: visão, audição, distância de fuga, ponto de balanço e entender que esses animais não são coisas e possuem memória.

Visão

A posição dos olhos na lateral da cabeça dos bovinos proporciona-lhes uma visão panorâmica de 345°, como na maioria das espécies presa em potencial. Esse campo é importante para sua segurança, tornando difícil a aproximação de surpresa de um predador (Rosa, Chiquitelli Neto e Paranhos da Costa, 2003).

O bovino consegue, rapidamente, observar o horizonte em busca de possíveis ameaças, porque enxerga bem à distância. Esta condição não proporciona boa visão tridimensional, que resulta da combinação de imagens colhidas pelos dois olhos, formando uma só imagem em nível cerebral. Portanto, os bovinos apresentam grande parte da visão monocular (imagens captadas pelo olho direito e esquerdo e que são caracterizadas de modo independente em nível cerebral). Isso dificulta ao animal avaliar o ambiente quanto à profundidade, porque acontece quando o cérebro forma uma só imagem, captada pelos dois olhos em nível cerebral — visão binocular. (Rosa, Chiquitelli Neto e Paranhos da Costa, 2003).

É importante que as pessoas que manejam o gado conheçam essas particularidades, para que possam entender o comportamento natural do animal.

Outra particularidade é que os bovinos não gostam de locais escuros ou muito claros (luzes fortes).

O gado tem visão ampla e panorâmica (Esquema 3). A área cinza mostra o campo de visão do animal, onde ele não possui a percepção de profundidade. O setor cinza escuro, em frente à cabeça do animal, representa o campo de visão binocular, onde o animal consegue perceber profundidade em um ângulo de 25 a 30º (Grandin, 1985).

Para focar um objeto, um bovino precisa abaixar a cabeça e movê-la lateralmente, para ter certeza da distância em que se encontra, ou para identificar se uma sombra à sua frente não é um buraco. Ele demora certo tempo para decidir o que fazer. Caso o homem o apresse, tende a empacar e refugar.

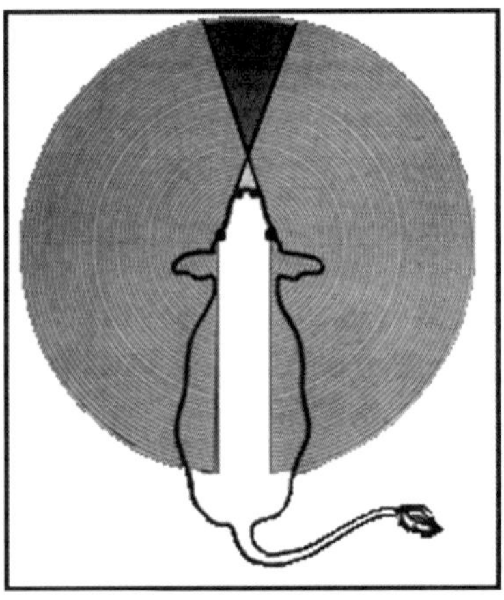

Esquema 3. Campo de visão de um bovino. (Adaptado de Grandin, 1985).

Figura 2. Bovino observando a saída do tronco, usando visão binocular. (Foto: Paulo Loureiro, arquivo pessoal).

Por essas particularidades, é importante que os currais tenham as laterais fechadas (Figura 2), principalmente as mangas de movimentação, que ficam imediatamente antes dos troncos (as chamadas seringas), os próprios troncos, os bretes e os embarcadouros. Devemos eliminar os possíveis pontos de distração, para que o bovino siga em frente tranqüilamente. Nos currais que possuem mangas vazadas isso é impossível, pois o animal fica visualizando o movimento do lado de fora do curral, se distrai e não se move no sentido desejado (Figura 3). Excesso de estímulo visual lateral também pode gerar medo e provocar uma parada na movimentação do lote.

Nos Estados Unidos, a Dra. Temple Grandin desenvolveu diversos modelos de currais para facilitar o manejo (Grandin, 2000), baseando-se em mangas semicirculares e com cercas sólidas e fechadas, mas mantendo sempre um caminho ou saída visível para os animais (Figura 4). Nas instalações desenhadas pela Dra. Grandin, o bovino sempre se move em um único sentido, se possível em mangas cur-

Figura 3. Tronco com frestas: bovino observando o que ocorre do lado de fora. (Foto: Paulo Loureiro, arquivo pessoal).

vas, em pequenas quantidades e conservando-se uma fila, para que possa manter contato visual e físico com os outros (Grandin, 2000). Um bovino vai se movimentar sempre que visualizar uma possível saída, e será seguido pelos demais.

Nas fazendas, não é preciso derrubar o curral que já existe. Pode-se reconstruir determinadas partes dele, criando curvas e facilitando

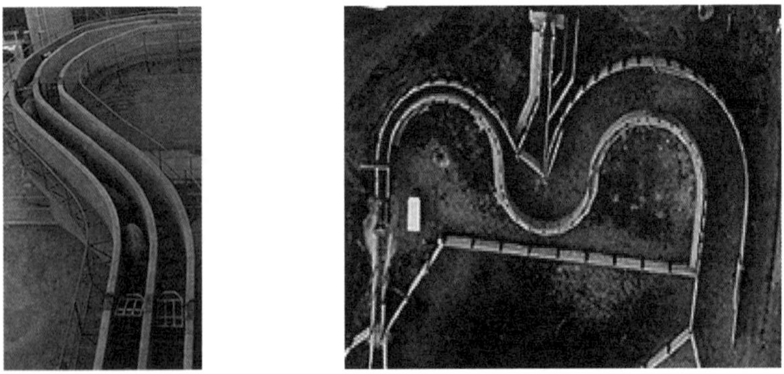

Figura 4. Modelos de currais da Dra. Grandin (www.grandin.com).

o fluxo dos bovinos. Com pequeno investimento, também é possível fazer adaptações com tapumes ou madeirites nos currais vazados, facilitando o fluxo dos animais (Figuras 5 e 6). Posteriormente, caso novos currais venham a ser construídos, é recomendável o estudo de modelos especialmente desenhados, para torná-los um local amigável aos bovinos.

Figura 5. Seringa aberta (tradicional no Brasil) dificulta o fluxo para o tronco.

Figura 6. Adaptação com madeirite para evitar distrações e facilitar o manejo dos bovinos. (Foto: Paulo Loureiro, arquivo pessoal).

Audição

O nível de ruído, em um centro de manejo ou em um curral, deve ser sempre o mínimo possível. Quem trabalha com bovinos deve falar pouco e baixo e evitar barulhos externos, que atrapalhem a tranqüilidade do gado.

Os bovinos ouvem muito bem, mais do que os humanos. Seus ouvidos são mais sensíveis, com sensibilidade entre 7.000 e 8.000 hz; em humanos, ela está entre 1.000 e 3.000 hz (Grandin, 1985, 2000).

Os boiadeiros, condutores nas comitivas e peões de diversas regiões utilizam o berrante como chamariz para o gado. O berrante produz sons graves, similares aos emitidos pelos bovinos. É dessa maneira que devemos chamá-los durante o manejo, com voz grave e baixa, similar a um berrante, porque isso acalma o gado.

Devemos evitar gritos e sons agudos sempre que estivermos manejando um lote de bovinos. O estresse causado por esses sons gera aumento do batimento cardíaco, levando os animais à confusão e a assumirem atitudes de defesa.

Memória

O gado guarda na lembrança, por muitos meses, eventos dolorosos, como maus-tratos sofridos ou experiências amedrontadoras (Pascoe, 1986). Por isso, devemos evitar ao máximo atitudes agressivas e experiências que provoquem medo, pois eles tenderão a evitar os locais onde ocorreram e as pessoas que praticaram tais agressões.

A utilização de aparelhos de eletroimobilização deve ser proibido. Seu uso detém o movimento, devido à distensão excessiva dos músculos pelo estímulo elétrico. Não há efeito anestésico ou analgésico (Lambooy, 1985). Vacas imobilizadas com eletroimobilizador apresentaram aumento significativo do batimento cardíaco seis meses depois, ao serem conduzidas ao brete onde receberam o choque. Gooneswarden et al. (1999) demonstraram que bovinos manejados com bastão elétrico ficaram cada vez mais resistentes e agitados, tornando o manejo difícil para entrar em um tronco.

Os animais respondem sempre melhor a bons tratamentos e tornam-se mais facilmente manejados se estão calmos. Bovinos conseguem reconhecer vozes de pessoas conhecidas (Grandin, 2000); suínos podem reconhecer pessoas pela cor da roupa (Koba e Tanida, 1999).

É comum animais calmos tornarem-se agitados na presença de determinadas pessoas. Com os bovinos isso acontece facilmente caso exista um manejador agressivo na equipe.

Quando se implanta o manejo gentil nas fazendas, é preciso ter paciência com os bovinos, pois eles vão apresentar comportamento ainda agitado nas primeiras vezes em que entrarem no curral. Isso porque podem estar lembrando situações passadas e manejo agressivo. Passado pouco tempo, já acostumados ao tratamento gentil, o tempo de serviço diminui e os animais passam a temer menos o curral, o tronco e o brete, superando as más lembranças. Animais mais velhos terão maior resistência à mudança, por terem sofrido mais abusos, mas nossa experiência de campo mostra que, em menos de seis meses, a reatividade estará reduzida e haverá grande diminuição da distância de fuga, mesmo se tratando de animais zebuínos.

Distância de fuga

A distância de fuga pode ser definida como a distância máxima que um animal permite que um predador, um estranho ou o dominante se aproxime antes de iniciar a fuga (Paranhos da Costa e Cromberg, 1997) (Figura 7). Esse conceito foi usado inicialmente por Hedigar (1968) e originalmente aplicado a animais selvagens ungulados. Os mesmos princípios podem ser aplicados ao gado doméstico (Grandin, 2000).

Figura 7. Foto que ilustra o conceito de distância de fuga entre ovelhas, espécie que possui comportamento similar ao dos bovinos (www.grandin.com).

Zebuínos normalmente apresentam distância de fuga maior que taurinos (Fordyce et al., 1988). Os taurinos, provavelmente pelo maior contato com humanos, permitem maior aproximação, sendo menos reativos. Os taurinos de raças continentais são mais agitados que os de raças britânicas (Grandin, 2000). Animais de pista ou de cocheira não apresentam distância de fuga, permitindo que os tratadores se aproximem e os toquem.

Um animal vai se colocar em movimento se seu espaço pessoal (distância de fuga) for invadido (Grandin, 1985). Manter-se no limite da zona de distância de fuga é uma maneira simples de mover animais. Se penetrarmos na sua distância de fuga, eles se movimentarão; se recuarmos, pararão. Para determinar a distância de fuga, basta caminhar lentamente em direção ao animal: quando ele começar a se movimentar, teremos alcançado o seu limite (Grandin, 1985). Caso todos os animais estejam voltados de frente para o manejador, isso significa que ele se encontra fora da distância de fuga (Grandin, 2000).

Quando colocamos bovinos em currais ou mangas, devemos estar atentos à distância de fuga. Se esses animais forem mansos, ela poderá ser pequena. A lotação da manga pode ser um pouco superior à metade de sua capacidade, e o manejador pode se aproximar mais. Mas se os bovinos forem oriundos de sistemas extensivos de criação, se forem mais reativos e estiverem agitados, deve-se colocar menos da metade da capacidade de animais que caibam na manga ou no curral, e o manejador deve se manter no limite da distância de fuga e penetrar nela o mais lentamente possível. Do contrário, os animais poderão até tentar saltar a cerca de contenção, ou atacar o manejador, numa atitude de defesa motivada pelo medo, podendo causar acidentes.

A Figura 8 ilustra uma tentativa de salto.

O manejo gentil acalma o gado e estabelece confiança entre o bovino e o manejador. Temos obtido grande diminuição da distância de fuga em vacas Nelore em sistema extensivo de pastagem, após quatro a seis meses de manejo (Figura 9).

Ponto de balanço

Na altura da paleta, é encontrado o ponto de balanço de um bovino.

Figura 8. Tentativa de salto. (Foto cedida pelo médico veterinário Diéde Loureiro Neto).

Figura 9. Rebanho da fazenda Formoso em Ribas do Rio Pardo, MS, após seis meses de manejo gentil. Distância de fuga de um metro para vacas paridas da raça Nelore. (Foto: Paulo Loureiro, arquivo pessoal)

Quando desejamos que o bovino se mova para a frente, devemos ir do ponto B para o ponto A (Esquema 4). Se o manejador parar no ponto A, o animal interromperá o seu movimento.

Quando nos aproximamos de um animal entre a cabeça e o ponto de balanço (paleta), ele se move para trás.

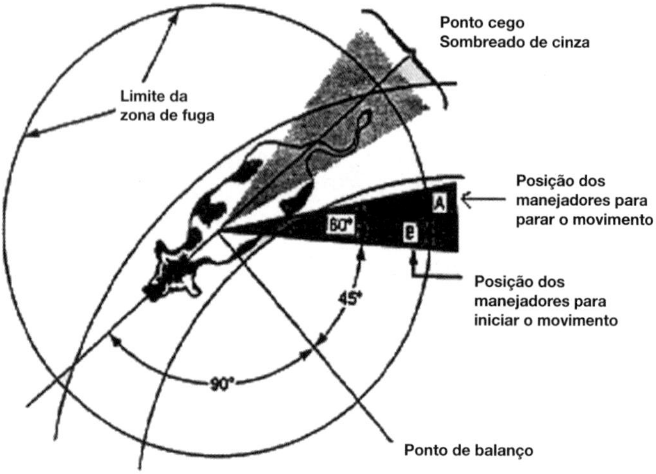

Esquema 4. Esquema ilustrando ponto de balanço e zona de fuga (www.grandin.com).

Manejadores que compreendem os conceitos de distância de fuga e ponto de balanço têm grande facilidade para movimentar bovinos. É um mecanismo simples e perfeitamente compreendido pelo animal. Os manejadores podem movimentar o gado sem tocá-lo com paus ou bastão elétrico, apenas posicionando seu corpo em relação ao corpo do animal.

4. Bem-estar animal desde o nascimento: experiência com maternidades de bovinos

O primeiro contato de um bovino com o homem ocorre dentro de fazendas de cria, logo após o seu nascimento, nos pastos de maternidade. Esse momento deve ser o menos traumático possível para todos os envolvidos, principalmente para os recém-nascidos.

Os lotes de vacas pré-parturientes devem ser separados dos demais e elas devem ficar alojadas em pastos mais limpos e com boa quantidade de sombra, visando proporcionar conforto para a matriz no momento que antecede e sucede o parto. Evitar a superlotação desses pastos é muito importante para que a vaca mantenha a calma na hora do parto e o manejador consiga prestar os cuidados necessários ao bezerro (Paranhos da Costa e Cromberg, 1997). Vacas estressadas pela competição com outras vacas, ou devido ao aparecimento de estranhos na hora do parto, podem involuntariamente pisotear o recém-nascido. Observamos essa situação entre muitas vacas da raça Nelore (*Bos t. indicus*), em diversas regiões do Brasil.

Perto da hora do parto, a fêmea bovina busca isolamento das demais. O parto ocorre nas horas mais frescas do dia, ou à noite. É importante evitar que a vaca seja movimentada nas primeiras seis horas pós-parto (Paranhos da Costa e Cromberg, 1997) e que nos primeiros trinta dias de vida os bezerros sejam mantidos com as mães, no mesmo pasto em que nasceram. Para isso, vários pastos devem ser utilizados como maternidade, e não apenas um ou dois, como usualmente acontece na maioria das fazendas de gado de corte no Brasil. Nossa experiência levou a esse tipo de manejo.

Em 2002 iniciamos um trabalho nas fazendas do Grupo XSJ Agribusiness, MS, com o objetivo de tornar o manejo de maternidade mais eficaz e seguro para a vaca, o bezerro e o manejador. Desde 2002, através de treinamentos, abolimos o uso de bastões elétricos e ferrões. A fazenda seguiu todas as etapas indicadas na implementação da técnica de manejo gentil, cuidando das pessoas, da tropa e do rebanho. O resultado mais significativo apareceu em 2003. Nas maternidades do grupo, eliminamos totalmente qualquer tipo de ameaça à vaca recém-parida na hora de efetuar a cura do umbigo do bezerro e a sua identificação, que é feita até doze horas após o nascimento. Depois da implementação do manejo gentil, em poucos meses, também notamos a diminuição da distância de fuga em todas as categorias de bovinos, tanto em gado zebu e suas cruzas como no gado taurino.

No nosso modelo de trabalho, as maternidades são observadas duas vezes ao dia (cedo e no final da tarde), e os bezerros ainda moles são deixados para a cura do umbigo no período seguinte, para que não haja interferência do homem nas importantes inter-relações e atitudes da vaca com o recém-nascido (Paranhos da Costa e Cromberg, 1997).

Partimos do princípio de que o homem tem que se aproximar do bezerro recém-nascido sem molestar a vaca e sem causar dor ao bezerro. A equipe de dois ou três homens conduz calmamente o gado ao malhadouro. Os bezerros nascidos nas últimas horas são deixados para trás e ficam deitados, acompanhados das mães.

No malhadouro efetuamos o trabalho com o recém-nascido e sua mãe. Um homem fica montado a cavalo e outro, a pé. O homem montado coloca o laço ao redor do pescoço do bezerro a ser manejado e permanece ao lado dele. Até esse momento não há correria e o bezerro está perto da mãe. O homem a pé se aproxima, de frente para o bezerro, pega o laço fixado no arreio do homem a cavalo e dirige-se ao recém-nascido. Caso a vaca tente impedir, o homem a cavalo faz uma barreira, impedindo o ataque. Assim que o homem a pé chega perto do bezerro, coloca-o entre ele e a vaca, sempre com muita calma e com gestos lentos. A vaca não ataca, pois o bezerro se encontra entre ela e o manejador. O homem deve então deitar o bezerro, sempre de frente para a vaca, efetuar a cura do umbigo e a identificação do animal. Todo o procedimento dura menos de dois minutos. Após isso, ele levanta o bezerro e encaminha-o para a mãe, que o acolhe.

Durante todo o tempo, a vaca observa o homem e às vezes tenta intimidá-lo com vocalizações, raspa o chão e urina (sinal de medo ou estresse), mas, por estar acompanhando todo o trabalho e ter sua cria sempre em seu campo de visão, não ataca o homem. A Figura 10 ilustra a descrição.

Até o momento, fizemos mais de 8 mil partos nesse sistema, sem ter ocorrido nenhum incidente com os manejadores. As vacas amansam ano a ano, e após três temporadas de parto com esse manejo estão muito dóceis. No Grupo XSJ Agribusiness, 70% dos partos são de vacas Nelore e 30%, de mestiças Red Angus × Nelore e Limousin × Nelore. As meio-sangue são trabalhadas em separado das Nelore e em todas as fazendas as primíparas (novilhas de primeira cria) são separadas das vacas, cuidado este que visa minimizar o estresse da dominância que as mais velhas podem exercer.

Notamos que as fêmeas meio-sangue opõem menos dificuldade de acesso à cria e vocalizam menos que as Nelore. As primíparas são mais dóceis e não manifestam reação agressiva com o manejo no primeiro parto. Observamos que isso pode ter relação com o fato de terem sido manejadas, desde bezerras, de forma gentil.

Figura 10. Seqüência no malhadouro – Maternidade Fazenda Formoso, setembro de 2005. (Fotos: Paulo Loureiro, arquivo pessoal).

A assimilação do manejo gentil pelos zebuínos é rápida. Com o passar do tempo, no geral, eles se tornam animais dóceis e confiáveis, mesmo tendo sofrido abusos anteriores.

Um cuidado que tomamos é descartar animais refratários ao manejo gentil, seja por traumas anteriores ou por linhagens genéticas mais reativas, mas o índice é muito baixo — em nossas observações, menor do que 3% do rebanho.

5. Considerações finais

Podemos e devemos facilitar a vida dos bovinos, eqüinos e seus manejadores. Isso contribui diretamente para o resultado econômico das fazendas de gado no Brasil. Para isso, devemos adotar o manejo focado no bem-estar animal (manejo gentil), que está baseado no estudo comportamental dos próprios animais. Entender o modo como os bovinos e eqüinos se comportam é o caminho para a resolução da maioria dos problemas de manejo e das agressões, que refletem em perdas econômicas.

Devemos tornar o manejo menos estressante e mais natural. O caminho é treinar a equipe, acompanhar o desenvolvimento das pessoas, oferecer-lhes orientações periodicamente, adequar as instalações de manejo e criar uma rotina de trabalho racional e com menor estresse para as pessoas e os animais.

É possível trabalhar com altos níveis de desempenho e produtividade de forma organizada, e com o uso do manejo gentil. Para isso, basta programar os trabalhos das fazendas, ajustando o calendário de vacinações para evitar coincidências de datas com dias de embarque e recepção de bovinos. Nos dias de embarque de gado, normalmente há grande estresse, e isto pode ser fruto de uma programação malfeita ou apertada de prazo.

Objetivamos tornar a fazenda uma empresa, com programação e processos definidos, que possam ser conferidos e acompanhados. O manejo gentil contribui em todas as fases da criação, e creio ser impossível progredir tecnicamente sem sua adoção maciça em todo o Brasil.

Temos que produzir com ética e cuidar para que a fazenda seja sempre um local prazeroso de trabalhar, com pessoas motivadas, bem remuneradas e cuidadas, além de animais tratados com dignidade.

6. Referências bibliográficas

ANUALPEC 2006. **Anuário da Pecuária Brasileira**. São Paulo: Instituto FNP, 2006.

BLOOD, D. C.; HENDERSON, J. A.; RADOSTITS, O. M. **Clínica veterinária**. 5. ed. Rio de Janeiro: Guanabara Koogan, 1983.

BROOM, D. M. The relationship between welfare and disease susceptibility in farm animals. In.: GIBSON, T. E. (ed.). **Animal disease – A welfare problem.** London: BVA Animal Welfare Foundation, 1988, p. 22-9.

BROOM, D. M.; JOHNSON, K. G.; JOHNSTON, K. G. **Stress and animals welfare.** London: Chapman & Hall, 2003.

CURTIS, S. E.; GUITER, H. D. Animal welfare and international perspective. In: BAKER, F. D. (ed.). **Beef cattle science handbook**. Westview Press, Bouder, Colorado, p. 1187-91, 1983.

DIAMOND, J. **Armas, germes e aço**. Rio de Janeiro: Record, 2005.

FORDYCE, G. et al. Cattle temperaments in extensive beef herds in northern Queensland. Effect of temperament on carcass and meat quality. **Australian Journal Experimental Agriculture**, 28: 689-93, 1988.

FRASER, A. F.; BROOM, D. M. **Farm animal behaviour and welfare**. 3. ed. **New York: CABI Publishing, 2005.**

GRANDIN, T. La conducta animal y su importancia en el manejo del Ganado. **Veterinária Mexican.** 16, 1985. Disponível em: http://gradin.com/spanish/conducta.animal.html. Acesso em: 20 out. 2006.

GRANDIN, T. Behavior of slaughter plant and auction employees towards animals. **Anthrozoos** 1: 205-13, 1988.

GRANDIN, T. **Thinking in pictures**. New York: Vintage Books, 1996.

GRANDIN, T. (ed.). **Livestock handling and transport**. New York: CABI Publishing, 2000.

GRANDIN, T. Behavioural principles of handling cattle and other grazing animals under extensive conditions. In: GRANDIN, T. (ed.). **Livestock handling and transport**. New York: CABI Publishing, 2000.

GOONESWARDEN, L. A.; PRICE, N. A.; OKINE, E.; BERG, R. T. Behavioral responses to handling and restraint on dehorned and polled cattle. **Applied Animal Behavior Science** 64: 159-67, 1999.

HEDIGAR, H. **The psychology and behavior of animals in zoos and circuses**. New York: Dover Publications, 1968.

HERTZOG, H. A.; BETHCARD, N. S.; PITTMAN, R. B. Gender sex role orientation and attitudes towards animals. **Anthrozoos 4: 184-91, 1991.**

KOBA, Y.; TANIDA, H. How do miniature pigs discriminate between people. The effect of exchanging cues between a non-handler and their familiar handler on discrimination. **Applied Animal Behavior** 61: 239-52, 1999.

LAMBOOY, E. Electro-anesthesia or electro-immobilization of calves, sheep and pigs by Feenix Stockstill. **Veterinary Quarterly** 7: 120-6, 1985.

LIMA, R. A. S.; SHIROTA, R.; BARROS, G. S. C. **Estudo do complexo do agronegócio do cavalo**. Piracicaba, SP: Cepea/Esalq/USP, 2006.

PARANHOS DA COSTA, M. J. R.; CROMBERG, V. U. Alguns aspectos considerados para melhorar o bem-estar de animais em sistemas de pastejo rotacionado. In: PEIXOTO, M.; MOURA, J. C.; FARIA, V. C. **Fundamentos do pastejo rotacionado**. Piracicaba, SP: Fealq, 1997, p. 273-96.

PASCOE, P. J. Humaneness of electro-immobilization unit for cattle. **American Journal of Veterinarian Research** 10: 2252-6, 1986.

ROBERTS, M. **O homem que ouve cavalos**. 6. ed. Rio de Janeiro: Bertrand Brasil, 2004.

ROBERTS, M. **Violência não é resposta**. 2. ed. Rio de Janeiro: Bertrand Brasil, 2005.

ROSA, M. S. da; CHIQUITELLI NETO, M.; PARANHOS DA COSTA, M. J. R. **A visão dos bovinos e o manejo**. Disponível em: www.milkpoint.com.br/SistemasdeProdução. Acesso em: 8 set. 2006. Publicado em 21 jan. 2003.

STRICKLIN, W. R.; KAUTZ-SCANAVY, C. C. The role of behavior in cattle production: a review of research. **Appl. Anim. Ethol.** 11: 359-90, 1984.

Ganhos de produtividade com o uso de touros provados

Resultados do programa de seleção da Estação Experimental de Zootecnia de Sertãozinho

Alexander G. Razook*
Maria Eugênia Z. Mercadante**

O projeto de seleção da Estação Experimental de Zootecnia de Sertãozinho foi implantado e conduzido sempre com o compromisso de obter resultados práticos sobre os efeitos da seleção nos principais componentes econômicos de bovinos de corte, como crescimento, reprodução e carcaça. O projeto tem sido conduzido em um sistema

* Instituto de Zootecnia, Estação Experimental de Zootecnia de Sertãozinho, Caixa Postal 63 – Sertãozinho, SP. razook@iz.sp.gov.br; mercadante@iz.sp.gov.br Bolsista do CNPq.

**Instituto de Zootecnia, Estação Experimental de Zootecnia de Sertãozinho.

de produção compatível com as condições brasileiras, para que seus resultados possam ser usados como indicativos do poder da seleção e do potencial de ganho genético dos rebanhos de corte brasileiros estabelecidos em pastagens. O conhecimento da mudança fenotípica e genética nos outros componentes, como reprodução, eficiência alimentar, produção de carne etc., conduz a uma análise detalhada do impacto da seleção para o crescimento sobre a produtividade geral do rebanho. Os resultados apresentados são decorrentes de cinco gerações de seleção de bovinos de corte para característica de crescimento.

Em 1976, a Estação Experimental de Zootecnia de Sertãozinho (EEZS), Instituto de Zootecnia, iniciou um projeto de seleção para aumentar o peso pós-desmame de zebuínos e, posteriormente, também do Caracu, com base no desempenho individual. Esse projeto foi fundamentado em algumas bases genéticas que são mantidas até hoje, as quais consistem em manipular, dentro de limites biológicos, a equação do ganho genético com seleção baseada no desempenho individual, visando à maximização do progresso genético anual.

- Ampliação da base genética por meio da introdução de material genético diferente do já existente antes de iniciar o programa de seleção.
- Seleção dos animais com base em um número mínimo de características mensuradas em idades relativamente precoces.
- Seleção dos animais que apresentam os maiores diferenciais de seleção nessas características, ou seja, os indivíduos que têm melhor desempenho em relação à média dos contemporâneos (animais de mesmo sexo, nascidos no mesmo ano e rebanho).
- Redução do intervalo de gerações, por meio da seleção dos indivíduos com base na informação do seu próprio desempenho e pelo uso de reprodutores jovens.
- Redução das interferências do meio ambiente no grupo contemporâneo, com a implementação de uma estação de monta reduzida.
- Padronização do ambiente no grupo contemporâneo, para minimizar as influências de meio, facilitando a detecção das diferenças genéticas entre os indivíduos.

- Ausência de pré-seleção, ou seja, avaliação de todos os animais para uma ou mais características, como critério de seleção.
- Minimização da endogamia, levando em conta a genealogia de reprodutores e matrizes na formação dos lotes de acasalamento e também por meio do uso dos touros por tempo reduzido.

1. Estratégias de seleção

O estabelecimento do projeto de seleção da EEZS teve início com a redução da estação de monta, readequação da metodologia da prova de ganho de peso e seleção dos reprodutores fundadores usados em 1980. Simultaneamente, foi introduzido no rebanho Nelore material genético dos principais representantes das famílias existentes no Brasil na época (Cantor, Everest, Karvardi, Kurupathi e Nagpur), para ampliar a base genética e garantir variabilidade.

Em 1980, o rebanho Nelore foi dividido em três: Nelore Seleção (NeS), Nelore Tradicional (NeT) e Nelore Controle (NeC), e a primeira progênie nasceu em 1981. Os rebanhos das raças Caracu (Ca), Gir e Guzerá (GuS) também foram reorganizados nessa época e fazem parte do projeto de seleção. Anualmente, são selecionados 7 a 10% dos machos nascidos e 55 a 65% das fêmeas nascidas, com base no diferencial de seleção em P378 e P550, respectivamente. Nos rebanhos seleção (NeS, NeT, Ca, Gir e GuS) são escolhidos machos e fêmeas com os maiores diferenciais para as características P378 e P550, enquanto no rebanho NeC são selecionados machos e fêmeas com diferenciais próximos de zero, ou seja, animais que estão na média dos contemporâneos de rebanho. Isso faz com que o NeC seja um rebanho testemunha para os demais, pois os animais apresentam hoje a mesma média de desempenho de P378 e P550 que tinham em 1980. O P378 (peso ao ano corrigido para 378 dias de idade) é obtido após prova de ganho de peso em confinamento de 168 dias, de acordo com a metodologia descrita por Razook et al. (1997), e o P550 (peso ao sobreano corrigido para 550 dias de idade) é obtido em pastagem. A razão de a seleção dos machos ocorrer em idade anterior à das fêmeas é que os primeiros permanecem em confinamento após a desmama, que coincide com o período de seca, e as fêmeas permanecem em pastagem com ganhos relativamente baixos.

Portanto, o peso ao ano das fêmeas não reflete o real potencial para crescimento, obtido após o período das águas, ao sobreano.

Após a seleção, machos e fêmeas permanecem em pastagem e são colocados em reprodução aos 2 anos de idade. Entretanto, quatro meses antes da primeira monta, os machos são arraçoados para melhorar a condição corporal, visando o registro pela ABCZ e o desempenho sexual. Os touros são usados por dois anos consecutivos, aos 2 e 3 anos de idade, e a cada ano tem-se metade dos touros servindo com 2 anos e metade com 3 anos, portanto, com descarte de 50% dos touros/ano. As matrizes são descartadas (20%/ano) devido à falha reprodutiva em dois anos consecutivos, doença ou idade avançada (após 12 anos). Os lotes de monta são formados de modo a manter a mesma proporcionalidade quanto à idade das matrizes e pouco parentesco com o reprodutor. A estação de monta é de três meses (dezembro a fevereiro). Na Tabela 1 é apresentado um resumo do tamanho dos rebanhos e dos lotes de acasalamento.

Tabela 1. Tamanho dos rebanhos, dos lotes de acasalamento e descarte anual.

Item/Rebanho	NeC	NeS	NeT	GuS	Gir	Ca
Total de touros	4	6	8	7	6	8
Total de vacas	60	120	150	140	90	150
Touros de 2 anos	2	3	4	4	3	4
Touros de 3 anos	2	3	4	3	3	4
Vacas/touros de 2 anos	15	15	15	16	15	15
Vacas/touros de 3 anos	15	25	23	25	15	23
Descarte anual de machos	2	3	4	3	3	4
Descarte anual de vacas	12	24	30	28	18	30

NeC: Nelore controle; NeS: Nelore seleção; NeT: Nelore tradicional; GuS: Guzerá; Ca: Caracu.

2. Seleção aplicada em P378 e P550, intervalo de gerações e gerações de seleção

As médias dos diferenciais de seleção efetivos de touros e vacas expressam, em unidades reais, ou em unidades de desvio-padrão da característica (intensidade de seleção efetiva), a superioridade dos reprodutores no critério de seleção em relação aos seus contemporâneos, ou seja, a seleção média aplicada anualmente. Como é esperado, os diferenciais decorrentes da seleção de vacas são sempre inferiores àqueles de touros, com exceção do rebanho NeC, no qual, pela dificuldade de reposição de fêmeas com diferencial nulo, esse valor foi superior ao dos touros. A contribuição dos touros no processo de seleção foi de 80%, 82%, 87% e 80%, respectivamente, para NeS, GuS, Gir e Ca, comprovando a grande contribuição da seleção pelo lado de machos em esquemas tradicionais de seleção de bovinos, sem intensificação da reprodução das fêmeas.

Um dos fatores que maximiza o ganho genético anual, em processos seletivos, é a diminuição do intervalo de geração (IG), que é a idade média dos pais no nascimento dos filhos. Nesses rebanhos, machos e fêmeas entram em monta com 2 anos de idade e os touros são usados somente por dois anos, o que fornece uma expectativa de 3,5 anos de intervalo de geração, pelo lado dos touros, e 5,5 a 6,0, pelo lado das vacas. Na prática (IG na Tabela 2), esses valores foram superiores, principalmente devido à maior permanência das vacas nos rebanhos zebuínos e à necessidade eventual de uso de touro com mais de 3 anos no caso do Caracu. O coeficiente de geração é o número de segregações mendelianas desde o início da seleção, a partir dos reprodutores fundadores. Por exemplo, a progênie de 2003 dos rebanhos NeS e GuS representa, em média, a quinta geração de seleção, após vinte e três anos (Tabela 2). Os coeficientes de geração foram menores para Guzerá, Gir e Caracu, pois estes rebanhos tiveram, em algum momento, introdução de animais de outro rebanho, os quais, obrigatoriamente, entram no projeto como geração zero.

3. Média fenotípica das características de crescimento em cinco gerações de seleção

As médias das características de crescimento nos três primeiros e nos três últimos anos do projeto de seleção fornecem uma estimativa da mudança fenotípica ocorrida nos rebanhos, tanto nas características de seleção direta (P378 e P550) como nas demais características: peso ao nascer, peso ao desmame e ganho médio diário na prova de desempenho (Tabela 3). A mudança fenotípica total média (machos e fêmeas) foi de –1,5 kg, 3 kg, 0,5 kg, 2 kg e 5 kg no peso ao nascer, e 2,5 kg, 16,5 kg, 30,5 kg, 24 kg e 22 kg no peso ao desmame, respectivamente, nos rebanhos NeC, NeS, GuS, Gir e Ca. Para as

Tabela 2. Média dos diferenciais de seleção efetivos e acumulados (DSE e DSEA) e intensidades efetivas e acumuladas (iE e iA) dos intervalos de geração (IG) e dos coeficientes de geração.

Rebanho	DSE kg	iE u.d.p.[4]	DSEA kg	iA u.d.p.	IG anos	Gerações de seleção
NeC – touro[1]	–0,4	–0,0	2,9	0,0	3,6	5,1
NeC – vaca[1]	3,3	0,1	9,1	0,4	6,3	
NeS – touro[1]	49,1	1,7	177,4	6,2	3,7	5,1
NeS – vaca[1]	12,6	0,5	134,4	4,9	6,3	
GuS – touro[1]	45,5	1,5	172,0	5,7	3,7	4,5
GuS – vaca[1]	10,0	0,4	98,4	3,5	6,3	
Gir – touro[2]	34,0	1,2	100,4	3,9	4,0	4,3
Gir – vaca[2]	5,1	0,2	67,1	2,5	7,4	
Ca – touro[3]	43,3	1,1	142,2	3,6	5,2	4,5
Ca – vaca[3]	13,1	0,3	108,1	2,3	6,2	

Progênies de: [1] 1981-2003; [2] 1981-2001; [3] 1979-2001.
[4] u.d.p. – unidades de desvio padrão.
NeC: Nelore controle, NeS: Nelore seleção, GuS: Guzerá, Ca: Caracu.
Fonte: Knacfuss et al. (2006a), Pereira et al. (2005), Razook (2006).

Tabela 3. Médias das características de crescimento dos animais nascidos no início e atualmente no projeto de seleção.

Característica	NeC[1]		NeS[1]		GuS[1]		Gir[1]		Ca[2]	
	Início	Final	Início	Final	Início	Final	Início	Final	Início	Final
PN (kg)	27	26	29	32	27	28	24	26	29	33
P210 (kg)	163	164	168	200	165	196	149	173	182	216
P378 (kg)	**277**	**274**	**295**	**334**	**288**	**333**	**273**	**305**	**314**	**355**
G112 (g/dia)	681	662	717	835	722	850	519	739	767	944
P550 (kg)	**242**	**263**	**250**	**321**	**238**	**290**	**199**	**253**	**264**	**292**

[1] Início: 1981-1983, final: 2001-2003. [2] Início: 1979-1981, final: 2000-2002.
NeC: Nelore controle; NeS: Nelore seleção; GuS: Guzerá; Ca: Caracu. PN: peso ao nascer; P210: peso ao desmame; P378: peso final na PGP, padronizado para 378 dias; G112: ganho médio diário na PGP; P550: peso final em pastagem, padronizado para 550 dias.
Fonte: Knackfuss (2004), Pereira (2005), Razook (2006).

características pós-desmame, a mudança fenotípica total nos machos foi –3 kg, 39 kg, 45 kg, 32 kg e 33 kg no P378, e –19 g/dia, 118 g/dia, 128 g/dia, 220 g/dia e 116 g/dia no ganho diário durante a prova de ganho de peso, respectivamente, para NeC, NeS, GuS, Gir e Ca. A mudança fenotípica total nas fêmeas foi 21 kg, 71 kg, 52 kg, 54 kg e 46 kg no P550, respectivamente, para NeC, NeS, GuS, Gir e Ca. Portanto, houve grande mudança fenotípica nas características de seleção direta, P378 e P550, de mais de 40 kg/animal, o que reflete diretamente no aumento de renda no momento da comercialização, só levando em conta o peso, sem considerar o valor genético dos animais. Ainda, a mudança fenotípica também ocorreu no peso ao desmame, mais de 20 kg/animal, com aumento de renda na venda de bezerros desmamados.

As médias fenotípicas de P378 e P550 dos rebanhos NeC, NeS e GuS no decorrer dos anos (Figura 1) ilustram, além da mudança fenotípica, também a variação ambiental. O P378 é bem menos variável, pois parte dele (crescimento pós-desmama) é obtida em prova de desempenho em confinamento, em que a oferta de alimentos pode ser controlada. O mesmo não ocorre com o P550, cujas médias variam muito ano a ano. Na seleção para características de crescimento, é desejável que a oferta de matéria seca seja suficiente para o crescimento dos animais, caso contrário corre-se o risco de selecionar indivíduos com outras características genéticas. Esse fato é bem evidenciado na Figura 1 com P550. Somente a partir do momento em que houve maior oferta de alimentos (em 1993) os rebanhos começaram a se diferenciar no desempenho de P550.

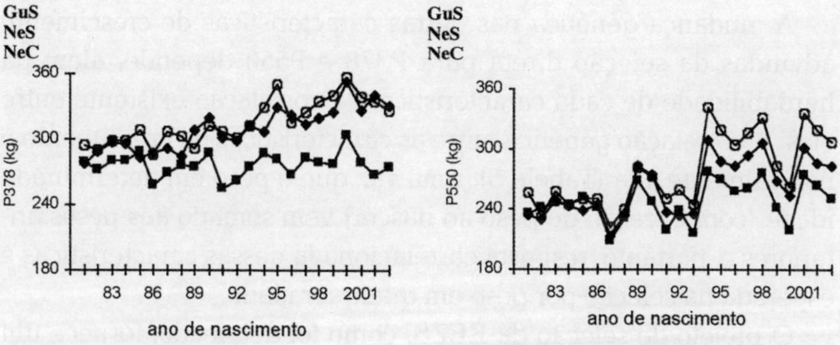

Figura 1. Médias fenotípicas de P378 (esquerda) e de P550 (direita) dos rebanhos NeC, NeS e GuS por ano de nascimento.

4. Variabilidade genética das características de crescimento e correlação entre elas

O progresso genético anual também é fortemente dependente da variabilidade genética das características envolvidas no critério de seleção. Portanto, parte da mudança fenotípica total apresentada anteriormente (Tabela 3) foi mudança genética e outra parte foi devida à mudança no ambiente. Em geral, as características de crescimento apresentam herdabilidade de média magnitude, principalmente pesos pós-desmama (Tabela 4), o que possibilita que a seleção seja feita com base no desempenho do próprio individuo, como P378 e P550. Ressaltam-se também as herdabilidades de altas magnitudes estimadas para peso ao nascer e altura na garupa.

Tabela 4. Estimativas de herdabilidade das características de crescimento nos rebanhos da EEZS.

	PN	P210d	P210m	**P378**	**P550**	ALT	PE	PTOR
Nelore	0,49	0,12	0,12	**0,35**	**0,39**	0,63	0,41	0,40
Guzerá	0,35	0,23	0,05	**0,44**	**0,40**	—	—	—
Gir	0,31	0,23	0,03	**0,45**	**0,29**	0,58	—	—
Caracu	0,34	0,13	0,02	**0,35**	**0,42**	0,53	—	—

PN: peso ao nascer; P210d: efeito direto do peso ao desmame; P210m: efeito materno do peso ao desmame; P378: peso final na PGP, padronizado para 378 dias; P550: peso final em pastagem, padronizado para 550 dias; ALT: altura na garupa obtida ao ano nos machos e ao sobreano nas fêmeas (média da herdabilidade estimada nos dois sexos); PE: perímetro escrotal obtido ao ano; PTOR: perímetro torácico obtido ao ano em machos.
Fonte: Knacfuss et al. (2006b), Pereira et al. (2006), Razook et al. (2006), Silva (2007).

A mudança genética nas outras características de crescimento advindas da seleção direta para P378 e P550 depende, além da herdabilidade de cada característica, da correlação existente entre elas. A correlação genética entre as características de crescimento é naturalmente alta (Tabela 5), uma vez que o peso em determinada idade (com exceção do peso ao nascer) vem somado aos pesos anteriores e, portanto, resposta correlacionada nessas características é esperada na seleção por peso em qualquer idade.

O projeto de seleção da EEZS, como foi delineado, fornece um estudo sobre a interação genótipo-ambiente através da correlação genética entre os critérios de seleção de machos e fêmeas, P378 e P550, uma vez que eles são obtidos em ambientes diferentes: P378 em confinamento e P550 em pastagem. Quanto maior a correlação entre eles, menor é a diferença genética entre o desempenho em confinamento e em pastagem, e menor é a interação. Nos rebanhos zebuínos, a estimativa da correlação genética entre os desempenhos em confinamento × pastagem é bem alta, com pouca evidência de ocorrência de interação genótipo-ambiente, fato que confere credibilidade à seleção de touros em prova de ganho de peso cujas progênies serão criadas em pastagem. No rebanho Caracu essa correlação é mais baixa, sugerindo que uma diferença de desempenho entre progênies criadas em confinamento e em pastagem pode ocorrer. Este fato é coerente, pois, apesar de a raça Caracu ser bastante adaptada aos trópicos, ela é de origem européia, portanto, menos adaptada que os zebuínos e menos capaz de apresentar desempenho satisfatório em baixos níveis nutricionais.

Tabela 5. Média das estimativas de correlação genética entre características de crescimento nos rebanhos da EEZS.

	Nelore	Guzerá	Gir	Caracu
PN com P378 ou P550	0,70	0,57	0,57	0,56
P210 com P378 e P550	—	0,81	0,94	0,96
ALT com P378 ou P550	0,63	—	0,91	0,72
PE com P378 e P550	0,20	—	—	—
PTOR com P378 e P550	0,67	—	—	—
P378 com P550	0,95	0,91	1,0	0,61

PN: peso ao nascer; P210: peso ao desmame; P378: peso final na PGP, padronizado para 378 dias; P550: peso final em pastagem, padronizado para 550 dias; ALT: altura na garupa obtida ao ano nos machos e ao sobreano nas fêmeas (média das correlações estimadas nos dois sexos); PE: perímetro escrotal obtido ao ano; PTOR: perímetro torácico obtido ao ano em machos.
Fonte: Knacfuss (2004), Pereira et al. (2006), Razook et al. (2006), Silva (2007).

5. Mudança genética nas características de crescimento obtidas até a seleção

As tendências genéticas anuais foram obtidas por meio da regressão das médias anuais dos valores genéticos de cada característica em função do ano de nascimento, e estes valores foram estimados considerando-se modelo animal e todo o parentesco entre os animais.

As estimativas das tendências genéticas anuais (Tabela 6), tanto por unidade como por porcentagem da média da característica nos três primeiros anos do projeto de seleção (próximo de 1980), foram bem variáveis, apesar de as estratégias e os critérios de seleção terem sido os mesmos para todos os rebanhos. Isso é esperado, considerando-se as diferentes intensidades de seleção aplicadas (mostradas na Tabela 2 em u.d.p.), intervalos de gerações levemente superiores para Gir e Ca, as diferentes herdabilidades das características estimadas para cada raça e, sobretudo, as grandes diferenças que existem entre elas. Essas quatro raças são extremamente distintas nas taxas

Tabela 6. Estimativas de mudança genética em 22 a 24 anos de seleção nas características de crescimento dos rebanhos da EEZS.

Rebanho	PN	P210d	P210m	**P378**	**P550**	ALT	PE	PTOR
				NeC				
kg ou cm/ano	-0,01 kg	-0,02 kg	0,14 kg	**0,02 kg**	**0,03 kg**	-0,03 cm	0,01 cm	0,03 cm
% média/ano	-0,03%	-0,01%	0,08%	**0,01%**	**0,01%**	-0,02%	0,04%	0,02%
				NeS e NeT				
kg ou cm/ano	0,19 kg	0,64 kg	0,24 kg	**2,13 kg**	**1,74 kg**	0,29 cm	0,05 cm	0,26 cm
% média/ano	0,67%	0,38%	0,14%	**0,72%**	**0,72%**	0,22%	0,22%	0,16%
				GuS				
kg ou cm/ano	0,09 kg	0,81 kg	0,23 kg	**1,70 kg**	**1,27 kg**	—	—	—
% média/ano	0,33%	0,48%	0,14%	**0,60%**	**0,56%**	—	—	—
				Gir				
kg ou cm/ano	0,03 kg	0,28 kg	—	**1,45 kg**	**1,07 kg**	0,25 cm	—	—
% média/ano	0,13%	0,19%	—	**0,61%**	**0,54%**	0,21%	—	—
				Ca				
kg ou cm/ano	0,09 kg	0,35 kg	0,04 kg	**1,48 kg**	**0,94 kg**	0,14 cm	—	—
% média/ano	0,32%	0,20%	0,02%	**0,47%**	**0,36%**	0,11%	—	—
				Média dos selecionados				
% média/ano	0,36%	0,31%	0,10%	**0,60%**	**0,55%**	0,18%	0,22%	0,16%

NeC: Nelore controle; NeS: Nelore seleção; GuS: Guzerá; Ca: Caracu. PN: peso ao nascer; P210d: efeito direto do peso ao desmame; P210m: efeito materno do peso ao desmame; P378: peso final na PGP, padronizado para 378 dias; P550: peso final em pastagem, padronizado para 550 dias; ALT: altura na garupa obtida ao ano nos machos e ao sobreano nas fêmeas (média estimada nos dois sexos); PE: perímetro escrotal obtido ao ano; PTOR: perímetro torácico obtido ao ano em machos.
Fonte: Knacfuss et al. (2006a), Pereira (2005), Razook et al. (2006), Silva (2007).

reprodutivas, principalmente das fêmeas, no vigor ao nascimento e sobrevivência dos bezerros até a desmama, na produção de leite das mães, na duração da vida reprodutiva das vacas etc.

As maiores tendências genéticas foram conseguidas nos critérios de seleção P378 e P550, variando de 0,4 a 0,7% da média da característica ao ano. Pelo método de comparação com a população controle (Razook, 2006), as tendências genéticas para NeS e GuS em P378 e P550 foram um pouco maiores (de 0,85 a 1,15% da média ao ano). Como base de comparação, Smith (1988) menciona que, em esquemas tradicionais de bovinos, sem intensificação da taxa reprodutiva das fêmeas, a mudança genética anual teoricamente possível por seleção, em características de crescimento, é 1,4% da média, e os experimentos de seleção de bovinos de corte de raças européias têm obtido taxas de mudança genética anual entre 0,78 e 1,2% da média ao ano (Mrode et al., 1990; Baker et al., 1991; Parnell et al., 1997), também em características de crescimento. No Brasil, os grandes programas de melhoramento genético de Nelore têm conseguido tendências genéticas para pesos pós-desmame muito variáveis, de 0,15 a 0,77% da média/ano (Albuquerque et al., 2006). Parece pouco, mas não é. Considerando um ganho genético de, por exemplo, 0,55% da média ao ano para peso aos 450 dias de idade de 270 kg (PMGRN — Lobo et al., 2006), em dez anos serão 15 kg a mais por animal, em vinte anos serão 30 kg, e como este aumento na produção/animal é passado para a progênie, o poder de multiplicação desse ganho em peso é enorme.

As médias dos valores genéticos de P378 e P550 nos rebanhos Nelore (NeC, NeS e NeT) ilustram a tendência genética mostrada na Tabela 6 e as oscilações que ocorrem no decorrer dos anos (Figura 2). A média dos valores genéticos do peso na seleção (P378 para os machos e P550 para as fêmeas) no início do experimento (1978-80) era –0,1 kg para os machos e –0,3 kg para as fêmeas. Após vinte e quatro anos (1981 a 2004) de seleção, a média dos valores genéticos foi 1,4 kg e 1,9 kg no NeC; 51,4 kg e 42,2 kg no NeS; 54,6 kg e 44,6 kg no NeT, para machos e fêmeas, respectivamente. Entretanto, esses são valores médios. Em 2004, o valor genético de P378 chegou a atingir 81,8 kg, o que corresponde a uma DEP (diferença esperada na progênie) de 40,9 kg.

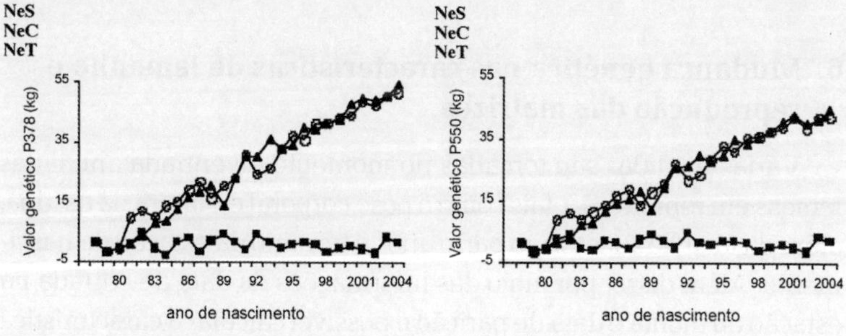

Figura 2. Média dos valores genéticos de P378 (esquerda) e de P550 (direita) dos três rebanhos Nelore.

As tendências genéticas das outras características de crescimento foram todas positivas, sendo maiores para peso ao nascer nos rebanhos NeS e Ca, e para peso ao desmame nos rebanhos GuS e Gir. O aumento do valor genético do peso ao nascer nem sempre é desejável, pois pode vir acompanhado de aumento de partos distócicos, principalmente em novilhas, mas pode ser desejável em raças que ainda podem apresentar baixo peso ao nascer, como Guzerá e Gir. Além disso, maiores pesos ao nascer podem ser desejáveis em ambientes mais hostis.

A resposta correlacionada positiva para peso ao desmame, tanto nos genes para crescimento (média de 0,31% da média de P210/ano) quanto nos genes para produção de leite das mães (média de 0,10% da média de P210/ano), é muito favorável, já que também possibilita o uso desses touros para a produção de bezerros que serão comercializados na desmama. A resposta correlacionada no perímetro escrotal também foi positiva, mas baixa, mostrando que peso ao sobreano e perímetro escrotal são quase independentes e que, para obter ganho genético no perímetro escrotal, deve-se incluí-lo no critério de seleção, por exemplo, por meio de um índice.

Esses resultados, independentemente da magnitude das mudanças genéticas encontradas, evidenciam que é possível alcançar significativo e constante progresso genético, mesmo em rebanhos pequenos de raças Zebu e Caracu, por meio da seleção direcional, baseada em critérios simples, utilizando-se como informação o desempenho individual e uma reposição de touros e vacas rápida e dinâmica.

6. Mudança genética nas características de tamanho e reprodução das matrizes

Várias medidas são tomadas no momento da entrada anual das fêmeas em reprodução, tais como o peso corporal e a altura na garupa, além da taxa de sucesso ao parto após o término da estação de nascimento. Além disso, por meio das informações da data de entrada na estação de monta e data de parição é possível calcular a característica dias ao parto (DIAP). Esta característica reprodutiva é recomendada quando existe estação de monta curta e definida. Constitui a diferença entre a data do parto e a data de entrada na estação de monta e mede se a vaca concebeu cedo ou tarde na estação. Portanto, são desejáveis valores mais baixos para DIAP. A comparação dos desempenhos das fêmeas nascidas entre 1997 e 2002 nos rebanhos Nelore selecionados (NeS e NeT) e no controle (NeC) fornece uma estimativa da resposta correlacionada no tamanho e reprodução das fêmeas após quatro a cinco gerações de seleção para peso pós-desmama (Tabela 7).

Foram encontradas grandes diferenças em peso e altura das fêmeas entre os rebanhos selecionados e o controle, fato devido à correlação genética média a alta (0,44 a 0,80) entre peso pós-desmame e peso adulto. Além disso, as taxas de sucesso ao parto foram maiores para o rebanho controle do que para os rebanhos selecionados. Esse resultado é diferente da análise anterior dessas características (Mercadante et al., 2003), feita com fêmeas nascidas de 1993 a 1996, e há pelo menos duas possíveis razões para isso. A primeira é que, com o passar das gerações de seleção para peso pós-desmama, a diferença de peso entre as fêmeas selecionadas e controle aumentou e, possivelmente, as exigências nutricionais também. A segunda é que ocorreu, nos últimos anos, uma queda acentuada na quantidade e qualidade das pastagens na EEZS, por várias razões, sendo uma delas o reflexo da invasão dos sem-terra em 2000 e o pequeno investimento na manutenção da qualidade das pastagens (evidente na Figura 1).

As médias da característica DIAP, sem incluir as fêmeas não paridas, mostram que as fêmeas têm concebido cerca de 30 dias

Tabela 7. Médias ajustadas dos rebanhos Nelore selecionado (NeS e NeT) e controle (NeC) e diferença entre eles nas características tamanho e reprodução de fêmeas.

Característica	Média de NeS e NeT	Média de NeC	Diferença (NeS + NeT) – NeC
Novilhas			
Peso na entrada da monta (kg)	347	279	68±3**
Altura na entrada da monta (cm)	139	132	7±0**
Sucesso ao parto (%)	71	81	–10±5*
Dias ao parto (dias)	323	314	9±2**
Reconcepção de novilhas			
Sucesso ao parto (%)	47	64	–17±8*
Dias ao parto (dias)	335	328	–7±5^NS
Novilhas e vacas			
Peso na entrada da monta (kg)	427	356	71±4**
Altura na entrada da monta (cm)	144	137	7±0**
Sucesso ao parto (%)	79	85	–6±3*
Dias ao parto (dias)	327	320	–7±3*

NeC: Nelore controle; NeS: Nelore seleção; NeT: Nelore tradicional. Diferença: NS não significativa (P > 0,05), * significativa (0,01 > P < 0,05), ** significativa (P < 0,01).
Fonte: Mercadante (2007).

após o início da estação de monta e que as fêmeas do rebanho NeC conceberam um pouco mais cedo que as dos rebanhos NeS e NeT (Figura 3). Na análise genética da característica DIAP, é interessante que as fêmeas que entraram na monta, mas não pariram, sejam incluídas. Para essas fêmeas vazias, é designado um registro de DIAP 21 dias maior que o valor máximo de DIAP observado no grupo de monta em que essas fêmeas estavam. Pelo fato de DIAP, assim como as outras características de reprodução de fêmeas adultas, apresentar herdabilidade baixa (0,15), espera-se que as diferenças dos valores genéticos de DIAP entre os animais não sejam altas. Em geral, a seleção para peso pós-desmama diminuiu o valor genético dos animais para essa característica, o que é favorável, e os animais do rebanho controle apresentaram valores genéticos menores (mais favoráveis) que aqueles dos rebanhos selecionados, como mostrado também na Tabela 7.

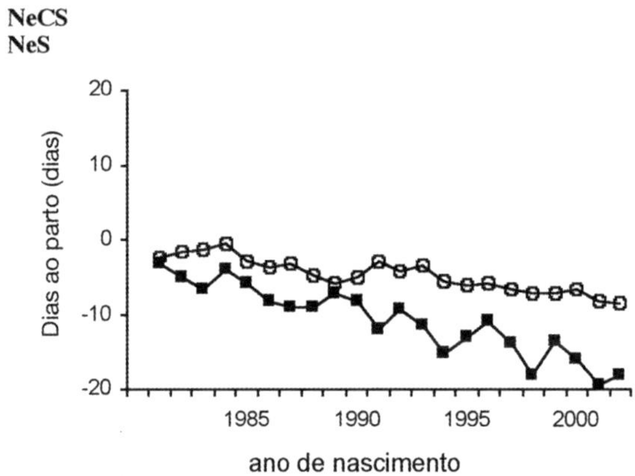

Figura 3. Média dos valores genéticos de DIAP de novilhas e vacas para NeS (NeS + NeT) e NeC.

7. Mudança genética em características de eficiência alimentar

Os programas de melhoramento de bovinos de corte, incluindo o programa da EEZS, têm visado somente a seleção para produção (*output*), sem se importar com características relacionadas ao custo de produção (*input*), como o consumo alimentar, por exemplo. Como mostrado anteriormente, os animais selecionados são mais pesados que os animais do rebanho controle em qualquer idade, mas diferem na eficiência de ganho de peso. Com o objetivo de inferir os efeitos da seleção para peso pós-desmame sobre características relacionadas ao custo de produção, como ingestão alimentar, eficiência de conversão alimentar e características afins, foram avaliadas 64 fêmeas (21 NeC e 43 NeS) em confinamento em baias individuais, por 56 dias. Essas fêmeas, nascidas em 2004, representavam a 24ª progênie dos rebanhos Nelore da EEZS (Branco et al., 2006).

Além da ingestão de matéria seca como porcentagem do peso vivo e conversão alimentar, uma característica alternativa para avaliar a eficiência alimentar é o consumo alimentar residual, que mede a diferença entre o consumo observado e o consumo projetado com base nas exigências de manutenção e crescimento e, portanto, o animal mais eficiente é o que apresenta consumo alimentar residual negativo. Os animais do NeS tiveram maior peso e maior ganho médio diário que os animais do NeC, mas também apresentaram maior ingestão diária de matéria seca e maior ingestão diária de matéria seca como porcentagem do peso vivo (Tabela 8) em relação aos animais selecionados para a média (NeC). Em termos percentuais, os animais do rebanho NeS cresceram 35% mais rapidamente, com ingestão alimentar 5% mais alta, quando expressa como porcentagem de peso vivo, e 39%

Tabela 8. Médias de características de crescimento, ingestão e eficiência alimentar de fêmeas dos rebanhos Nelore seleção (NeS) e controle (NeC), obtidas em confinamento.

Característica	Rebanho	
	NeS	NeC
Peso corporal (kg)	273a	206b
Ganho médio diário (kg/dia)	1,02a	0,76b
Ingestão de matéria seca (kg/dia)	6,69a	4,83b
Ingestão de matéria seca (% peso vivo)	2,77a	2,65b
Conversão alimentar (kg matéria seca ingerida/kg ganho de peso)	6,52a	6,37a
Consumo alimentar residual (kg matéria seca ingerida/dia)	0,037a	–0,076a

Letras iguais na mesma linha, médias iguais (P > 0,05). Letras diferentes na mesma linha, médias diferentes (P < 0,05).
Fonte: Branco et al. (2006).

mais alta em valores absolutos, quando comparados aos do rebanho NeC. Entretanto, comparações nos parâmetros de eficiência alimentar mostraram que os animais selecionados não diferiram dos animais controle, o que comprova, pelo menos preliminarmente, que a seleção para peso ao sobreano não interfere nos parâmetros de eficiência alimentar, ou seja, esse tipo de seleção leva a animais que ganham peso mais rápido, sem alterar a eficiência de produção.

8. Mudança genética em características de carcaça

Para estimar os efeitos da seleção para peso pós-desmama na composição corporal e nas características quantitativas e qualitativas da carcaça, foram retiradas amostras dos machos no final da prova de ganho de peso, de modo que representassem a média de cada rebanho (ver médias finais na Tabela 3). Os desempenhos de amostras das progênies nascidas em 1995 (Razook et al., 2001) e em 1996 (Razook et al., 2002), que foram terminadas, respectivamente, em confinamento e em pastagem (Tabela 9), mostram a diferença entre os rebanhos selecionados e o controle, além das diferenças entre as raças para os dois sistemas de terminação. Os desempenhos nesses

Tabela 9. Médias ajustadas de desempenho de características de crescimento e de carcaça de animais terminados em confinamento e em pastagem.

Característica	Confinamento 114 dias Início: 2 meses após PGP Idade inicial: 466 dias Idade final: 580 dias				Pastagem 365 dias Início: 2 meses após PGP Idade inicial: 459 dias Idade final: 824 dias			
	NeS	NeC	GuS	Ca	NeS	NeC	GuS	Ca
Ganho diário (g/dia)	1002a	817b	994c	1.061a	501a	406b	443ab	458ab
Peso de abate (kg)	498a	409b	483a	514a	544a	447c	500b	536a
Peso de carcaça (kg)	284a	237b	267a	285a	310a	250b	267b	298a
Rendimento (%)	57ab	58a	56b	56b	56a	56a	54b	55a
Músculo (%)	56cd	56c	60b	65a	61b	60b	63ab	65a
Gordura (%)	24ab	27a	22bc	19c	19ab	21a	17bc	16c
Osso (%)	19ab	18a	18ab	17b	20a	19a	20a	19a
Espessura de gordura (mm)	7a	6a	8a	6a	3ab	4a	2b	2b
Área do olho do lombo (cm^2)	67b	66b	70b	77b	72b	66b	66b	72a
Força de cisalhamento (kg)	4,6b	5,0b	4,4a	4,4a	5,7ab	5,9a	6,6a	4,5b

NeC: Nelore controle; NeS: Nelore seleção; Gus: Guzerá; Ca: Caracu. Considerando cada sistema de acabamento separadamente, letras iguais na mesma linha, médias iguais (P > 0,05); letras diferentes na mesma linha, médias diferentes (P < 0,05).

dois sistemas não podem ser comparados estatisticamente, já que fazem parte de experimentos realizados em anos diferentes, mas a amostragem de cada rebanho foi feita do mesmo modo.

Após, em média, 3,5 gerações de seleção para peso ao sobreano, os animais do rebanho Nelore selecionado apresentaram desempenho 18% superior no ganho de peso em confinamento e no peso de abate, e 17% superior no peso de carcaça, sem diferenças significativas no rendimento de carcaça, composição corporal, acabamento e maciez da carne. Essas diferenças entre as médias de NeS e NeC foram mantidas para os animais terminados em pastagem. Os animais Caracu apresentaram, em geral, maior peso de abate, peso da carcaça e porcentagem de músculo, menores quantidades de gordura e carne mais macia que as outras raças em ambos os sistemas de terminação, embora algumas das diferenças não tenham sido significativas (Tabela 9).

Quanto aos dois sistemas de terminação, como esperado, as carcaças de animais terminados em pastagem foram maiores devido à maior idade de abate e, aparentemente, com menores rendimentos. Essas carcaças apresentaram também maiores porcentagens de músculo e menores de gordura, devido principalmente ao fato de os animais não terem sido castrados, o que requer níveis adicionais de energia para terminação. Com relação à qualidade da carne, a terminação em pastagem proporcionou maior força de cisalhamento no contrafilé, indicando menor maciez que a terminação em confinamento. A maior idade de abate não alterou a força de cisalhamento dos animais Caracu, cuja carne continuou macia mesmo quando foram abatidos mais velhos (terminação pastagem).

Amostras da vigésima progênie (75 animais nascidos em 2000), que representavam, em média, 4,5 gerações de seleção para peso ao sobreano, foram confinadas após cinco meses do término da prova de ganho de peso, quando os animais estavam, em média, com 17 meses de idade. O período de confinamento foi determinado pelo grau de acabamento desejado, que foram três: 3,0, 5,0 e 7,0 mm de espessura de gordura de cobertura estimada por ultra-sonografia (Faria, 2004). Os animais NeS, GuS e Caracu, que são considerados grupos genéticos de maior porte, apresentaram os maiores pesos ao abate, e os animais Gir e Nelore controle, de menor porte, os pesos mais baixos.

Em geral, raças menores são terminadas com pesos inferiores, porém em menos tempo, o que não foi verificado nesse experimento para os animais Gir e NeC. As raças zebuínas não mostraram diferenças significativas quanto ao tempo de confinamento, enquanto os animais Caracu apresentaram o maior tempo de confinamento.

Devido à deposição tardia do tecido adiposo, os animais Caracu apresentaram, como em outros experimentos, maior área do olho do lombo, maior porcentagem de músculo, menor espessura de gordura de cobertura e menor porcentagem de gordura, obtidas na seção HH, do que as outras raças. Embora os animais do rebanho NeS tenham apresentado maiores ganhos de peso diário que os do NeC, eles não diferiram estatisticamente na conversão alimentar e no rendimento de carcaça, comprovando a eficiência da seleção para peso ao sobreano sobre a produção de carne (Tabela 10).

Em relação ao custo da arroba produzida (custo referente apenas aos gastos com alimentação) para os diferentes grupos genéticos nos três pontos de acabamento, Faria (2004) verificou que o abate com 3,0 mm de gordura é viável economicamente, considerando o valor

Tabela 10. Médias das características de carcaça dos rebanhos da EEZS abatidos em três pontos de terminação.

Característica	Rebanhos				
	NeS	NeC	GuS	Gir	Caracu
Peso vivo inicial (kg)	348a	317b	349a	322ab	299b
Peso vivo no abate (kg)	513a	438b	511a	467b	522a
Idade média ao abate (meses)	24,7ab	24,4ab	23,4b	24,8ab	25,6a
Dias em confinamento (dias)	131a	117a	112a	120a	168b
Ganho médio diário (kg/dia)	1,30b	1,05c	1,50a	1,25bc	1,34ab
Conversão alimentar (kg de MS ingerida/kg de ganho)	8,06ab	8,63b	7,72ab	8,06ab	7,23a
Peso da carcaça fria (kg)	295a	250c	284ab	259bc	292a
Rendimento da carcaça fria (kg)	57a	57a	56b	55b	56b
Área do olho do lombo (cm^2)	71ab	70b	70b	64b	78a
Espessura de gordura de cobertura (mm)	6a	5ab	6ab	6ab	5b
Porcentagem de músculo	56b	57b	58b	59b	62a
Porcentagem de gordura	29a	29a	27ab	26b	23c
Custo/@/rendimento de carcaça (R$)[1]					
Abate com 3,0 mm	53	57	49	49	53
Abate com 5,0 mm	55	62	57	58	51
Abate com 7,0 mm	56	61	60	60	50

[1] Em 2004.

da arroba a R$60. Os grupos de menor tamanho (NeC e Gir) podem apresentar prejuízos se abatidos acima de 5,0 mm. Os animais NeS mostram-se viáveis inclusive com 7,0 mm de gordura de cobertura, sendo, portanto, produtivamente mais eficientes que os NeC. Os animais Caracu, devido à boa eficiência de ganho em tecido muscular, ainda são economicamente viáveis mesmo aos 7,0 mm.

9. Considerações finais

A grande vantagem do melhoramento genético de bovinos de corte por meio da seleção para características de crescimento (peso, ganho médio diário, medidas corporais, perímetro escrotal etc.) é que elas são de média a alta herdabilidade, o que faz com que a seleção pelo desempenho individual tenha razoável acurácia na identificação de animais de mérito genético superior. Uma das dificuldades da seleção de bovinos de corte é o grande intervalo de gerações, o que torna os resultados da seleção observáveis somente no longo prazo. Estes resultados, no entanto, são cumulativos e com grande poder de alterar geneticamente os animais e, conseqüentemente, todo um rebanho, como pode ser observado nos resultados aqui apresentados. Essa mudança genética é transmissível a outros rebanhos, seja por venda de reprodutores, pela utilização de inseminação artificial ou mesmo por transferência de embriões. Os resultados do projeto de seleção de Sertãozinho, principalmente com as raças Nelore e Guzerá, são transferidos aos criadores por meio de vendas de reprodutores realizadas em leilões ou licitações, e também pela colocação de alguns touros em centrais de inseminação artificial no Brasil. Na Figura 4 aparecem destacados alguns dos touros que têm, ou tiveram, sêmen disponível para comercialização.

As progênies desses touros têm sido avaliadas por diversos programas institucionais responsáveis pela publicação de Sumários de Touros Nelore, destacando-se os sumários da Aliança Nelore, da Associação Nacional de Criadores e Pesquisadores (Lobo et al., 2006), da Embrapa-ABCZ e do Paint Consolidado. Atualmente, nesses sumários, alguns touros Nelore da EEZS estão entre aqueles de maior diferença esperada na progênie (DEP) para pesos ao ano e ao sobreano e também para ganho de peso pós-desmama. E isso foi

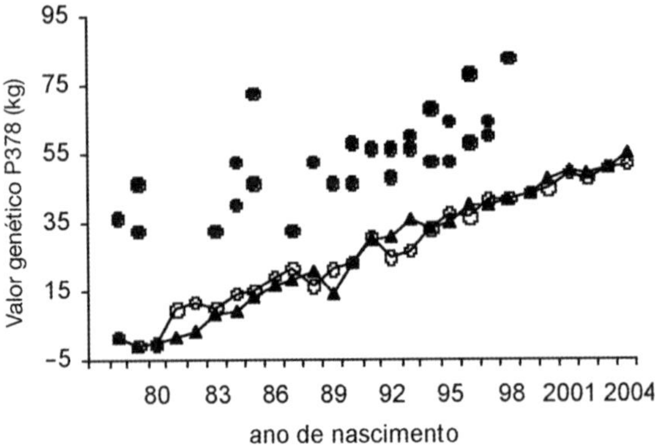

Figura 4. Média dos valores genéticos de P378 dos rebanhos Nelore selecionados (linhas) e valor genético de alguns touros já comercializados (pontos sem linhas).

conseguido com pequenos rebanhos de 120 e 160 vacas, comprovando altos ganhos de produtividade com o uso de touros provados.

10. Referências bibliográficas

ALBUQUERQUE, L. G.; MERCADANTE, M. E. Z.; ELER, J. P. Recent studies on the genetic basis for selection of *Bos indicus* for beef production. In: WORLD CONGRESS ON GENETICS APPLIED TO LIVESTOCK PRODUCTION, 8, 2006, Belo Horizonte. **Proceedings...** (CD-ROM).

BAKER, R. L.; MORRIS, C. A.; JOHNSON, D. L.; HUNTER, J. C.; HICKEY, S. M. Results of selection for yearling or 18-month weight in Angus and Hereford cattle. **Livestock Production Science**, v. 29, p. 277-96, 1991.

BRANCO, R. H.; RAZOOK, A. G.; CYRILLO, J. N. S. G.; LANNA, D. P. D.; FIGUEIREDO, L. A.; PACKER, I. U.; TROVO, J. B. F.; RUGGIERI, A. C.; BONILHA NETO, L. M.; CALEGARE, L. N. P. Performance, feed efficiency, residual feed intake and carcass characteristics of Nelore heifers selected for growth. In: WORLD CONGRESS ON GENETICS APPLIED TO LIVESTOCK PRODUCTION, 8, 2006, Belo Horizonte. **Proceedings...** (CD-ROM).

CYRILLO, J. N. S. G.; RAZOOK, A. G.; MERCADANTE, M. E. Z.; FIGUEIREDO, L. A.; RUGGIERI, A. C. Genetic changes to selection for yearling weight and correlated responses on body measurements in Nelore cattle. In: WORLD CONGRESS ON GENETICS APPLIED TO LIVESTOCK PRODUCTION, 7, 2002, Montpellier. **Proceedings...** (CD-ROM).

FARIA, M. H. **Desempenho, características de carcaça e qualidade da carne de bovinos não castrados de diferentes grupos genéticos abatidos em**

três pontos de acabamento. Botucatu, SP, 2004. 92p. Tese (Doutorado em Zootecnia). Faculdade de Medicina Veterinária e Zootecnia, Universidade Estadual Paulista Júlio de Mesquita Filho.

KNACKFUSS, F. B. **Análise de um experimento de seleção para peso em um rebanho Gir.** Jaboticabal, SP, 2004. 113p. Dissertação (Mestrado em Zootecnia). Faculdade de Ciências Agrárias e Veterinárias, Universidade Estadual Paulista Júlio de Mesquita Filho.

KNACKFUSS, F. B.; RAZOOK, A. G.; MERCADANTE, M. E. Z.; CYRILLO, J. N. S. G.; FIGUEIREDO, L. A.; TONHATI, H. Seleção para peso pós-desmama em um rebanho Gir. 1. Resposta direta e correlacionada em 21 anos de seleção. **Revista Brasileira de Zootecnia**, v. 35, p. 715-25, 2006a.

KNACKFUSS, F. B.; RAZOOK, A. G.; MERCADANTE, M. E. Z.; CYRILLO, J. N. S. G.; FIGUEIREDO, L. A.; TONHATI, H. Seleção para peso pós-desmama em um rebanho Gir. 2. Estimativas de variâncias e parâmetros genéticos dos efeitos direto e materno para características de crescimento. **Revista Brasileira de Zootecnia**, v. 35, p. 726-32, 2006b.

LÔBO, R. B.; BEZERRA, L. A. F.; OLIVEIRA, H. N.; MAGNABOSCO, C. U.; ALBUQUERQUE, L. G.; BERGMANN, J. A. G.; SAINZ, R. D.; BARROS, P. S. **Avaliação genética de touros e matrizes da raça Nelore: Sumário 2006**. Ribeirão Preto, SP, ANCP, 2006. 124p.

MERCADANTE, M. E. Z. Dados não publicados, 2007.

MERCADANTE, M. E. Z.; PACKER, I. U.; RAZOOK, A. G.; CYRILLO, J. N. S. G.; FIGUEIREDO, L. A. Direct and correlated responses to selection for yearling weight on reproductive performance of Nelore cows. **Journal of Animal Science**, v. 81, p. 376-84, 2003.

MERCADANTE, M. E. Z.; RAZOOK, A. G.; TROVO, J. B. F.; CYRILLO, J. N. S. G.; FIGUEIREDO, L. A. Parâmetros genéticos do peso no início da estação de monta, considerado indicativo do peso adulto de matrizes Nelore. **Revista Brasileira de Zootecnia**, v. 33, p. 1135-44, 2004.

MRODE, R. A.; SMITH, C.; THOMPSON, R. Selection for rate and efficiency of lean gain in Hereford cattle. 1. Selection pressure applied and direct responses. **Animal Production**, v. 51, p. 23-34, 1990.

PARNELL, P. F.; ARTHUR, P. F.; BARLOW, R. Direct response to divergent selection for yearling growth rate in Angus cattle. **Livestock Production Science**, v. 49, p. 297-304, 1997.

PEREIRA, M. C. **Resultados de 24 anos de seleção para peso ao sobreano nas características de crescimento de um rebanho Caracu.** Jaboticabal, SP, 2005. 69p. Dissertação (Mestrado em Zootecnia). Faculdade de Ciências Agrárias e Veterinárias, Universidade Estadual Paulista Júlio de Mesquita Filho.

PEREIRA, M. C.; MERCADANTE, M. E. Z.; ALBUQUERQUE, L. G.; RAZOOK, A. G.; FIGUEIREDO, L. A. Estimativas de parâmetros genéticos de características de crescimento em um rebanho Caracu selecionado para peso ao sobreano. **Revista Brasileira de Zootecnia**, v. 35, p. 1669-76, 2006 (Supl.).

PEREIRA, M. C.; MERCADANTE, M. E. Z.; ALBUQUERQUE, L. G.; RAZOOK, A. G. Estimativa de ganho genético a partir de diferenciais de seleção e parâmetros genéticos populacionais em um rebanho Caracu. **Revista Brasileira de Zootecnia**, v. 34, p. 2245-52, 2005 (Supl.).

RAZOOK, A. G. Intensidades de seleção e mudanças genéticas em características de crescimento de rebanhos Nelore e Guzerá selecionados para peso pós-desmame. Relatório CNPq, 2006.

RAZOOK, A. G.; FIGUEIREDO, L. A.; BONILHA NETO, L. M.; TROVO, J. B. F.; PACKER, I. U.; PACOLA, L. J.; CYRILLO, J. N. S. G.; RUGGIERI, A. C.; MERCADANTE, M. E. Z. Selection for yearling weight in Nelore and Guzerá zebu breeds: selection applied and response in 15 years of progeny. In: WORLD CONGRESS ON GENETICS APPLIED TO LIVESTOCK PRODUCTION, 6, 1998, Armidale, **Proceedings...** v. 23, p. 133-6.

RAZOOK, A. G.; FIGUEIREDO, L. A.; CYRILLO, J. N. S. G.; PACOLA, L. J.; BONILHA NETO, L. M.; TROVO, J. B. F.; RUGGIERI, A. C.; MERCADANTE, M. E. Z. Prova de ganho de peso. Normas adotadas pela Estação Experimental de Zootecnia de Sertãozinho. Nova Odessa, SP, Instituto de Zootecnia, 1997. 42p. (Boletim Técnico nº 40).

RAZOOK, A. G.; FIGUEIREDO, L. A.; NARDON, R. F.; CYRILLO, J. N. S. G.; RUGGIERI, A. C. Efeitos de raça e da seleção para peso pós-desmame sobre características de confinamento e de carcaça da 15ª progênie dos rebanhos Zebu e Caracu de Sertãozinho, SP. **Revista Brasileira de Zootecnia**, v. 30, p. 115-24, 2001.

RAZOOK, A. G.; FIGUEIREDO, L. A.; RUGGIERI, A. C.; NARDON, R. F.; CYRILLO, J. N. S. G. Desempenho em pastagens e características de carcaça da 16ª progênie dos rebanhos Nelore, Guzerá e Caracu de Sertãozinho, SP. **Revista Brasileira de Zootecnia**, v. 31, p. 1367-77, 2002.

RAZOOK, A. G.; SILVA, J. A. IIV.; MERCADANTE, M. E. Z. 4º Sumário Touros Nelore do Instituto de Zootecnia, 2006. 10p. (Disponível em www.iz.sp.gov.br).

RAZOOK, A. G.; FIGUEIREDO, L. A.; BONILHA NETO, L. M.; CYRILLO, J. N. S. G.; MERCADANTE, M. E. Z.; TROVO, J. B. F.; RUGGIERI, A. C.; PACKER, I. U. The role of the Experimental Station of Sertãozinho, SP — Brazil in the preservation and selection of zebu breeds and Caracu. In: WORLD CONGRESS ON GENETICS APPLIED TO LIVESTOCK PRODUCTION, 7, 2002, Montpellier. **Proceedings...** (CD-ROM).

SILVA, J. A. IIV. S. Dados não publicados, 2007.

SMITH, C. Potential for animal breeding, current and future. In: INTERNACIONAL CONFERENCE ON QUANTITATIVE GENETICS, 2., 1987, Raleigh, USA. **Proceedings...** Sunderland: Sinauer Associates, Inc., 1988, p. 150-61.

SUMÁRIO ALIANÇA NELORE 2006. Gensys Consultores Associados, 2006 (Disponível em www.gensys.com.br).

SUMÁRIO NACIONAL DE TOUROS RAÇA NELORE. Ministério da Agricultura — Embrapa — ABCZ, 2006. Equipe Geneplus. (Disponível em www.cnpgc.embrapa.br/~locs/sumario/transferencia.htm).

SUMÁRIO PAINT CONSOLIDADO 2006. **O GPS do Nelore.** Lagoa da Serra Inseminação Artificial/Equipe Técnica PAINT. Sertãozinho: Lagoa da Serra, 2006. 44p.

Potencial dos grupamentos genéticos para produção de carne

Mário De Beni Arrigoni*

Colaboradores

Antonio Carlos Silveira

Cyntia Ludovico Martins

Érico Rodrigues

Marcílio Dias Silveira da Mota

1. Introdução

A necessidade de mudanças na bovinocultura de corte, dos pontos de vista tecnológico, econômico, produtivo e ideológico, foi percebida a partir da implantação do plano de estabilização da moeda. Portanto, desde 1995, vem sendo vertiginosa a queda especulativa na bovinocultura de corte. Anteriormente a essa data, a falsa impressão de lucros fáceis nas práticas de compra e venda de bezerros, garrotes e

* Professor doutor do Departamento de Melhoramento e Nutrição Animal, FMVZ, campus de Botucatu, SP. arrigoni@fca.unesp.br

bois magros não incentivava inovações técnicas, a adoção de sistemas de produção e muito menos o dimensionamento dos custos.

Desde 1997, havia vários sinais de que a substituição da especulação por técnicas que proporcionassem aumento de produtividade era necessária, uma vez que a lucratividade leva em consideração o patrimônio imobilizado (valor da propriedade) e gera uma regra básica: quanto maior o valor da terra, mais intensificado deve ser o sistema de produção, tanto para a agricultura como para a pecuária, ou para a integração agricultura-pecuária.

Trabalhos de pesquisa têm sido realizados sem levar em consideração, do ponto de vista biológico, o caráter multidisciplinar da produção de carne bovina e, do ponto de vista econômico, o ciclo completo de produção. Esse fato explica em parte inconsistências entre os resultados e aponta a necessidade de realização de trabalhos que associem a pesquisa básica e aplicada dentro de modelos que contemplem o estudo integrado de diversos fatores que, uma vez identificados, se tornem passíveis de melhora, podendo-se aumentar a eficiência, qualidade e economicidade de produtos e subprodutos originados da bovinocultura de corte.

A produção de bovinos de corte no Brasil constituía atividade de pequeno investimento tecnológico, com baixos custos de produção e ocupação de grandes extensões de terras, caracterizando o primeiro sistema de exploração de bovinos, que por várias décadas foi predominantemente o extensivo a pasto.

Os resultados produtivos, avaliados por índices zootécnicos, revelaram, porém, valores inferiores aos obtidos por outros países tradicionalmente produtores de carne, sobretudo com relação à idade à primeira cria, idade de abate e produção de carne por área.

Diante desse diagnóstico, iniciaram-se propostas buscando a melhoria desses índices, como o fornecimento estratégico a pasto no período da seca, com suplementos contendo fontes de nitrogênio não protéicas, associadas ao sal mineral, bem como a prática do semiconfinamento e confinamento, tendo como volumosos a cana-de-açúcar, o bagaço de cana, inicialmente *in natura* e depois hidrolisado ou tratado quimicamente, bem como silagens e subprodutos da agroindústria, prevalecendo a alta proporção de volumosos em relação ao concentrado, fornecidos para animais com mais de 36 meses de idade e alta porcentagem de sangue zebu.

Paralelamente, ocorriam avanços genéticos discretos no rebanho zebu, predominantemente Nelore, pois não era priorizada a precocidade quer da idade de primeira cria, quer da idade de abate, e sim o tamanho e o peso na maturidade, como também as características raciais.

Como passo seguinte, foram feitas importações de reprodutores, matrizes e sêmen de diversas raças européias, com o objetivo de cruzamento com as zebus, objetivando melhoria nos índices zootécnicos, com resultados favoráveis para os pecuaristas que utilizavam orientações técnicas e investimentos no manejo alimentar.

De qualquer forma, as estratégias adotadas tiveram por objetivo aumentar a produtividade, porém não priorizaram os fatores relacionados à qualidade das carcaças, talvez por serem remuneradas no sistema "vale quanto pesa". Outro ponto é que se assumia que os animais encaminhados para o abate deveriam ter mais de 18 arrobas, não sendo questionados o custo e a eficiência de produção, predominando animais castrados com mais de 4 anos de idade, independente dos grupamentos genéticos. Também as barreiras sanitárias limitavam a comercialização da carne para mercados internacionais, caracterizando um produto de baixos custos de produção e de pouca qualidade.

Nos últimos cinco anos, vem se constatando a necessidade do aumento de produtividade em todos os setores, porém na bovinocultura de corte há um confronto com a herança do extrativismo das pastagens, que ao longo dos anos se degradaram, diminuindo progressivamente as taxas de lotação, limitando a eficiência e a produtividade, requerendo novos investimentos do setor, composto principalmente por pequenos e médios produtores, a maioria descapitalizados.

Por outro lado, atualmente, a modernização na comercialização imposta pelo mercado da carne requer acompanhamento minucioso de custos, rapidez no giro de capital, padronização, regularidade do produto, controle sanitário rigoroso e rastreabilidade, originando um confronto entre sistema de produção de bois e sistema de produção de carne de qualidade.

Ferreira (2004) observa que, do total de cabeças do rebanho brasileiro, 81% são animais destinados à produção de carne, sendo 12% provenientes de cruzamentos industriais e 69% de outros tipos, e os 19% restantes são voltados à produção de leite.

Pesquisa desenvolvida pelo mesmo autor abarcou o perfil do sistema de produção da carne bovina de qualidade e os setores produtivos e industriais. Dentre vários aspectos, o autor concluiu que as propriedades destinadas à produção de bois são pouco eficientes e apresentam baixos índices produtivos. Revertidas ou tornadas empresas de produção de carne, a adoção do potencial genético poderia atender a nichos e modernizar a comercialização do produto. Por outro lado, a indústria, por meio de classificação de qualidade, deveria remunerar melhor os produtores de carne, em comparação com os produtores de bois.

Na área científica, inúmeras pesquisas vêm contribuindo para o avanço da pecuária de corte brasileira, que possui o maior rebanho comercial do mundo, com cerca de 175 milhões de cabeça (média de várias fontes consultadas). O Brasil ocupa o quarto lugar na produção e exportação de carne, sendo unânime a afirmação de que é o país de maior potencial, porém há necessidade de estudo mais detalhado das variáveis que compõem um sistema de produção de carne.

O tema grupamentos genéticos, incluindo os cruzamentos e a formação de animais bimestiços e compostos, visando o aumento da produtividade e qualidade da carne bovina, nos últimos cinco anos foi motivo de mobilização da cadeia da carne. Vários representantes de diversos segmentos tornaram-se defensores ou opositores à utilização de animais produto de cruzamento *Bos taurus taurus* × *Bos taurus indicus*. Atualmente, diante de um panorama de necessidade de produção em maior escala, de padronização requisitada para contratos de exportação e do crescente número de animais confinados, quer pelo avanço das áreas de cana-de-açúcar, quer pela estratégia de produção de carne na entressafra, retomar a discussão das características dos grupamentos genéticos dentro de sistemas de produção, enfocando resultados que incluam os aspectos de qualidade da carne, talvez acrescente informações que poderão contribuir para a tomada de decisão de considerar ou não a eficiência como fator de economicidade na produção de carne bovina.

Nesse sentido, o objetivo da apresentação de idéias que se segue é o de promover contribuição técnica, na tentativa de oferecer dados para a produção de bovinos de corte que permita a utilização adequada do potencial dos grupamentos genéticos para produção de carne bovina de qualidade. Para tanto, serão utilizadas citações e/ou depoimentos dos representantes técnicos dos setores interligados na cadeia produtiva da carne, bem como um resumo de pontos de vista e resultados adaptados para o tema.

2. Formação de grupamentos genéticos e sua aplicação na produção de carne

Embora se possa definir, de maneira apropriada, cruzamentos ou formações de grupamentos genéticos como o acasalamento entre animais com parentesco menor que o médio na população, seu sentido mais comum refere-se ao acasalamento entre reprodutores de uma raça, ou combinação delas, com fêmeas de outra raça, ou combinação delas. Alguns autores também consideram cruzamento o acasalamento que ocorre entre linhagens diferentes ou combinação delas (Bourdon, 2000, citado por Mota, 2002).

Ao contrário da seleção, que se fundamenta no acúmulo de efeitos aditivos favoráveis ao longo das gerações, o cruzamento baseia-se principalmente em arranjos favoráveis dos efeitos de dominância a cada geração, de modo que esses efeitos muitas vezes ocorrem de imediato, mas não são acumulados de uma geração a outra (Kinghorn, 1993). Isso significa que os cruzamentos são bastante flexíveis para acompanhar alterações no cenário de produção e mercado, além de promoverem a oportunidade para alcançar, em uma geração, progresso que poderia levar várias gerações para ser obtido por seleção dentro de raças.

Dentre as razões de se utilizar produtos de cruzamentos, o aproveitamento do mérito genético aditivo das raças, por exemplo, de duas raças puras, revela na progênie F1 desempenho, em determinado caractere, igual à média dos méritos das raças parentais. Por exemplo, para produção de carne bovina, alguns mercados requerem carcaças intermediárias em termos de tamanho de cortes e cobertura de gordura em relação às carcaças oriundas das raças puras. Animais Aberdeen Angus produzem, via de regra, maior porcentagem de gordura na carcaça e menores cortes comerciais. Encontrando um cruzamento adequado, o produto originado deste poderá apresentar carcaças com características medianas para gordura e tamanho de cortes. Além disso, o efeito médio de raças é importante quando dois caracteres são negativamente correlacionados entre as raças, como no caso do cruzamento entre raças européias (alta produção e baixa rusticidade) e indianas (baixa produção e alta resistência ao estresse calórico, algumas doenças e infestação de carrapatos) para produção de carne em ambientes tropicais (Swan e Kinghorn, 1992).

Outra importante resposta estratégica, senão a principal, é o resultado da exploração do vigor híbrido ou heterose, a qual pode ser direta ou individual, materna ou paterna. Na heterose materna, são usadas fêmeas cruzadas em vez de puras (com aumento na produção de leite, melhora no ambiente pré e pós-natal, melhor habilidade materna), e normalmente o benefício é mensurado na progênie; a heterose paterna refere-se a qualquer vantagem no desempenho da progênie oriunda do uso de reprodutores cruzados, em vez de puros (maior libido e qualidade de sêmen etc.).

A magnitude da heterose varia. Para características produtivas, normalmente seus valores encontram-se de zero a 10%, enquanto o caractere relacionado à fertilidade pode chegar a 25 a 30% (Tabelas 1 e 2). O efeito total da heterose no sistema de produção pode ser maior, uma vez que há efeito acumulado (direto, materno e paterno) sobre

Tabela 1. Níveis médios de heterose para algumas características.

Características	Heterose
Medidas de carcaças, mensurações esqueléticas, peso à maturidade	Baixa (0-5%)
Taxa de crescimento, pesos anteriores à maturidade, produção de leite	Média (5-10%)
Habilidade materna, reprodução, longevidade da fêmea, adaptabilidade	Alta (10-30%)

Tabela 2. Estimativas de herdabilidade e heterose em alguns caracteres de interesse econômico em bovinos.

Característica	Herdabilidade	Heterose total
Peso ao nascer	0,30	6
Produção de leite	0,20	9
Peso a 1 ano de idade	0,33	4
Peso da vaca na maturidade	0,50	1
Área de olho de lombo	0,42	2

as características (Mota, 2002). É importante ressaltar que a heterose mensura a diferença de desempenho entre cruzados e raças parentais, podendo, portanto, ser positiva, negativa ou nula. Valores positivos ou negativos muitas vezes dependem da maneira como se mensura a característica, e não necessariamente associados a efeitos favoráveis ou desfavoráveis. Por exemplo, valores positivos para o caráter ganho em peso em bovinos representam heterose favorável, ao passo que se a medida fosse tomada como dias para atingir determinado peso (ou conversão alimentar), valores negativos seriam desejáveis.

O nível de heterose dependerá da diferença genética existente entre as raças, de modo que, quanto maior a distância entre elas, maior o vigor híbrido esperado no cruzamento. A magnitude da heterose observada pode variar de acordo com o ambiente onde os animais são criados, esperando-se níveis mais elevados em ambientes menos favoráveis. Isto tem sido constatado entre cruzamentos de raças bovinas tropicais e de clima temperado (Cunningham, 1981).

Outro ponto a considerar é o da complementaridade de raças, utilizando-se as características desejáveis de duas ou mais raças (ou combinação delas) a fim de alcançar uma freqüência de genes favoráveis entre os cruzados maiores do que se poderia encontrar dentro de uma única raça. A complementaridade de raças pode se apresentar como função multiplicativa dos méritos genéticos aditivos das raças parentais, conhecida também como heterose econômica (Van Vleck, 1993). Assim, os cruzados resultantes poderiam não ser superiores para um caráter isoladamente, mas no desempenho geral (Tabela 3).

Os caracteres porcentagem de animais desmamados e peso ao desmame se complementaram nas duas raças: em I há mais alta

Tabela 3. Descrição de três características econômica em duas raças bovinas e na progênie cruzada.

Raça	Animais desmamados (%) (a)	Peso ao desmame (b)	Quilos vendidos por fêmea (a × b)
L	80 ↑	200 ↓	160
LI	70 ↓	270 ↑	189
Cruza (I × II)	75	235	176,25

Fonte: Adaptado de Mota (2002).

porcentagem de desmamados, mas com peso menor; em II, acontece o contrário (vejam-se as setas). Assim, embora não exista heterose nesses caracteres isoladamente, o produto entre eles resulta em um caráter com heterose econômica, ou seja: **porcentagem de desmamados** – média parental = 75; média dos cruzados = 75, portanto heterose = 0; **peso ao desmame** – média parental = 235; média dos cruzados = 235, portanto heterose = 0; **quilos vendidos por fêmea (a × b)** – média parental = 174,5; média dos cruzados = 176,25, portanto heterose = 1,75 kg ou 1%.

O nível de desempenho esperado nas características de importância econômica das diferentes raças que se pretende utilizar é fundamental para a escolha das raças a cruzar. Nesse sentido, Cundiff et al. (1994), considerando as diferenças de desempenho nas características taxa de crescimento e tamanho na maturidade, relação carne magra (músculo)/gordura, idade na puberdade e produção de leite em bovinos, agruparam algumas das diferentes raças em sete tipos biológicos (Tabela 4), facilitando a visualização relativa de seus desempenhos, que são identificados pela letra X, de forma que quantidades maiores dessa letra significam fenótipos relativamente mais altos para o caráter (mínimo X, máximo XXXXX).

Tabela 4. Caracterização de alguns grupos raciais bovinos em função de seu tipo biológico em quatro critérios.

Grupo racial	Tamanho na maturidade e taxa de crescimento	Relação carne magra/gordura	Idade na puberdade	Produção de leite
Charolês Chianina Limousin	XXXXX XXXXX XXX	XXXXX XXXXX XXXXX	XXXX XXXX XXXX	X X X
Simental Gelbvieh Braunvieh	XXXXX XXXX XXXX	XXXX XXXX XXXX	XXX XX XX	XXXX XXXX XXXX
Brahman Nelore	XXXX XXXX	XXX XXX	XXXXX XXXXX	XXX XXX
Brangus Sta. Gertrudis	XXX XXX	XX XX	XXXX XXXX	XX XX
South Devon	XXX	XXX	XX	XXX
Red Poll Devon Hereford-Angus Shorthorn	XX XX XXX XXX	XX XX XX XX	XX XXX XXX XXX	XXX XX XX XXX

Fonte: Adaptado de Cundiff et al. (1994).

3. Grupamentos bovinos compostos

Os compostos vêm sendo empregados em pequenos rebanhos, a fim de contornar as dificuldades de manejo dos terminais e rotacionais espaciais. Nesses sistemas, existem diferentes tipos de acasalamentos com relação a raça, e o manejo dos grupos de criação deve ser separado, ao passo que em compostos, após o ciclo inicial de cruzamentos se completar, o manejo é simples como o de uma raça pura (Swan e Kinghorn, 1992). Por outro lado, os compostos expressam heterose menor que os sistemas terminais e rotacionais que utilizam o mesmo número de raças (Tabela 5).

A expectativa de heterose retida em raças compostas, assim como nos outros sistemas de cruzamento, está diretamente relacionada ao número de raças envolvido (Tabela 6). Quanto mais raças participam de sua formação, maior a retenção esperada. A participação e as proporções de cada raça em um composto são determinadas pela ponderação entre o aumento do valor da heterose e a inclusão de raças que podem apresentar mérito genético inferior (Swan e Kinghorn, 1992).

A retenção esperada na Tabela 6 é relativa a F1 após cruzamentos iniciais e subseqüentes acasalamentos aleatórios entre si. As perdas de heterozigose acontecem entre as gerações F1 e F2 (ocasião em que se acasalam machos e fêmeas de mesma composição racial).

No contexto de formação dos compostos, o conceito de raça nem sempre é importante, uma vez que várias raças podem ser potencialmente interessantes em sua composição, dificultando a definição da composição racial e avaliação genética dos animais. Nesse sentido, alguns projetos com compostos bovinos têm adotado o conceito de

Tabela 5. Exemplos de alguns compostos em animais domésticos.

Espécie	**Constituição racial (grau de sangue)**
Bovinos	
Charbray	13/16 Charolês + 3/16 Brahman
Balancer	*Vz* Gelbvieh + *Vz* Angus
Braford	5/8 Hereford + 3/8 Brahman
RX3	*Vz* Red Angus + *VA* Hereford + *VA* Red Holstein
Beefmaster	*Vz* Brahman + *VA* Hereford + *VA* Shorthorn
Leachman St.	*VA* Red Angus + *VA* Hereford + *VA* Gelbvieh + *VA* Simental
MARCI	*VA* Braunvieh + *VA* Charolês + *VA* Limousin + 1/8 Hereford + 1/8 Angus

Fonte: Adaptado de Gregory et al. (1992).

Tabela 6. Retenção esperada de heterozigose em alguns sistemas rotacionais e composta.

Sistema	Retenção de heterozigose (%)
Rotacionados	
Duas raças	66,7
Três raças	85,7
Quatro raças	93,3
Compostos	
Duas raças:	
1/2 A 1/2 B	50,0
5/8 A 3/8 B	46,9
% A 14 B	37,5
Três raças:	
3/8 A 3/8 B ¼ C	65,6
1/2 A VA B 14 C	62,5
Quatro raças:	
¼ A ¼ B $^1/_4$ C $^1/_4$ D	75,0
½ A ¼ B 1/8 C 1/8 D	65,6
Seis raças:	
¼ A ¼ B 1/8 C 1/8D 1/8E 1/8F	81,3
Oito raças:	
1/8 A 1/8 B 1/8 C ... 1/8 H	87,5

tipo biológico. Este é o caso do Montana Tropical (Tabela 7), bovino de corte composto que vem sendo desenvolvido no Brasil desde 1994, a partir da união entre a Agro-Pecuária Brasileira CFM Ltda. e a Leachman Cattle Co., dos Estados Unidos, onde animais de diferentes raças foram alocados em quatro grupos representados pelas letras N A B C (Ferraz et al., 1999).

Tabela 7. Raças e grupamentos genéticos e características envolvidas na formação do Montana.

Grupo	Raças	Contribuição
N	Gir, Guzerá, Indubrasil, Nelore, Tabapuã, Boran	Alta rusticidade, resistência a parasitas, rendimento de carcaça
A	Afrikander, Belmont Red, Bonsmara, Caracu, Romo-Sinuano, Tuli	Adaptabilidade aos trópicos, fertilidade e algumas características ligadas à qualidade de carne
B	Aberdeen Angus, Devon, Hereford, Red Angus, Red Poli, South Devon	Precocidade sexual e de acabamento, qualidade de carcaça e carne, além de crescimento
C	Charolês, Gelbvieh, Limousin, Pardo-Suiço, Simental	Alto potencial de crescimento e rendimento e qualidade da carcaça

Fonte: Adaptado de Mota (2004).

4. Potencial dos grupamentos genéticos para produção de carne de qualidade

Bliska e Gonçalvez (1998) afirmam que, para aumentar a oferta de carne com bom potencial de qualidade, o direcionamento do setor produtivo deveria ser no sentido de redução na idade de abate. Os mesmos autores apontam o cruzamento entre raças zebuínas e taurinas para obtenção de animais jovens (precoces e superprecoces), aliando a maior velocidade de ganho de peso das raças européias às características de rusticidade de animais zebuínos.

Nesse sentido, Arrigoni e Silveira (2005) compilaram vários resultados das pesquisas conduzidas envolvendo animais superprecoces, pertencentes a diversos grupos genéticos, confirmando, como se pode constatar na Tabela 8, que animais oriundos de cruzamentos, machos e fêmeas, respondem, sob diversos parâmetros, a condições intensivas de produção, ou seja, imediatamente após o desmame são submetidos ao confinamento com alta relação concentrado : volumoso.

Segundo Dransfield (1994), Marshall (1994) e Lansdell et al. (1995), as raças zebuínas de origem indiana produzem carne menos macia que as raças taurinas de origem européia. Portanto, a raça também parece influenciar marcadamente a textura da carne, devido sobretudo à extensão da proteólise pós-abate.

Muitos pesquisadores contribuíram e continuam contribuindo para o tema "Potencial dos grupamentos genéticos para produção de carne", citando, em seus modelos de estudo, o cruzamento industrial e revelando a importância dessa estratégia para o aumento da produtividade de qualidade. Também são praticamente unânimes quanto ao fato de que, utilizando animais com avaliação genética (sumário com as DEPs), os cruzamentos subseqüentes serão conseqüência dos pais qualificados, desde que usados os esquemas de um cruzamento industrial.

Ao executar os cruzamentos, devemos lembrar: "Os ascendentes de um animal nos predizem o que o mesmo poderá ser; a observação de seu desempenho no ambiente nos informa o que o mesmo parece ser; somente sua progênie nos garante o que ele é" (Bacci, comunicação pessoal, 2004).

Lembre-se que, pela revisão de vários resultados de pesquisa, nenhuma raça isoladamente mostra-se superior em todas as carac-

Tabela 8. Resumo do desempenho de bovinos jovens de diferentes grupos genéticos e cruzamentos.

Parâmetros	Nelore	Meio-sangue Nelore					Sintéticos			Three Cross – Nelore		
		Brahman	Angus	Simental	Braunvieh	Santa Gertrudis	Brangus	Simbrasil	Canchim	Angus Braunvieh	Angus Brahman	Angus Bosmara
Número de animais	113	42	132	112	72	45	144	36	27	24	24	60
Idade de abate	16	15	13,5	15	14,5	15,5	14	15	14	15	15	14
Peso carcaça, kg	250	253	252	259	253	248	260	261	285	255	253	263
Peso, @	16,6	16,8	16,8	17,2	16,8	16,5	17,3	17,4	19	17,0	16,8	17,5
Rendimento carcaça	56	56	56,8	57,7	56,8	54	56,3	56,0	56,6	55	55	56,3
AOL, cm^2/100 kg carcaça	25,7	27,1	28	28,9	29	27	28	28,8	30,5	27,8	26	28
EGS, mm	5,0	4,6	5,4	4,3	4,3	5,1	5,6	4,2	3,98	4,8	4,2	5,6
Maciez, *in natura*	4,0	4,0	3,5	3,8	3,9	3,7	3,4	3,9	3,98	3,7	3,9	3,5
Maciez, maturada (7d), kgf	3,0	2,92	2,78	2,8	2,89	2,9	2,7	2,97	2,74	2,8	2,9	2,8

Fonte: Arrigoni e Silveira (2005).

terísticas para produção de carne bovina. Sistemas de cruzamento que exploram a heterose e a complementaridade e compatibilizam o potencial genético com restrições de mercado, alimentares e de clima fornecem o meio mais efetivo de melhorar geneticamente a eficiência da produção.

Apesar de os técnicos e pesquisadores entenderem e divulgarem seus resultados de pesquisa, Bacci (2004) enfatizou e documentou que não existe mais raça, mas sim produção e produto. As raças são muitas, e algumas delas ganham destaque, mas nenhuma raça no mundo supera os resultados do cruzamento industrial.

O mesmo autor afirmou que o cruzamento industrial confirma-se como solução. O produtor precisa superar velhos paradigmas e produzir boa carne, não importa a cor da raça. O melhor disso é que tudo acaba sendo uma engenharia genética que se aprende todo dia. Afinal, cruzamento industrial é buscar dois indivíduos de DNAs diferentes para produzir a heterose, que potencializa os genes positivos do animal. Na heterose acrescenta-se rapidamente. Cresce-se com a produção de carne e pode-se dobrar esse ganho.

Também é necessário ter humildade e reconhecer que estamos numa fase de muito aprendizado e precisamos ganhar em produtividade. Os cruzamentos industriais terão cada vez mais ampliada sua participação na composição da produção dos rebanhos brasileiros. Isso porque se adaptam melhor aos sistemas intensivos de produção, têm maior velocidade de ganho de peso e mais precocidade sexual. O cruzamento industrial nos rebanhos subirá dos atuais 20% para cerca de 32% até 2012 (síntese de várias fontes).

A inseminação artificial (IA) também crescerá significativamente sobre a monta natural, promovendo o avanço dos cruzamentos terminais. A receita será: vacas nelore inseminadas com raças européias para a obtenção de máxima heterose (100%), com seus produtos F1 (meio-sangue) destinados a recria e engorda.

Contudo, são previstas alternativas para fortalecer a participação genética das raças européias na produção de carne, com os cruzamentos industriais entre raças adaptadas e não adaptadas. Por outro lado, espera-se também um avanço das raças compostas. Entre as raças puras, a tendência é que haja crescimento nos cruzamentos delas com raças adaptadas, visando o seqüestro de genes de adaptação para inseri-los posteriormente nos cruzamentos. Raças adaptadas ganharão espaço nos próximos anos (Bacci, 2004).

Animais de raças de tamanho grande e musculatura grossa apresentam taxas de crescimento maiores (maior ganho de peso), porém demoram mais para acumular gordura na carcaça, permanecendo por mais tempo no confinamento, e demandam mais alimento. As raças de tamanho pequeno e musculatura moderada apresentam menores ganhos, porém são mais precoces em termos de acabamento de carcaça. Em alguns sistemas de cruzamento, o uso de raças de porte maior, porém com acabamento mais tardio, pode ser mais interessante do ponto de vista econômico, pois atinge maior peso de carcaça, devendo-se levar em conta, no plano nutricional, a maior exigência desses animais. Por outro lado, raças terminadas mais precocemente, com peso mais leve e maior quantidade de gordura na carcaça, podem ser mais viáveis, principalmente do ponto de vista nutricional, pois o consumo de alimento é menor.

A combinação entre raças de maior porte e de pequeno porte pode prover animais com carcaças mais pesadas e boa cobertura de gordura. A estratégia usada na utilização dos cruzamentos depende dos objetivos de cada propriedade. O cruzamento com raças de maior porte, chamado de cruzamento terminal, talvez seja mais indicado para o abate tanto de machos como de fêmeas. Resultados de pesquisa e simulações econômicas de instituições como a Embrapa demonstram que o cruzamento industrial permite incrementos na produtividade de até 25%.

O manejo nutricional adotado por parte das propriedades que utilizam o cruzamento industrial geralmente é inadequado, tendo como base os animais de origem zebuína, que apresentam menores exigências nutricionais. Como conseqüência, o que tem sido observado são animais cruzados que, apesar do maior peso de carcaça, apresentam acabamento inferior ao dos zebuínos.

Também os traumas manifestados por parte dos pecuaristas, em decorrência da adoção dos cruzamentos sem planejamento, acrescido de falta de orientação técnica, fizeram com que a maioria deles se voltasse para sistemas tradicionais de produção, pois esperavam que o desempenho dos cruzados fosse melhor que o do zebu, nas condições de exploração deste, o que evidentemente não funcionou.

Barbosa (2002) realizou levantamento de dados em diversos trabalhos nos quais eram comparadas as características produtivas de diferentes grupamentos genéticos de raças de corte em relação aos zebuínos puros. Os componentes produtivos considerados nesses trabalhos são: peso de carcaça, idade e acabamento (espessura de gordura, mm) para animais terminados em confinamento ou pasto. O autor destaca que os animais cruzados foram abatidos com idade inferior aos zebuínos; porém, foi observado menor grau de acabamento em praticamente todas as situações de cruzamento, independente de animais terminados a pasto ou em confinamento.

Enfatizamos novamente que todos os resultados das pesquisas são indicadores de que deve ser fortalecida a tomada de decisão. Particularmente em relação ao aspecto de produção de carne de qualidade, muitos fatores estão envolvidos e eles raramente são contemplados em uma única condução metodológica. Portanto, muitas vezes, esses resultados não são conclusivos nem soberanos. Trata-se de vantagens e desvantagens da utilização de cruzamentos industriais.

Os resultados indicam que os animais de cruzamento industrial estariam sendo abatidos com o peso abaixo do ideal, para que apresentem a espessura ideal de gordura subcutânea (5 mm), ou o manejo nutricional estaria sendo inadequado para as exigências. Com relação às raças européias, por apresentarem maiores taxas de crescimento e maior peso adulto em relação aos zebuínos, são maiores as exigências energéticas para que todo o seu potencial genético seja explorado.

Várias afirmações originadas de pesquisas conduzidas primeiramente nos Estados Unidos e com maior freqüência no Brasil indicam que, além de permitir a produção de carcaças mais pesadas e melhor acabamento, o cruzamento origina carne com maior maciez, e que a variação genética tem considerável influência na palatabilidade da carne, atributo determinante para a aceitabilidade pelo consumidor, devendo ser considerado no que diz respeito a mercados mais exigentes, como o europeu, por exemplo.

O banco de dados do MSA (Meat Austrália Standart) mostra que, em condições comerciais, a porcentagem de *Bos indicus* (zebuínos) nos cruzamentos tinha grande efeito na palatabilidade da carne. Carcaças oriundas de animais com 75% ou mais de sangue zebu apresentaram baixa palatabilidade, de acordo com testes com consumidores, enquanto em animais com menos de 25% de sangue zebu, apenas 11% das carcaças foram reprovadas no teste.

No processo de tomada de decisão da escolha das raças para o programa de cruzamento industrial, segundo Bacci (2004), deve-se estudar as características (precocidade, rusticidade etc.) mais adequadas aos objetivos do sistema de produção. Freqüentemente, observam-se insucessos em sistemas nos quais as raças escolhidas não eram as mais adequadas. É indiscutível a importância do zebu para a pecuária brasileira, sendo talvez o principal responsável pelo fato de o Brasil se tornar exportador competitivo. Com cruzamento, é possível melhorar a eficiência produtiva, agregar valores ao produto e, principalmente, atender a mercados mais exigentes, tanto externos como internos.

O êxito no sistema de terminação em confinamento está calcado em alguns requisitos básicos: disponibilidade de animais com potencial para ganho de peso; disponibilidade de alimentos em quantidade e proporções adequadas; gerência, preços e mercado para o gado confinado. A eficiência no processo produtivo é ponto fundamental para a manutenção das atividades. Estudos com a finalidade de determinar o custo, a rentabilidade e a engorda de animais proporcionam aos produtores subsídios na tomada de decisão (Ferreira et al., 2004).

A despeito do risco, o volume de animais confinados no Brasil vem aumentando: em 2003, foi de cerca de 7%; em 2004, em torno de 14,5% (Agroanalysis, out. 2004). Com isso, mesmo o desempenho extraordinário das exportações de carne bovina no ano de 2004 não foi capaz de sustentar os preços.

O Brasil consolidou-se como o maior exportador mundial de carne bovina. O volume das exportações representou em torno de 15% da produção, o que significa que o grande formador do preço do boi continua sendo o consumidor doméstico. Assim, o baixo poder aquisitivo da população, entre outros fatores, contribuiu para regular a oferta e depreciar os preços (Agroanalysis, nov. 2004).

Outro ponto que vem sendo discutido, em conjunto com a adoção dos sistemas de cruzamento ou cruzamentos industriais, é a necessidade de redução da idade de abate, que implica em intensificação do sistema, porque essa categoria jovem exige maior concentração de nutrientes na dieta para que se possa, em tempo hábil, obter o peso de carcaça exigido. Conforme Restle et al. (1999a), esse aporte de nutrientes na dieta dos animais jovens é compensado pela redução do tempo em que permanecem em confinamento, quando comparados com animais abatidos aos 2 anos de idade. Esses animais jovens são biologicamente mais eficientes, convertendo melhor o alimento em ganho de peso, como demonstrado por Townsend (1991), que observou melhor conversão alimentar em animais de 10 meses, comparados aos de 2 anos (4,7 vs. 6,2), mas com ganho de peso diário similar (0,915 vs. 0,942 kg/dia, respectivamente).

Segundo Quadros (1994), deve-se buscar a redução da idade de abate para tornar o sistema de produção mais eficiente, uma vez que a transformação dos alimentos consumidos em ganho de peso decresce com o aumento da idade do animal.

Euclides Filho et al. (2003) utilizaram informações provenientes de 188 animais pertencentes a dez grupos genéticos, avaliados em confinamento. Para as análises dos dados, os animais foram agrupados em três subconjuntos, considerando-se idade, sexo e dieta recebida: 1) animais inteiros de sobreano recebendo a dieta **a**: 39 Nelore (N), 12 Brangus (BR), 8 1/2 Simental-1/2 Nelore (SN), 8 1/2 Caracu-1/2 Nelore (CCN), 21 1/2 Valdostana-1/2 Nelore (VAN); 2) animais inteiros desmamados recebendo a dieta **b**: 12 N, 12 1/2 Canchim-1/4 Angus-1/4 Nelore (CAN), 16 1/2 Canchim-1/4 Simental-1/4 Nelore (CSN), 12 1/2 Braford-1/2 Brangus (BDBR), 12 1/2 Braford-1/4 Angus-1/4 Nelore (BDAN), 7 1/2 Brahman-1/4 Angus-1/4 Nelore (BHAN); 3) fêmeas desmamadas recebendo a dieta **b** em duas formulações, uma em que o concentrado representou 30% da MS e outra em que correspondeu a 50% da MS total. Neste caso, a análise incluiu 29 fêmeas, 15 CAN e 14 CSN. Para os animais dos subconjuntos 1 e 2, o concentrado foi fornecido para atender a 50% da MS total da dieta.

Os animais do subconjunto 1 apresentaram desempenhos semelhantes, com ganho de peso diário médio igual a 1,60 kg/dia e com conversão alimentar igual a 6,36 kg de MS ingerida/kg de ganho de peso. Para o ganho de peso diário médio e a conversão alimentar, somente foram observadas diferenças entre os animais do subconjunto 2. O maior ganho de peso diário médio foi observado para os animais CSN (1,69 kg/dia) e as melhores conversões alimentares foram verificadas para os animais CSN e BHAN (4,76 kg de MS ingerida/kg de ganho de peso e 4,67 kg de MS ingerida/kg de ganho de peso, respectivamente). Para o subconjunto 3 não houve diferenças entre os grupos genéticos, mas a formulação da dieta apresentou efeitos significativos importantes, especialmente para conversão alimentar. Os animais da formulação com menor teor de concentrado apresentaram melhor conversão alimentar (5,58 kg de MS ingerida/kg de ganho de peso versus 6,66 kg de MS ingerida/kg de ganho de peso).

Os autores concluíram, e mais uma vez fortaleceram a afirmação de que sistemas de cruzamentos terminais envolvendo três ou mais raças podem se constituir em importantes componentes de sistemas de produção de bovinos de corte modernos.

Dentre as características de qualidade da carne bovina, a maciez assume posição de destaque, sendo considerada a característica organoléptica de maior influência na aceitação da carne por parte dos consumidores. A dureza da carne pode ser dividida em dureza residual, causada pelo tecido conjuntivo e outras proteínas do estroma, e dureza de actomiosina, causada pelas proteínas miofibrilares. Dentre os fatores que influenciam a maciez da carne, podem ser destacados a genética, a raça, a idade ao abate, o sexo, a alimentação e os tratamentos *post-mortem*. A qualidade final da carne é resultado de tudo o que aconteceu com o animal durante toda a cadeia produtiva.

Segundo Alves (2005), a perda econômica anual associada com a dureza da carne é equivalente a US$ 7,64 por animal, ou US$ 217 milhões para a indústria de carne bovina norte-americana. No Brasil, a maciez da carne bovina começa a ser uma característica que assume importância cada vez maior, principalmente como resultado da abertura de mercado. A carne de animais com 75% de sangue zebuíno ainda apresenta restrições de consumo para quem procura carnes macias, e trabalhos clássicos revelam que, após dez dias de maturação, apresentam força de cisalhamento semelhante à da carne de animais Angus que não foram submetidos à maturação.

Pesquisa conduzida na Unesp, Botucatu (2004), avaliou a maciez da carne de dois diferentes grupos raciais — Aberdeem Angus e Nelore — abatidos nas idades de 13 e 24 meses — sistemas superprecoce e precoce (Tabelas 9 e 10). Por intermédio dessa pesquisa, pôde-se verificar que os animais abatidos pelo sistema superprecoce mostraram carne macia e, dentro do padrão internacional — *shear force* abaixo de 4,0 —, mesmo *in natura*, isto é, com apenas 24 horas de resfriamento, em qualquer um dos grupos raciais. Observa-se também que com a maturação mesmo que em sete dias — o normal seriam catorze dias — as carnes dos bovinos superprecoces, seja dos Angus, seja dos Nelore, padronizam-se, mostrando extrema maciez — *shear force* abaixo de 3,0. Todavia, tal fato não acontece com relação aos animais abatidos mais velhos (24 meses), principalmente os Nelore, que apresentaram *shear force* alto.

Isso posto, exalta-se a qualidade da carne do novilho jovem, independente da raça, bem como o pequeno tempo necessário para a maturação e padronização da maciez, proporcionando, de um lado, segurança para a comercialização do produto e, do outro, menores custos operacionais no frigorífico.

Tabela 9. Força de cisalhamento para grupos genéticos abatidos com diferentes idades e em três períodos *post-mortem*.

Grupos genéticos	Períodos *post-mortem*		
	24 horas	7 dias	14 dias
½ Aberdeen Angus			
13 meses	3,26	2,80	2,82
24 meses	4,5	3,12	3,00
Nelore			
14 meses	4,00	2,97	2,49
24 meses	4,88	4,50	4,00

Fonte: Hadlich (2004).

Tabela 10. Características de qualidade da carne de bovinos jovens pertencentes a diferentes grupos raciais.

Variáveis	Grupos raciais			
	Canchim	TQ	CN	Nelore
Maciez inicial (kgf)	2,48b	2,92ab	3,81a	2,69b
Maciez dia 7 maturação (kgf)	2,14a	2,34a	2,52a	2,05a
Área de olho de lombo (cm^2)	91,30a	84,60a 78,60ab	78,60ab	67,90b
EGS (mm)	5,00ab	4,50b	5,10ab	6,90a
Marmorização (escore)	2,00a	2,00a	1,70a	2,10a
Lipídeos totais (%)	1,99a	0,99b	1,44ab	1,60ab
PPC dia 0 (g)	24,41ab	30,48a 28,21 ab	28,21ab	17,84b
PPC dia 7 (g)	30,19a	30,47a	28,33a	16,58b

Médias seguidas por letras distintas na mesma linha diferem entre si pelo teste de Tukey ($P < 0,05$).
EGS: espessura de gordura subcutânea; PPC: perdas por cocção.
Fonte: Garrido (2006).

Os valores de EGS (Tabela10) para todos os grupos raciais foram maiores ou iguais a 4,5 mm, o que os coloca na categoria mediana. Somente o grupo Nelore apresentou valor maior que 6 mm para essa característica, o que o coloca na categoria uniforme. A EGS dos animais, nesse trabalho, evitaria os possíveis danos causados na carcaça pelo resfriamento dela. A gordura subcutânea vem se tornando um importante indicador de qualidade, já que influencia a velocidade de resfriamento da carcaça, comportando-se como eficiente isolante térmico. Dessa forma, o valor mínimo de EGS exigido pelos frigoríficos nas especificações do programa de novilho superprecoce é de 3 a 10 mm, valor este que foi atingido pelos animais do experimento.

Segundo Alencar (2004), mudar a forma da curva de crescimento de bovinos de corte não é tarefa fácil, em virtude do antagonismo genético existente entre os parâmetros da curva. As estimativas de herdabilidade para o peso assintótico (parâmetro A) e para a taxa de maturação (parâmetro k) são, respectivamente, magnitude baixa a alta (0,05 a 0,69) e baixa a média (0,13 a 0,37). A correlação genética entre eles é negativa (Silva et al., 2000), indicando ser possível modificá-los pela seleção, e a seleção para aumentar um deles deve resultar em redução no outro, ou vice-versa.

O mesmo autor elege a maciez como prioridade a se considerar em programas que visam a produção de carne de qualidade e escreve: "A maciez é um dos requisitos mais importantes na aceitação da carne por parte do consumidor; existem diferenças genéticas, por exemplo, quanto ao grau de marmoreio e à atividade da calpastatina, características que, entre outras, estão ligadas à maciez da carne. Os custos na obtenção dessas informações, entretanto, limitam sua utilização em programas de melhoramento. A determinação de critérios de seleção diretos ou indiretos para maciez de carne, de aplicação mais fácil, é um desafio a ser vencido pela pesquisa".

Euclides Filho (1994) menciona que, no contexto da pecuária de corte, possivelmente, quanto à definição, sintéticos e compostos representam a mesma coisa, ou seja, indivíduos e/ou grupos genéticos formados por meio de cruzamentos entre raças diferentes.

Em qualquer contexto, todavia, os cruzamentos têm se constituído em uma ferramenta cada vez mais importante dentro da cadeia produtiva da carne bovina. No Brasil, o que se observa, nos últimos anos, é não só o crescimento do número de animais mestiços, mas, principalmente, que esse incremento tem sido resultante da estruturação de programas de cruzamentos bem elaborados e, em alguns casos, integrados com outros segmentos da cadeia produtiva da carne bovina. Uma avaliação retrospectiva, no entanto, permite verificar que essa alternativa de melhoramento genético tem apresentado, no país, períodos de avanços intercalados com outros de estagnação ou mesmo de retrocesso.

Posteriormente, Euclides Filho (1996) apresentou uma análise desses movimentos e concluiu que, possivelmente, a principal razão para isso tenha sido a falta de atenção para o entendimento e, especialmente, para a correta adequação do binômio genótipo-ambiente. A retomada dessa alternativa com força renovada que se observa hoje é, com certeza, em parte, fruto dos resultados que produtores e técnicos vêm alcançando mais recentemente.

Entretanto, existe uma perspectiva de que essa seja uma posição com tendências de fortalecimento. Isso se deve sobretudo à grande possibilidade de promover uma mudança no conceito de produto final norteador dos sistemas de produção. Esse que constitui hoje animal para abate deve rapidamente mudar para carne bovina de qualidade.

Transcrevendo o texto para uma fiel compreensão, o autor escreve: "Ademais, este crescimento dos programas de cruzamentos é também reflexo da imposição que vem sendo exercida pelas forças da globalização. Assim, faz-se necessário que se produza carne de qualidade, em sistemas de produção que sejam capazes de se manter produzindo, de forma rentável, por diversas gerações. Isso, entre outras coisas, requer preocupação constante com o uso de animais adequados às condições do ambiente de produção, pois só assim o sistema de produção será capaz de se manter. Para que o aspecto de rentabilidade seja observado há necessidade de que uma outra condição seja cumprida".

Essa nova exigência relaciona-se com a capacidade de o produto final atender ao mercado consumidor. Isso, como ressaltou Euclides Filho (não publicado), ampliou o binômio genótipo-ambiente, transformando-o no trinômio genótipo-ambiente-mercado, e, dentro desse enfoque, os cruzamentos têm se constituído em uma forma ágil e rápida de ajustar o componente genético à demanda geral que paira sobre a cadeia produtiva, ou seja, maior eficiência e eficácia de todos os segmentos.

Um manejo necessário nas condições brasileiras diz respeito a um bom programa de inseminações artificiais, fundamentais para o sucesso de projetos de cruzamento envolvendo raças européias não adaptadas.

Alguns resultados, especialmente aqueles obtidos pelo Meat Animal Research Center (MARC) do USDA dos Estados Unidos, mostraram que, para muitas das características de importância econômica em bovinos de corte, importante parcela da retenção de heterose está relacionada diretamente com a retenção de heterozigose.

A utilização da heterose aparentemente não era fator de grande importância. Possivelmente, o vigor híbrido, naquela época, não constituía elemento indutor da formação de raças por meio de cruzamentos. A atenção maior era voltada para o melhor aproveitamento da combinação sinérgica dos efeitos aditivos dos genes.

As raças formadas com base nesse conceito foram denominadas sintéticas. Essa talvez seja uma das razões pelas quais não se tem muitos exemplos de grupos genéticos formados, de forma orientada, pela combinação de maior número de raças, o que resultaria em retenção de maior percentual de heterozigose/heterose do que aquele conseguido com o uso de somente duas raças.

No entanto, a partir dos anos 80, os resultados obtidos pelos pesquisadores do MARC começaram a exercer grande impacto no desenvolvimento dos novos programas de cruzamento, especialmente naqueles que tinham ou têm como objetivo a fixação de populações oriundas de cruzamentos. Nesse período ocorreram, simultaneamente, dois fatos. Primeiro, a comunidade americana passou a adotar o termo "composto" para nomear as raças formadas por cruzamento; segundo, houve uma retomada de programas de formação dessas novas raças, tendo como objetivo não só aperfeiçoar os efeitos aditivos, mas também capitalizar na heterose. Assim, passaram a ser favorecidos os trabalhos de cruzamentos envolvendo maior número de raças. Possivelmente, essa combinação de fatores foi responsável pela confusão, surgida no Brasil, entre o número de raças envolvidas e os termos "raça composta" e "raça sintética".

Segundo o Ministério da Agricultura e Abastecimento, existem ainda vários outros trabalhos em andamento, que têm como objetivo a formação de uma "nova raça", mas ainda não possuem registro. Dentre eles, pode-se mencionar os trabalhos desenvolvidos com a Mocha Guaporé (Chianina e Nelore) e com a Aquitânica (Maine Anjou e Caracu). Além disso, existem diversos programas em andamento no país envolvendo cruzamento de raças que utilizam, selecionam e produzem diferentes graus de sangue como parte do processo de formação de uma nova raça que objetiva a fixação, em proporções diferentes, da clássica aproximação de 5/8 européia — 3/8 zebuína. Pode-se citar como exemplos trabalhos que visam a estabilização em 1/3 europeu — 2/3 zebu, 1/3 zebu — 2/3 europeu e até mesmo 5/8 zebu — 3/8 europeu.

Pesquisa apresentada por Alencar (2004), abordando cruzamentos industriais para produção de carne bovina, comparou o desempenho de várias características das raças taurinas, zebuínas e compostas. Os dados encontrados apontaram que os animais cruzados em geral são mais pesados, variando a diferença relativa dos F1. Alencar e Packer (2005) observam que, embora haja superioridade dos animais cruzados em relação aos puros para várias características de desempenho, segundo Euclides Filho e Figueiredo (2003), o uso do cruzamento como forma de obter melhorias no segmento da pecuária tem provocado controvérsias, em razão da não-observação do adequado ajuste do binômio genótipo-ambiente, da falta de objetivos definidos, da mão-de-obra e da infra-estrutura inadequadas, e do não-atendimento das exigências nutricionais dos animais com maiores potenciais de desempenho.

5. Potencial e características de carcaça e diferenças entre os grupamentos genéticos

Atualmente, vem crescendo o número de informações oriundas de pesquisas envolvidas com características e atributos de qualidade da carne bovina, considerando o efeito de grupamentos genéticos e interações com sistemas de produção.

Nesse sentido, Souza (2005), avaliando o perfil de ácidos graxos e concentrações de CLA em diferentes pontos de deposição do tecido adiposo em bovinos superprecoces das raças Nelore, Aberdeen Angus, ½ sangue Aberdeen Angus × Nelore, Brangus, ½ Simental × Nelore, Simbrasil, verificou que os animais de origem britânica apresentaram maiores quantidades de gordura subcutânea e intramuscular e menor área de olho de lombo que animais de origem continental, com valores intermediários para animais zebuínos. Os animais puros e cruzados de origem continental apresentaram um perfil de ácidos graxos mais insaturados e com maiores concentrações de CLA do que os zebus e britânicos (Tabela 11). Porém, em estudo com animais Nelore, Aberdeen Angus, ½ sangue Aberdeen × Nelore, ½ sangue Pardo Suíço × Nelore e ½ sangue Brahman × Nelore, alimentados em diferentes períodos, verificou que os animais Nelore, Angus puro e ½ sangue Aberdeen × Nelore apresentaram maiores espessuras de gordura subcutânea do que os demais grupos. As concentrações de CLA, mono e polinsaturados foram afetadas pelo tempo de alimentação, aumentando as concentrações dos dois primeiros e diminuindo os polinsaturados à medida que aumentou o tempo de confinamento. Angus puro apresentaram menor concentração de CLA que ½ sangue Pardo Suíço, ½ sangue Brahman e Nelore (Tabela 12).

Goulart (2006), avaliando o desempenho e as características de carcaça de bovinos castrados Nelore e cruzados *Bos taurus* × Nelore, com 22 meses de idade, em sistema de confinamento terminal, concluiu que os animais Aberdeen Angus × Nelore apresentaram melhor desempenho e acabamento de carcaça em relação a outros

Tabela 11. Desempenho de fêmeas jovens criadas no sistema de produção superprecoce.

Parâmetro	Three-Cross	
	½ Angus x Braunvieh	½ Simental x Angus
Idade Abate	13,5	13,5
Dias de confinamento	120	120
Peso final, kg	360	364
Peso carcaça, kg	190,8	190,10
Peso, @	12,72	13
Rendimento carcaça	53	53,6
AOL, cm²/100kg carc	30,92	31,3
EGS, mm	5,9	5,6
Maciez, "in natura"	3,4	3,9
Maciez, maturada (7d)	2,7	2,97

Fonte: EQUIPE SUPERPRECOCE, FMVZ, UNESP, BOTUCATU

Tabela 12. Efeito de raça sobre o perfil de ácidos graxos, concentrações de CLA e ácidos graxos totais no tecido adiposo intramuscular.

Ácidos graxos	Angus puro	Brangus	½ Angus	Nelore	Simental	Simbrasil	Simental puro
	mg/g de lipídeos						
C14:0	27,07a	28,96aD	28,65a	38,91o	26,10a	26,50a	26,37a
C16:0	285,1D	278,1*	266,6ab	277,3ab	253,0aD	245,3a	257,8ao
C18:0	185,9o	182,9o	137,5a	150,8aD	147,0aD	145,2ao	155,9aD
C18:1 trans11	27,43D	19,52ao	6,55a	9,78ab		14,92ao	20,31ao
C18:2 cis 9 cis 12	49,85ab	42,60a	6.752abc	38,25a	84,55bc	84,57o	72,82oo
C18:2 cis 9 trans 11	3,68	2,45	3,15	3,35	2,94	4,18	4,14
Saturados (% total)	53,29o	52,63bc	46,02a	49,83abc	46,68ao	45,29a	48,02abc
Insaturados (% total)	46,71a	47,37ab	53,98o	50,14abc	53,32bc	54,70c	51,98abc
Monoinsaturados (% insaturados)	84,87bcde	86,02cde	78,59abc	89,21e	74,88a	77,18ab	79,64abcd
Polinsaturados (% insaturados)	15,13*o	13,98ab	21,41bcd	10,79a	25,12d	22,82od	20,36bcd
Total	90,24	89,17	89,27	91,33	86,24	87,82	86,83
	mg/g de lipídeos						
C14:0	42,40	37,20	38,74	44,80	45,24	40,13	35,50
C16:0	300,6o	276,0a	278,2a	272,7a	278,6a	247,9a	267,9a
C18:0	133,1	143,9	140,2	132,4	134,6	148,6	172,3
C18:1 trans 11	6,43	8,35	23,58	15,03	8,93	24,57	11,92
C18:2 cis 9 cis 12	26,15	14,27	17,48	14,57	14,40	16,23	18,18
C18:2 cis 9 trans 11	4,59a	4,01a	5,88ab	4,30a	6,63ab	7,96"	5,33ab
Saturados (% total)	50,76	49,33	48,58	49,73	50,43	47,15	52,40
Insaturados (% total)	49,20	50,66	51,41	50,27	49,56	52,85	47,57
Monoinsaturados (% insaturados)	92,53	95,84	94,67	95,56	94,94	94,60	94,15
Polinsaturados (% insaturados)	7,47	4,16	5,33	4,44	5,06	5,40	5,85
Total	89,36	90,66	93,64	87,37	86,97	91,96	89,49

Letras diferentes na mesma coluna apresentam diferença significativa ($P < 0,05$).

grupos genéticos, inclusive o Nelore puro. Cruzamentos entre raças britânicas e zebuínas foram superiores à raça zebuína pura, mesmo após período de nível nutricional muito baixo a pasto. Esse grupo demonstrou ser o mais interessante dentro de um sistema de produção com período a pasto e confinamento terminal. E, diferente dos cruzamentos Angus × Nelore, os animais do cruzamento Simental × Nelore tiveram seu desempenho comprometido pelo período de baixo nível nutricional a pasto. Além de os cruzados SN terem desempenho igual ao do Nelore, eles apresentaram maior proporção de gordura interna e acabamento em peso mais leve do que o esperado para esse tipo biológico (Tabela 13).

Tabela 13. Características de carcaça de quatro grupos genéticos em terminação.

	Grupos genéticos				Erro padrão
	½ Angus/Nel.	½ Canchim/Nel.	Nelore	½ Simental/ Nelore	
Idade de abate, dias	759a	743a	765a	749a	8,3
Peso inicial carcaça quente, kg	180a	167b	159b	169ab	4,1
Peso final carcaça quente, kg	273a	249b	249b	256ab	7,6
Ganho carcaça, kg/dia	0,920a	0,810b	0,891ab	0,860ab	0,030
Rendimento carcaça inicial, %	53a	55a	54a	53a	0,4
Rendimento carcaça final, %	53 b	54ab	55a	53b	0,4
Rendimento carcaça no ganho (% ganho peso em jejum)	54b	54b	58a	54b	0,03
AOL inicial, cm²	53,6a	50,0a	44,0a	47,4a	3,6
AOL final, cm²	57,5a	60,4a	59,1a	61,0a	4,0
AOL inicial, cm²/100 kg carcaça	29,1a	29,8a	27,1a	28,7a	1,5
AOL final, cm²/100 kg carcaça	21,4b	24,3a	23,8a	24,1a	1,0
EGS inicial, mm	0,2a	0,2a	0,2a	0,0a	0,2
EGS final, mm	8,8a	4,4b	4,4b	4,0b	0,7

Letras distintas na mesma linha indicam diferença estatística pelo LSMeans ao nível de 5%.

Animais ½ Angus apresentaram maior proporção de gordura separável no corte das costelas e menor proporção de músculo ($P < 0,05$), quando comparados com bovinos dos outros grupos genéticos. O peso tem grande influência sobre a composição corporal, pois a proporção de gordura cresce com o aumento do peso do animal. Assim, a maior proporção de gordura separável em animais ½ Angus seria explicada pelo maior peso de abate desses animais. Entretanto, mesmo não havendo diferença ($P > 0,05$) com relação ao peso final entre os grupos ½ Angus e ½ Simental, e à mesma idade, animais dos cruzamentos com Angus apresentaram maior precocidade na deposição de gordura na carcaça do que animais oriundos da raça paterna continental. Tal afirmação está de acordo com os valores de espessura de gordura subcutânea encontrados nesses dois grupos genéticos, que foi o dobro nos animais ½ Angus em relação aos bovinos do grupo ½ Simental ao mesmo tempo (Tabela 13).

Maior porcentagem de ossos no corte foi encontrada nos animais ½ Angus, ½ Canchim e ½ Simental, quando comparados com a raça Nelore. Entretanto, mesmo com maior peso de abate (517, 492, 429 e 537 kg dos animais ½ Angus, ½ Canchim, Nelore e ½ Simental, respectivamente), aqueles animais eram inteiros e apresentaram menores percentuais de gordura no corte. Lanna et al. (1997) avaliaram a composição corporal de animais não castrados em ganho compensatório e não encontraram variação na composição física da carcaça entre os animais Nelore, Marchigiana × Nelore e mestiços da raça leiteira para a proporção de gordura separável (26,77%, 23,51% e 25,06%, respectivamente), como verificado neste trabalho.

Cucki (2006), avaliando os efeitos da proporção de sangue zebuíno (Nelore, *three cross* Angus × Nelore × Brahman, *three cross* Angus × Nelore × Braunvieh e Brangus) no desempenho produtivo, no crescimento animal, e as características de carcaça de bovinos jovens criados no sistema de produção superprecoce, verificou que o melhor desempenho foi obtido com os animais *three cross* Angus × Nelore × Braunvieh e Brangus (com menores proporções do genótipo *Bos indicus*) e que os animais Nelore apresentaram maiores taxas de crescimento, representadas pela área de olho de lombo, e todos os grupos genéticos tiveram cobertura de gordura subcutânea similar (Tabela 14).

Tabela 14. Composição física do corte das 9-10-11 costelas de quatro grupos genéticos em terminação.

	Grupos genéticos				**Erro padrão**
	½ Angus	½ Canchim	Nelore	½ Simental	
Músculo no corte, %	44,84b	48,35a	48,90a	48,00a	1,13
Gordura no corte, %	38,49a	34,56b	34,41b	33,65b	1,29
Osso no corte, %	17,66a	17,08ab	16,68b	18,37a	0,53

Letras distintas na mesma linha indicam diferença estatística pelo LSMeans ao nível de 5%.
Fonte: Cucki (2006).

6. Considerações finais

Nos últimos anos, foi marcante, e não poderia deixar de ser mencionado, dentro do tema Potencial dos grupamentos genéticos para produção de carne, a ascensão e queda de inúmeras raças, pois o marketing e os resultados comerciais mostraram-se acima das poucas informações obtidas das pesquisas e dos inconsistentes resultados produtivos.

As associações de criadores, conduzidas por eles próprios, perderam-se nos objetivos das aptidões das raças, preocupadas em inflacionar o mercador de reprodutores; muitas delas utilizaram o argumento de que seriam a salvação do cruzamento para o Nelore ou até mesmo para atender às exigências das pistas de julgamento.

Nesse panorama estão incluídas as raças européias puras e compostas para as quais o próprio mercado, quer produtivo, quer comercial, ditou qual deveria ser o tempo de permanência na mídia, destacando, muitas vezes, os preços recordes e irreais para cada reprodutor, matriz, embrião ou sêmen das linhagens em destaque.

Talvez tenhamos que convidar produtores, técnicos e pesquisadores a resgatar os exemplos ocorridos a partir de 1995 (estabilização da moeda), isentos de preferências ou defesas de grupamentos genéticos, mas questionar quais os objetivos produtivos atuais de algumas associações dos seguintes grupamentos: Santa Gertrudis, Canchim, Simental e Simbrasil, Limousin, Hereford e Braford, Gelbvieh, Chianina, Marchigiana, Piamontês, Blond'Aquitaine, Angus e Brangus, Braunvieh e, por que não, Brahman e até Nelore, sendo complementados pelos compostos: Montana, Bosmara, adaptados Caracu e Senepol, entre outros.

Acreditamos que as diretrizes produtivas das associações, salvo as particularidades rentáveis de projetos realmente viáveis que estão sendo conduzidos e já apresentam resultados consistentes, vinculados mais a empresas do que às próprias associações de criadores, devam recorrer a parcerias com instituições de pesquisa (universidades e empresas de pesquisa), para encontrar um possível caminho que contemple o potencial genético, levando em consideração as particularidades positivas, como cada raça pode deixar a sua marca registrada no produto carne e qual o sistema de produção viável e aplicável para esse ou aquele grupamento genético.

Com isso, poderiam emergir conceitos que pudessem corrigir as possíveis distorções ocorridas entre a seleção para o tipo racial e o tipo produtivo, reafirmando a necessidade de programas de seleção em conjunto com programas de seleção.

7. Referências bibliográficas

AGROANALYSIS. São Paulo. Mercado futuro: **O comportamento do boi gordo**. Nov. 2004, p. 46-7.

AGROANALYSIS. São Paulo. Pecuária: **Confinamento × semiconfinamento**. Out. 2004, p. 36-9.

ALENCAR, M. M. Critérios de seleção e a moderna pecuária bovina de corte brasileira. In: IV SIMPÓSIO NACIONAL DE MELHORAMENTO ANIMAL, 2002, Campo Grande, **Anais...**, 2002. (CD-ROM).

ALENCAR, M. M. Utilização de cruzamentos industriais na pecuária de corte tropical. In: SIMPÓSIO SOBRE BOVINOCULTURA DE CORTE, 5., 2004, Piracicaba. **Anais...** Piracicaba, SP: Fealq, 2004. p. 149-70.

ALENCAR, M. M.; PACKER, I. U. Competitividade depende do cruzamentos das raças. **Visão Agrícola**, Esalq/USP, a. 2, jan./jun. 2005, p. 11-3.

ALVES, D. D.; TONISSI, R. H.; BUSCHINELLI DE GOES, B.; MANCIO, A. B. **Ciência Animal Brasileira**, v. 6, n. 3, p. 135-49, jul./set. 2005.

ARRIGONI, M. D. B.; SILVEIRA, A. C. Bovino precoce produz carnes mais macias. **Visão Agrícola**, Esalq/USP, a. 2, jan./jun. 2005, p. 90-2.

BACCI, R. A. **Cruzamento industrial na pecuária de corte brasileira** (2004). www.nucleoestudo.ufla.br/nepec/Artigos/cruzamentos.pdf.

BLISKA, F. M. M.; GONÇALVES, J. P. Cadeia produtiva e qualidade de carne bovina no Brasil. In: WORKSHOP SOBRE QUALIDADE DA CARNE E MELHORAMENTO GENÉTICO DE BOVINOS, 1.1998, São Carlos, **Anais...** Campo Grande, MS: Embrapa CNPGC, 1998.

BRONDANI, I. L.; SAMPAIO, A. A. M.; RESTLE, J.; RODRIGO ROSA, R. P. et al. **R. Bras. Zootec.**, v. 33, n. 6, p. 2308-17, 2004 (Supl. 3). **Ciência Animal Brasileira**, v. 6, n. 3, p. 135-49, jul./set. 2005.

CUCKI, T. O. **A eficiência do sistema superprecoce com bovinos de diferentes proporções do genótipo *Bos indicus***. Botucatu, SP, 2006. 99p. Dissertação (Mestrado). Faculdade de Medicina Veterinária e Zootecnia, Universidade Estadual Paulista.

CUNDIFF, L. V.; GREGORY, K. E.; KOCK, R. M. **Breeding cattle for improved product consistency**. National Cattlemen's Convention and Trade Show, Reno, Nevada, Estados Unidos, 1994. 26p.

DRANSFIELD, E. Optimization of tenderisation, ageing an tenderness. **Meat Science**, v. 36, p. 105-21, 1994. Estados Unidos, 1994. 26p.

FERRAZ, J. B. S.; ELER, J. P.; GOLDEN, B. L. **A formação do composto Montana Tropical**.

FERREIRA, M. M. **Fatores produtivos e industriais que interferem na qualidade da carne bovina**. Jaboticabal, SP, 2004. 120p. Dissertação (Mestrado). Faculdade de Ciências Agrárias e Veterinárias, Universidade Estadual Paulista.

FILHO, E. K.; FIGUEIREDO, G. R.; EUCLIDES, V. P. B. et al. Desempenho de diferentes grupos genéticos de bovinos de corte em confinamento. **R. Bras. Zootec.**, v. 32, n. 5, p. 1114-22, 2003.

GOULART, R. S. **Desempenho, características de carcaça e composição corporal e exigências líquidas de crescimento de bovinos Nelore e três cruzamentos *Bos taurus* × Nelore.** Piracicaba, SP, 2006. 75p. Dissertação (Mestrado). Escola Superior de Agricultura "Luiz de Queiroz", Universidade de São Paulo.

GREGORY, K. E.; CUNDIFF, L. V.; KOCK, R. M. Composite breeds to use heterosis and breed differences to improve efficiency of beef production. **Agriculture Research Service**, USDA, 1992. 52p.

HADLICH, J. **Efeito da taxa de crescimento muscular e maciez da carne de diferentes grupos genéticos**. Botucatu, SP, 2004. 43f. Dissertação (Mestrado). Faculdade de Medicina Veterinária e Zootecnia, Universidade Estadual Paulista.

HEINEMANN, R. J. B. **Influência do peso de abate nas características de qualidade de carcaça e carne do músculo *Longissimus dorsi* em novilhos Nelore e cruzados Limousin**. São José do Rio Preto, SP, 2002. 123p. Dissertação (Mestrado). Instituto de Biociências, Letras e Ciências Exatas, Universidade Estadual Paulista.

KINGHORN, B. Design of livestock breeding programs — Cap. 19 **Theory of breed utilisation**. AGBU, University of New England, Armindale, Australia, p. 187-203.

LANNA, D. P. Características de carcaça de bovinos de diferentes grupos genéticos em crescimento compensatório. In: REUNIÃO ANUAL DA SOCIEDADE BRASILEIRA DE ZOOTECNIA, 34.,1997, Juiz de Fora. **Anais...** Juiz de Fora, MG: SBZ, 1997. p. 349.

LANSDELL, J. L.; MILLER, M. F.; WHEELER, T. L. et al. *Post-mortem* injection of calcium hloride effects on beef quality traits. **Journal of Animal Science,** v. 73, n. 6, p. 1735-40, 1995.

MARSHALL, D. M. Breed differences and genetic parameters of body composition traits in beef cattle. **Journal of Animal Science**, v. 72, p. 2745-55, 1994.

RESTLE, J.; VAZ, F. N.; PACHECO, P. S. Uso de animais zebuínos em cruzamentos de bovinos de corte no Sul do Brasil. In: SIMPÓSIO BRASILEIRO SOBRE CRUZAMENTOS DE BOVINOS DE CORTE, I., 2003, Londrina. **Anais...** Londrina, PR: Iapar, 2003. (CD-ROM).

RUBIANO, G. A. G. **Desempenho, características de carne e de carcaça de bovinos jovens de quatro grupos raciais no modelo biológico superprecoce**. Botucatu, SP, 2006. 56f. Dissertação (Mestrado). Faculdade de Medicina Veterinária e Zootecnia, Universidade Estadual Paulista.

SOUSA, A. A. **Perfil de ácidos graxos e concentrações de CLA em diferentes grupos genéticos no sistema de produção superprecoce.** Botucatu, 2005. 72p. Tese (Doutorado). Faculdade de Medicina Veterinária e Zootecnia, Universidade Estadual Paulista.

SWAN, A.; KINGHORN, B. Symposium dairy crossbreeding: evaluation and exploration of crossbreeding in dairy cattle. **Journal of Dairy Science**, 75: 624-39, 1992.

VAN VLECK, L. D. **Selection index and introduction to Mixed Model Methods**. CRC Press Inc. Boca Raton, Florida, Estados Unidos, 1993. 481p.

Características de importância econômica em gado de corte

Luiz Otávio Campos da Silva*
Maurício Mello de Alencar**
Roberto Augusto de Almeida Torres Júnior***
Antônio do Nascimento Rosa****

O melhoramento genético animal é objeto de interesse da humanidade desde o seu entendimento. Isto quer dizer que ele interessa ao ser humano desde que, por meio da razão, ele procurou ter os animais como seus grandes aliados na questão da sobrevivência. É importante que se deixe claro que, desde o início, o melhoramento aconteceu no campo real. Isto significa que sempre foi extremamente prático e aplicado. Sua história concreta teve início com os diferentes processos de domesticação. Cada um foi submetido a esse processo por um ou mais motivos específicos. De forma simplificada, pode-

* Pesquisador da Embrapa Gado de Corte. Bolsista do CNPq.
** Pesquisador da Embrapa Pecuária Sudeste. Bolsista do CNPq.
*** Pesquisador da Embrapa Gado de Corte.
**** Pesquisador da Embrapa Gado de Corte.

se dizer que, desde os seus primórdios, o procedimento foi baseado em: observação e experiências passadas; necessidade, ameaça ou desafio; objetivo de solução; oportunidades de solução; tentativa, erros e acertos; análises e repetições; satisfação; estabelecimento de rotinas incorporando o sucesso. É claro que aconteceram frustrações, levando os interessados novamente a buscar outra solução. Também é evidente que outras alternativas de oportunidades substituíram aquelas já encontradas.

Em termos práticos, o melhoramento aconteceu e ainda acontece pela escolha de indivíduos mais interessantes na solução dos problemas. Mais ainda, como seriam os acasalamentos, de forma a produzir uma geração melhorada? Como acontecia a escolha naquela época? Como é que acontece nos dias de hoje? De forma direta ou indireta, a escolha é determinada pelo que se observa, isto é, pelo que se chama de fenótipo. Por outro lado, o que se queria, e ainda quer, é que os atributos que definiram a escolha encontrem-se em freqüência maior nas gerações seguintes do que na geração atual. Esses atributos, em dado momento da história, passaram a ter como base os genes, sendo seu conjunto chamado de genótipo.

Deve ser ressaltado que em todo o processo, em qualquer época, a observação criteriosa, aliada ao conhecimento do problema, possibilita uma definição mais adequada do que se quer alcançar.

Outro ponto a considerar é que, quando se elege um indivíduo, todo ele é eleito, isto é, toda a sua carga genética, incluindo os atributos que fizeram com que fosse escolhido, assim como todos os outros que não foram considerados na sua escolha.

No melhoramento genético animal, as características consideradas no estabelecimento do objetivo e do critério de seleção são classificadas como qualitativas e quantitativas.

As qualitativas, como o nome sugere, estão relacionadas aos atributos de qualidade. São aquelas cuja herança é controlada por um ou poucos pares de genes. Os fenótipos correspondentes dessas características apresentam classificação discreta. Assim, os animais podem ser agrupados em um número pequeno e distinto de classes, tais como: musculatura normal ou dupla, testículos normais ou criptorquídicos, entre outras. Algumas características qualitativas, especialmente aquelas ligadas à definição do padrão da raça, podem estar relacionadas ao processo de adaptação ao meio ambiente de origem, como pigmentação da pele, cor da pelagem, presença ou ausência de chifres, sem apresentarem, aparentemente, efeitos diretos sobre a produção animal. Por outro lado, anormalidades genéticas de herança qualitativa, tais como hipoplasia testicular e prognatismo, entre outras, são associadas a baixos níveis de produtividade e devem merecer a atenção de todos os criadores.

Geralmente, as diferenças entre animais com relação às características qualitativas são provocadas pelas diferenças no genótipo em um simples *locus*, tendo o meio ambiente pouca influência sobre essas características. Dessa forma, determinado genótipo apresenta o mesmo fenótipo, independente do meio a que é exposto. Se um gene responsável por uma característica indesejável é dominante, todos os animais portadores desse gene (homozigoto ou heterozigoto) são facilmente identificados entre aqueles não portadores, de modo que sua eliminação se torna bastante simples. Quando, no entanto, o gene indesejável é recessivo, sua eliminação se torna difícil, uma vez que os animais portadores desse gene, ou seja, heterozigotos, são fenotipicamente semelhantes aos animais considerados normais. Na maioria das situações, especialmente em rebanhos comerciais, a seleção contra genes indesejáveis pode ser feita simplesmente pela eliminação dos produtos e, em um segundo momento, dos touros que produzem bezerros defeituosos.

No caso de características quantitativas (as que se referem a quantidades), como é o caso da maioria das características ligadas à produção animal, muitos pares de genes são envolvidos, e estes têm, isoladamente, uma pequena contribuição na expressão do caráter. Outro aspecto bastante interessante é a grande influência exercida pelo meio ambiente na expressão desse tipo de característica. Neste caso, um mesmo genótipo pode apresentar diferentes expressões fenotípicas e distribuição contínua. A análise do processo da herança é feita a partir da variação existente entre os indivíduos, adotando-se um modelo simples, pelo qual a manifestação visível ou mensurável (fenótipo) da característica é o resultado não só do genótipo, como também do meio ambiente em que é criado e das possíveis interações entre o genótipo e o ambiente. Assim:

$$P = G + E + (GE)$$

onde:

P = valor fenotípico, ou seja: peso, condição corporal, altura etc.

G = valor genotípico, determinado pelo conjunto dos genes que atuam sobre a característica.

E = efeito devido ao ambiente, ou seja, devido a quaisquer causas não genéticas que podem influenciar tal característica.

GE = interações entre o genótipo e o ambiente.

A partir dessa relação, os componentes de variância devido ao fenótipo (VP), ao genótipo (VG) e ao ambiente (VE) assim se relacionam:

$$VP = VG + VE + V(GE)$$

Caso não haja interação genótipo × ambiente, essa expressão pode ser escrita como:

$$VP = VG + VE$$

A variância genotípica pode, ainda, ser desdobrada em:

$$VG = VA + VD + VI$$

onde: VA, VD e VI são, respectivamente, as variâncias devidas aos efeitos aditivos dos genes, aos efeitos de dominância e aos efeitos epistáticos. Embora não se espere sua transmissão à geração seguinte pela herança, esses dois últimos componentes constituem a base para o fenômeno conhecido como heterose.

O componente que passa de geração a geração é o aditivo VA, donde se define a herdabilidade da característica como VA/VP. Embora possa variar de rebanho para rebanho, de raça para raça, ou de ambiente para ambiente, a herdabilidade tende a apresentar, para determinadas características, valores uniformes. Características que apresentam baixos valores de herdabilidade (0,01-0,10) são aquelas que têm pequena percentagem de variação genética na variação fenotípica, isto é, os indivíduos possuem diferenças entre eles mais devido à diversidade de meio do que à genética. Nesses casos, a escolha genética de um indivíduo com base em seu fenótipo é pouco confiável. No caso de herdabilidade de valores médios (0,10-0,50) ou altos (0,50-1,00), as escolhas apresentam uma confiabilidade crescente. Sendo assim, é crescente a correspondência entre as diferenças fenotípicas e as genotípicas.

Associado à herdabilidade, outro parâmetro de importância relacionado à herança de características quantitativas é a correlação, em especial a genética. As correlações genéticas, que têm como principais causas os efeitos pleiotrópicos dos genes e a ligação entre genes (*linkage*), indicam a extensão com que os mesmos genes atuam na expressão fenotípica das características. Em casos de correlações positivas, a seleção para uma característica redundará em progresso na outra, observando-se o contrário ao se tratar de correlações negativas. As correlações genéticas podem ser facilitadoras das respostas que se almejam na aplicação da seleção, quando os efeitos das características nos sistemas de produção têm o mesmo sentido. Em outras circunstâncias, porém, quando as características apresentam valores opostos, do ponto de vista da produção e da produtividade dos animais, as correlações genéticas se constituem em sério obstáculo para o alcance do melhoramento genético.

A pecuária de corte é uma atividade complexa. Várias características produtivas e reprodutivas do gado de corte interferem na eficiência do sistema de produção. Em vista disso, o processo de melhoria da qualidade do rebanho para aprimorar a eficiência do sistema de produção normalmente envolve a medição e avaliação de várias características.

À medida que se tem duas ou mais características para fazer a seleção, o processo se torna bastante complexo e o uso de um índice geral único na seleção passa a ser bastante atrativo. Além disso, em algumas situações, os índices têm propriedades conhecidamente superiores às outras técnicas de seleção envolvendo várias características. Para isso, é importante conhecer os chamados valores econômicos das características avaliadas (o quanto de aumento na lucratividade para cada unidade de aumento da característica em questão), o que requer a especificação completa do sistema de produção, acompanhada de uma análise econômica.

Dentre as várias características com importância econômica, foram relacionadas algumas delas, discutidas a seguir, tendo como foco a produtividade, considerando os aspectos relacionados à reprodução, ao crescimento e mesmo à morfologia.

A eficiência reprodutiva dos rebanhos é fator dos mais importantes na determinação da eficiência biológica e econômica dos sistemas de produção de carne bovina. Do ponto de vista econômico, na bovinocultura de corte, a eficiência reprodutiva é a característica mais importante, seguida das características de crescimento e, por último, das características de carcaça (Willham, 1971). A despeito da sua importância econômica, as características de fertilidade foram pouco utilizadas nos programas de melhoramento no Brasil, por causa de sua baixa herdabilidade e da dificuldade de medição. Na última década, entretanto, algumas características ligadas à eficiência reprodutiva foram incorporadas aos programas de avaliação genética. Algumas delas são apresentadas e discutidas a seguir.

O **perímetro escrotal**, normalmente medido à desmama, ao ano e ao sobreano, é uma característica indicadora, de fácil medição, que apresenta herdabilidade de média a alta — 0,30 a 0,77 (Alencar et al., 1993a; Lôbo et al., 1995; Bergmann et al., 1996; Quirino e Bergmann, 1997; Pereira et al., 2000; Cyrillo et al., 2001; Garnero et al., 2001). Está correlacionada positiva e favoravelmente com características de peso (Alencar et al., 1993a; Cyrillo et al., 2001; Garnero et al., 2001), e negativa e favoravelmente com a idade ao primeiro parto de fêmeas (Martins Filho e Lôbo, 1991; Alencar et al., 1993b; Gressler et al., 1998; Pereira et al., 2000), indicando que, além de responder à seleção, deve resultar em mudanças nos pesos de machos e fêmeas e na precocidade reprodutiva destas. Existem evidências também de que a seleção para maior perímetro escrotal não deve prejudicar o tempo de permanência (longevidade) das fêmeas no rebanho (Gianlorenço et al., 2002), nem aumentar o peso adulto e reduzir a taxa de maturação de fêmeas (Silva et al., 2000).

A **idade ao primeiro parto**, outra característica utilizada como indicativo de precocidade reprodutiva, apresenta herdabilidade de magnitude baixa a média — 0,01 a 0,46 (Mariante, 1978; Oliveira Filho et al., 1979; Pereira et al., 1991; Oliveira, 1995; Gressler et al., 1998; Lôbo, 1998; Mercadante et al., 2000; Pereira et al., 2000) —, mas principalmente baixa, indicando que a seleção não deve resultar em grandes progressos.

O **período de gestação** do bezerro também é outra característica contemplada em programa de avaliação genética no Brasil. Apresenta herdabilidade de baixa a alta — 0,06 a 0,71 (Scarpati, 1997; Alencar et al., 1999; Rocha,1999; Pereira et al., 2000) — e está relacionada positivamente com o peso do bezerro ao nascimento (0,41; Scarpati, 1997).

O **intervalo de partos**, característica de herdabilidade baixa (Mercadante et al., 2000; Pereira et al., 2000), é também utilizado para avaliar a eficiência reprodutiva de vacas. Entretanto, essa característica tende a ser substituída pelo número de dias para o parto (número de dias do início da estação de monta até o próximo parto), que também apresenta herdabilidade baixa — 0,02 a 0,16 (Pereira et al., 2000; Mercadante, 2001) — e dá idéia da fertilidade da vaca, ou seja, permite identificar aquelas vacas que emprenham mais cedo na estação de monta.

A **probabilidade de permanência no rebanho** (*stayability*), também utilizada para medir a eficiência produtiva da vaca, apresenta herdabilidade baixa — 0,22 (Sumário de Touros Nelore CFM, 2001). É medida como característica 1 ou 0, dependendo de a vaca permanecer ou não no rebanho, adotando-se determinado critério.

Outra característica reprodutiva, que surgiu recentemente e é contemplada em pelo menos um programa de avaliação genética no Brasil, é a **probabilidade de prenhez da novilha aos 14 meses de idade** (PP14), de fácil medição e que apresenta herdabilidade de média a alta — 0,57 (Eler et al., 2002). Para a obtenção dessa característica, as novilhas são colocadas em reprodução ainda jovens, e recebem a nota 0 se não conceberem, e 1 se conceberem. É um critério de seleção para precocidade reprodutiva, que parece responder bem à seleção.

Outro importante grupo de características em bovinos de corte é aquele ligado à produção, que engloba as características de crescimento. Essas características são de fácil obtenção, apresentando herdabilidade de média a alta, sugerindo elevado progresso genético pela seleção. Por esse motivo, são mais atraentes para o produtor durante o processo de seleção e há algum tempo são consideradas nos programas de seleção em bovinos de corte no Brasil. Algumas delas são apresentadas e discutidas a seguir.

Dentro desse grupo de características estão os **pesos ao nascimento, aos 120 dias de idade, à desmama, ao ano, ao sobreano e à idade adulta**. Os pesos do nascimento ao sobreano apresentam herdabilidade de magnitude média a alta. As médias de estimativas obtidas em trabalhos com várias raças em regiões de clima tropical variam de 0,30 a 0,37, para vários pesos (Lôbo et al., 2000), sendo positivamente correlacionadas, indicando que, em geral, respondem bem à seleção, e que a seleção para qualquer um deles deve provocar mudanças nos outros, na mesma direção. A DEP do peso ao nascimento é estimada mais para monitoração, para evitar aumento significativo nessa característica, com conseqüente aumento nos problemas de parto. Os pesos aos 120 dias de idade e à desmama são utilizados para avaliar a habilidade materna das vacas e o potencial de crescimento dos bezerros. Os pesos ao ano (365 dias de idade) e ao sobreano (450 e/ou 550 dias de idade) são utilizados para avaliar o potencial de crescimento após a desmama. O peso adulto, característica de herdabilidade média — 0,26 a 0,42 (Barbosa, 1991; Silva et al., 2000; Rosa et al., 2001) —, também é utilizado para monitorar o tamanho dos animais, visando evitar animais excessivamente grandes, o que poderia comprometer o desempenho produtivo do rebanho de vacas e aumentar seus custos de manutenção.

Ganhos em peso, normalmente do nascimento à desmama, da desmama ao sobreano e do nascimento ao sobreano, características de herdabilidade baixa a média (médias de estimativas obtidas em trabalhos com várias raças em regiões de clima tropical, variando de 0,13 a 0,33, para vários ganhos em peso; Lôbo et al., 2000), também são considerados em alguns programas de avaliação genética no Brasil.

Outra característica de crescimento é o **número de dias** para ganhar determinado peso em certa fase da vida do animal. As características número de dias para ganhar 160 kg do nascimento à desmama (D160) e número de dias para atingir 400 kg do nascimento ao sobreano (D400) são utilizadas em programas de avaliação de touros no Brasil. Essas características apresentam herdabilidade de baixa a média — 0,09 a 0,40 (Albuquerque e Fries, 1996; Fries et al., 1996; Ortiz Peña, 1998; Garnero et al., 2001) — e têm mostrado correlação genética favorável (–0,27 a –0,47) com o perímetro escrotal (Garnero et al., 2001, Ortiz Peña et al., 2001).

Com o objetivo de melhorar características de carcaça e de acabamento, sem promover aumento no tamanho, algumas características morfológicas foram incluídas em programas de avaliação genética de bovinos de corte no Brasil na última década. Dentre elas, podem ser citadas: **altura do animal** e **CPM** (conformação, precocidade e musculatura). A altura do animal, normalmente medida na garupa, apresenta herdabilidade de magnitude média a alta — 0,27 a 0,69 (Lima et al., 1989; Winkler et al., 1993; Cyrillo et al., 2001; Mercadante, 2001) —, quando medida em diferentes idades. Normalmente, quando incluída em programa de avaliação genética, é medida ao sobreano. A conformação (C) é definida como a característica que combina presença de massas musculares e quantidade estimada de carne na carcaça; a precocidade (P) é usada para avaliar a capacidade de o animal chegar a acabamento mínimo de carcaça com peso vivo não muito elevado; e a musculosidade (M) é uma característica que avalia o desenvolvimento das massas musculares pela observação de pontos como antebraço, paleta, lombo e garupa (Koury Filho, 2001). Essas características, normalmente tomadas à desmama e ao sobreano, apresentam herdabilidade de baixa a média — 0,09 a 0,34 (Eler et al., 1996; Cardoso et al., 1998; Koury Filho, 2001; Sumário de Touros Nelore CFM, 2001).

Outra característica morfológica importante que é considerada em programas de avaliação genética é o **tamanho do umbigo**, normalmente avaliado à desmama e ao sobreano. Esta característica é importante, pois é comum a perda de um reprodutor ou mesmo a redução no seu desempenho reprodutivo como resultado de lesões de prepúcio.

Outro enfoque comum em programas de melhoramento é o agrupamento de características procurando combinar crescimento e eficiência reprodutiva. Assim, a característica **produtividade acumulada** (PAC) indica a produtividade da fêmea, em quilogramas de bezerros desmamados por ano, durante a sua permanência no rebanho. A PAC expressa a capacidade da fêmea de reproduzir regularmente, com menor idade, e de desmamar animais com maior peso (Lôbo et al., 2001).

Sabe-se que uma das maiores dificuldades para definir critérios de seleção para bovinos de corte no Brasil é a variedade de sistemas de produção existentes. Existem no país diferenças climáticas, topográficas e de qualidade do solo e desigualdades sociais muito grandes, o que propicia variada gama de sistemas de produção. Entretanto, estão acontecendo mudanças na direção de maior intensificação dos sistemas de produção, o que deverá facilitar a definição dos objetivos de seleção. Além disso, com a competição de outros tipos de carne e de outros mercados e com as mudanças de hábito dos consumidores finais, que estão se tornando mais exigentes em termos de qualidade (carne organoléptica e livre de resíduos) do produto, é necessário determinar novos critérios de seleção, mais adequados à nova situação, para que a bovinocultura de corte brasileira se torne competitiva. Dessa maneira, alguns objetivos de seleção devem ser considerados como desafios para o setor.

O primeiro objetivo a ser abordado é o aumento da **precocidade** e da **eficiência reprodutiva**. Hoje já se consideram várias características ligadas à eficiência reprodutiva nos programas de avaliação genética de bovinos de corte no Brasil. A maioria dessas características, entretanto, apresenta baixa herdabilidade, indicando a necessidade de muito esforço para se obter progresso genético. Apesar de o perímetro escrotal (PE) constituir bom critério de seleção, como característica indicadora de precocidade reprodutiva e do potencial do touro de emprenhar vacas, e de a probabilidade de prenhez aos 14 meses de idade (PP14) surgir como opção de critério de seleção que mede diretamente a precocidade reprodutiva das fêmeas, é necessária a busca contínua de critérios de seleção que realmente possibilitem a identificação de machos e fêmeas mais férteis e mais precoces para os sistemas de produção brasileiros. Além disso, considerando-se a probabilidade de o touro emprenhar vacas, é necessário definir, para cada raça, o perímetro escrotal mínimo aceitável ou desejável para monta natural. No caso de PP14, é preciso avaliar os efeitos da concepção em idade jovem sobre os desempenhos reprodutivo e produtivo futuros das fêmeas, em diferentes sistemas de produção.

Um segundo desafio é aumentar a **resistência a parasitas**. De acordo com Andrade (2001), a eficiência da exploração comercial bovina em regiões tropicais depende, em grande parte, do potencial de produção dos animais, bem como da capacidade de adaptação ao ambiente, e a ocorrência de infestações parasitárias nos trópicos tem acarretado acentuadas quedas nos índices de produção. O grau de infestação por carrapato e mosca-dos-chifres, avaliado por meio de contagem ou por escore de infestação, tem apresentado no Brasil, em geral, baixa herdabilidade em bovinos mestiços de leite, Mantiqueira,

Gir e Caracu (Madalena et al., 1985; Guaragna et al., 1988; Veríssimo et al., 1997; Andrade et al., 1998; Andrade, 2001), o que sugere dificuldades na obtenção de progresso por seleção. O estabelecimento de critério de seleção para aumento da resistência a esses e outros parasitas (berne, helmintos) é um desafio para os selecionadores, principalmente para aqueles que trabalham com raças sintéticas ou compostas formadas a partir de raças européias.

Outro dilema a ser enfrentado é a mudança da **curva de crescimento** e o aumento da **precocidade de acabamento**. Como foi dito anteriormente, a seleção para características de crescimento vem sendo praticada há muito tempo nos rebanhos bovinos brasileiros. Essa seleção, apesar de necessária, deve ser cuidadosa, pois alguns autores observaram correlações genéticas desfavoráveis de pesos com a idade ao primeiro parto (Mariante, 1978) e com a taxa de concepção (Barbosa et al., 1991); outros (Barbosa, 1991; Oliveira, 1995; Mascioli et al., 1999; Silva et al., 2000) mostram relação genética positiva e alta (0,60 a 0,89), portanto desfavorável, entre pesos em várias idades e o peso adulto ou o peso assintótico (peso à maturidade; parâmetro A) de fêmeas bovinas de corte.

Mudar a forma da curva de crescimento de bovinos de corte não é tarefa fácil, em virtude do antagonismo genético existente entre os parâmetros dela. As estimativas de herdabilidade para o peso assintótico (parâmetro A) e para a taxa de maturação (parâmetro k) são, respectivamente, de magnitude baixa a alta (0,05 a 0,69) e baixa a média (0,13 a 0,37) e a correlação genética entre eles é negativa (Duarte, 1975; Oliveira, 1995; Souza, 1992; Elias, 1998; Silva et al., 2000), indicando ser possível modificá-los pela seleção e que a seleção para aumentar um deles deve resultar em redução no outro, e vice-versa. Além desses aspectos, é necessária a definição do tamanho adulto aceitável ou desejável para as várias raças nos diferentes sistemas de produção brasileiros, o que contribuirá para o delineamento de objetivos de seleção. Apesar da utilização das características CPM, talvez um critério de seleção no futuro permita atingir determinado peso de abate com o animal terminado, e este é um desafio. É possível que o uso da ultra-sonografia possa contribuir.

A **eficiência de utilização de alimentos** passa a ser cada vez mais questionada pelos melhoristas. Além do crescimento do animal, é necessário que seja medida sua conversão alimentar, pelo monitoramento do consumo de alimentos, pelo menos para uma parcela dos animais selecionados. Em regime de pastagens, essa tarefa é difícil, mas nas provas em confinamento é mais fácil. De qualquer maneira, esse é um desafio para o futuro.

Dentre os fatores organolépticos de qualidade, a **maciez da carne** é um dos mais importantes na aceitação do produto por parte do consumidor. Apesar da existência de métodos não genéticos (processos químicos e mecânicos) que podem induzir ou preservar a maciez da carne, há variações de origem genética que poderão ser exploradas pelo setor produtivo no futuro. Existem diferenças genéticas, por exemplo, quanto ao grau de marmoreio e à atividade da calpastatina, características que, entre outras, estão ligadas à maciez da carne. Os custos na obtenção dessas informações, entretanto, limitam sua utilização em programas de melhoramento. A determinação de critérios de seleção diretos ou indiretos para maciez de carne, de aplicação mais fácil, é um desafio a ser vencido pela pesquisa.

Outra característica que tem sido, de uma ou de outra forma, incluída nos programas de melhoramento é o **temperamento**. Sua importância está relacionada ao manejo mais fácil quando os animais são menos reativos, porém não letárgicos. Animais de temperamento desfavorável, de elevado estresse têm a qualidade da carne comprometida. Encontrar a maneira fácil e segura de avaliar o temperamento dos animais é essencial para incluir esse tipo de característica nos programas de avaliação de bovinos de corte.

Considerando que quando se conduz a seleção com base em uma característica ou um conjunto delas todo o genótipo do animal escolhido é selecionado, têm sido elaborados índices empíricos, tais como **IQG, MGT, CFM, Natura, AJ** etc. Por que eles existem e para que servem?

A pecuária de corte é atividade complexa. Várias características produtivas e reprodutivas do gado de corte interferem na eficiência do sistema de produção. Em vista disso, o processo de melhoria da qualidade do rebanho para aprimorar a eficiência do sistema de produção normalmente envolve a medição e avaliação de várias características.

Quando se tem duas ou mais características para fazer a seleção, o processo mostra-se bastante complexo e o uso de um índice geral único na seleção torna-se bem atrativo. Também, em certas situações, os índices apresentam propriedades superiores às outras técnicas de seleção que envolvem várias características. Para isso, é importante conhecer os chamados valores econômicos das características avaliadas (o quanto de aumento na lucratividade para cada unidade de aumento da característica em questão), o que exige a especificação completa do sistema de produção, acompanhada de uma análise econômica.

Entretanto, em vista das dificuldades envolvidas no processo de avaliação econômica, ou até mesmo para definir um sistema de produção para a pecuária brasileira, tão heterogênea, todos os programas de melhoramento de gado de corte existentes hoje no Brasil utilizam índices empíricos, adotam pesos relativos, nos quais as DEPs são padronizadas, multiplicadas pelo peso relativo e somadas para formar o índice. A questão que permanece é: Quanto será que esses índices estão próximos do índice ideal (baseado nos pesos econômicos)? Será que se pode estar comprometendo todo um esforço de seleção colocando ênfase demasiada em características irrelevantes? Entretanto, até que se consiga chegar à situação ideal, só resta continuar utilizando as ferramentas disponíveis, mas muita atenção e bom senso devem ser utilizados na hora de estabelecer um índice empírico.

Toda a filosofia do melhoramento reside ainda naquela que foi praticada nos tempos mais remotos. Pretende-se que as demandas que se colocam, em dado momento, sejam atendidas da melhor forma pelas gerações futuras, como reflexo das práticas seletivas. Aí está a grande questão: Quais as demandas que se apresentam hoje? Será que estão sendo atendidas? Em que grau de satisfação? É interessante que seja perguntado se as características são incluídas nos índices, ou melhor, nos critérios de seleção, considerando a sua devida importância e conseqüência. Estes questionamentos devem ser ainda mais angustiantes quando se pensa em um futuro mais distante.

Referências bibliográficas

ALBUQUERQUE, L. G.; FRIES, L. A. Conseqüências genéticas de selecionar pelo numerador ou contra o denominador do GMD. In: CONGRESSO BRASILEIRO DAS RAÇAS ZEBUÍNAS, 2, 1996, Uberaba. **Anais...** Uberaba, MG: ABCZ, 1996.

ALENCAR, M. M.; BARBOSA, P. F.; BARBOSA, R. T. Parâmetros genéticos para peso e circunferência escrotal em touros da raça Canchim. **Rev. Soc. Bras. Zootec.**, 22(4): 572-83, 1993a.

ALENCAR, M. M.; BARBOSA, P. F.; FREITAS, A. R.; LIMA, R. Análise genética de parâmetros reprodutivos em bovinos de corte. In: REUNIÃO ANUAL DA SOCIEDADE BRASILEIRA DE ZOOTECNIA, 30, 1993, Rio de Janeiro, **Anais...** Rio de Janeiro: SBZ, p. 231, 1993b.

ALENCAR, M. M.; BARBOSA, R. T.; NOVAES, A. P. Características produtivas e reprodutivas de fêmeas da raça Nelore e cruzadas ½ Canchim × ½ Nelore. **Rev. Bras. Zootec.**, 8(5): 960-7, 1999.

ANDRADE, A. B. F. da; SILVA, R. G.; COSTA, A. J.; ROCHA, U. F.; LANDIM, V. J. C. Genetic and environmental aspects of the resistance of zebu cattle to the tick *Boophilus microplus*. In: WORLD CONGRESS ON GENETICS APPLIED TO LIVESTOCK PRODUCTION, 6., 1998, Armidale, NSW, Austrália. **Proceedings...** Armildade 6th World Congress on Genetics Applied to Livestock Production. Armidale, 1998. v. 27, p. 339-42.

ANDRADE, A. B. F. **Análise genética da infestação de fêmeas da raça Caracu por carrapato (*Boophilus microplus*) e mosca-dos-chifres (*Haematobia irritans*)**. Jaboticabal, SP, 2001. 104p. Tese (Doutorado). Faculdade de Ciências Agrárias e Veterinárias, Universidade Estadual Paulista.

BERGMANN, J. A. G.; ZAMBORLINI, L. C.; PROCÓPIO, C. S. A. et al. Estimativas de parâmetros genéticos do perímetro escrotal e do peso corporal em animais da raça Nelore. **Arquivo Brasileiro de Medicina Veterinária e Zootecnia**, v. 48, n. 1, p. 69-78, 1996.

CARDOSO, F. F.; CARDELLINO, R. A.; CAMPOS, L. T. Parâmetros genéticos para escores de avaliação visual à desmama em bovinos da raça Santa Gertrudis. In: REUNIÃO ANUAL DA SOCIEDADE BRASILEIRA DE ZOOTECNIA, 35, 1998, Botucatu. **Anais...** Botucatu, SP: SBZ, 1998. v. 3, p. 506-8.

CYRILLO, J. N. S. G.; RAZOOK, A. G.; FIGUEIREDO, L. A.; BONILHA NETO, L. M.; MERCADANTE, M. E. Z.; TONHATI, H. Estimativas de tendências e parâmetros genéticos do peso padronizado aos 378 dias de idade, medidas corporais e perímetro escrotal de machos Nelore de Sertãozinho, SP. **Rev. Bras. Zootec.**, 30(1): 56-65, 2001.

DUARTE, F. A. M. **Estudo da curva de crescimento de animais da raça Nelore, através de cinco modelos estocásticos**. Ribeirão Preto, SP, 1975. Tese (Livre-docência). Universidade de São Paulo.

ELIAS, A. M. **Análise de curva de crescimento de vacas das raças Nelore, Guzerá e Gir.** Piracicaba, SP, 1998. 128p. Dissertação (Mestrado). Escola Superior de Agricultura "Luiz de Queiroz", Universidade de São Paulo.

ELER, J. P.; FERRAZ, J. B. S.; SILVA, P. R. Estimação simultânea de parâmetros genéticos para características de importância econômica na raça Nelore, com a utilização de modelos animais. In: REUNIÃO ANUAL DA SOCIEDADE BRASILEIRA DE ZOOTECNIA, 33, 1996, Fortaleza. **Anais...** Fortaleza: SBZ, 1996. v. 1, p. 99-101.

ELER, J. P.; SILVA II, J. A. V.; FERRAZ, J. B. S.; DIAS, F.; OLIVEIRA, H. N.; VANS, J. L.; GOLDEN, B. L. Genetic evaluation of the probability of pregnancy at 14 months for Nellore heifers. **J. Anim. Sci.**, 80(4): 951-4, 2002.

FRIES, L. A.; BRITO, F. V.; ALBUQUERQUE, L. G. Possíveis conseqüências de seleção para incrementar pesos às idades-padrão vs. reduzir idades para produzir unidades de mercado. In: REUNIÃO ANUAL DA SOCIEDADE BRASILEIRA DE ZOOTECNIA, 33, 1996, Fortaleza. **Anais...** Fortaleza: SBZ, 1996. v. 1, p. 310-2.

GARNERO, A. del V.; LÔBO, R. B.; BEZERRA, L. A. F.; OLIVEIRA, H. N. Comparação entre alguns critérios de seleção para crescimento na raça Nelore. **Rev. Bras. Zootec.**, 30(3): 714-8, 2001.

GIANLORENÇO, V. K.; MELLO, S. P.; ALENCAR, M. M.; PEREIRA, V. M. P. Correlações genéticas do peso e do perímetro escrotal de machos com o tempo de permanência de fêmeas em um rebanho da raça Canchim. In: SIMPÓSIO NACIONAL DE MELHORAMENTO ANIMAL, 4, 2002, Campo Grande. **Anais...** Campo Grande, MS: SBMA, 2002.

GRESSLER, S. L.; BERGMANN, J. A. G.; PENNA, V. M. et al. Estudo das associações genéticas entre perímetro escrotal e características reprodutivas de fêmeas da raça Nelore. In: REUNIÃO ANUAL DA SOCIEDADE BRASILEIRA DE ZOOTECNIA, 35, 1998, Botucatu, **Anais...** Botucatu, SP: SBZ, 1998, p. 368-70.

GUARAGNA, G. P.; CARVALHO, J. B. P.; FIGUEREDO, A. L.; GAMBINI, I B.; BARBOSA, M. I. A. Efeitos de fatores genéticos e ambientes na infestação natural de carrapatos (*Boophilus microplus*, canestrini) em bovinos leiteiros. **B. Ind. Anim.**, v. 45. n. 1, p. 19-32, 1988.

KOURY FILHO, W. **Análise genética de escores de avaliações visuais e suas respectivas relações com desempenho ponderal na raça Nelore**. Pirassununga, SP, 2001. 82p. Dissertação (Mestrado). Faculdade de Zootecnia e Engenharia de Alimentos, Universidade de São Paulo.

LIMA, F. P.; BONILHA NETO, L. M.; RAZOOK, A. G.; PACOLA, L. J.; FIGUEIREDO, L. A.; PEIXOTO, A. M. Parâmetros genéticos em características morfológicas de bovinos Nelore. **B. Ind. Anim.**, 46(2): 249-57, 1989.

LÔBO, R. B.; BEZERRA, L. A. F.; OLIVEIRA, H. N.; MAGNABOSCO, C. U.; REYES, A. de los; BERGMANN, J. A. G. **Avaliação genética de animais jovens, touros e matrizes**. Ribeirão Preto, SP: Gemac — Departamento de Genética, FMRP — USP, 2001, 60p.

LÔBO, R. B.; REYES, A. de los; BEZERRA, L. A. S. et al. Parâmetros fenotípicos e genéticos de pesos e perímetro escrotal às idades-padrão em animais da raça Nelore. In: REUNIÃO ANUAL DA SOCIEDADE BRASILEIRA DE ZOOTECNIA, 32, 1995, Brasília, **Anais...** Brasília: SBZ, 1995, p. 625-7.

LÔBO, R. N. B. Parâmetros genéticos para características reprodutivas de vacas zebu na região semi-árida do Brasil. In: REUNIÃO ANUAL DA SOCIEDADE BRASILEIRA DE ZOOTECNIA, 35, 1998, Botucatu, **Anais...** Botucatu, SP: SBZ, 1998, p. 309-11.

LÔBO, R. N. B.; MADALENA, F. E.; VIEIRA, A. R. Average estimates of genetic parameters for beef and dairy cattle in tropical regions. **Animal Breeding Abstracts**, 68(6): 433-62, 2000.

MADALENA, F. E.; TEODORO, R. L.; LEMOS, A. M.; OLIVEIRA, G. P. Causes of variation of field burdens of cattle ticks (*B. microplus*). **Rev. Bras. Genet.**, v. 8. n. 2, p. 361-75, 1985.

MARIANTE, A. da S. **Growth and reproduction in Nelore cattle in Brazil: genetic parameters and effects of environmental factors**. Ph.D. Dissertation, Gainesville, University of Florida. Thesis (Phylosophy Doctor), Gainesville, University of Florida, 1978, 131p.

MARTINS FILHO, R.; LÔBO, R. B. Estimates of genetic correlations between sire scrotal circumference and offspring age at first calving in Nellore cattle. **Rev. Brasil. Genet.**, 14(1): 209-12, 1991.

MASCIOLI, A. S.; TALHARI, F. M.; ALENCAR, M. M.; BARBOSA, P. F.; SILVA, A. M.; BORBA, L. H. F. Correlações genéticas entre características reprodutivas e de crescimento de fêmeas da raça Canchim. In: REUNIÃO ANUAL DA SOCIEDADE BRASILEIRA DE ZOOTECNIA, 36, 1999, Porto Alegre, **Resumos...** Porto Alegre, RS: SBZ, 1999, p. 156.

MERCADANTE, M. E. Z. **Análise de um experimento de seleção para crescimento em bovinos Nelore: respostas diretas no peso ao sobreano e correlacionadas no tamanho e reprodução das matrizes**. Piracicaba, SP, 2001. 106p. Tese (Doutorado). Escola Superior de Agricultura "Luiz de Queiroz", Universidade de São Paulo.

MERCADANTE, M. E. Z.; LÔBO, R. B.; OLIVEIRA, H. N. Estimativas de (co)variâncias entre características de reprodução e de crescimento em fêmeas de um rebanho Nelore. **Rev. Bras. Zootec.**, 29(4): 997-1004, 2000.

OLIVEIRA, H. N. **Análise genético-quantitativa da curva de crescimento de fêmeas da raça Guzerá**. Ribeirão Preto, SP, 1995, 73p. Tese (Doutorado). Faculdade de Medicina de Ribeirão Preto, Universidade de São Paulo.

OLIVEIRA FILHO, E. B.; DUARTE, F. A. M.; KOGER, M. Genetic effects on reproduction in Canchim cattle. **Rev. Brasil. Genét.**, 4: 281-93, 1979.

ORTIZ PEÑA, C. D. **Análise de critérios de seleção para precocidade sexual e de crescimento de bovinos da raça Nelore, no Paraguai**. Jaboticabal, SP, 1998. 143p. Dissertação (Mestrado). Faculdade de Ciências Agrárias e Veterinárias, Universidade Estadual Paulista.

ORTIZ PEÑA, C. D.; QUEIROZ, S. A.; FRIES, L. A. Comparação de critérios de seleção de precocidade sexual e a associação destes com características de crescimento em bovinos Nelore. **Rev. Bras. Zootec.**, 30(1): 93-100, 2001.

PEREIRA, E.; ELER, J. P.; FERRAZ, J. B. S. Correlação genética entre perímetro escrotal e algumas características reprodutivas na raça Nelore. **Rev. Bras. Zootec.**, 29(6): 1676-83, 2000.

PEREIRA, J. C. C.; AYALA, J. M. N.; OLIVEIRA, H. N. Efeito genéticos e não genéticos sobre a idade ao primeiro parto e o intervalo entre parto de duas populações da raça Nelore. **Arq. Bras. Med. Vet. Zootec.**, 43(1): 93-102, 1991.

QUIRINO, C. R.; BERGMANN, J. A. G. Herdabilidade do perímetro escrotal ajustado e não ajustado para peso corporal usando modelo animal uni e bivariado.

In: REUNIÃO ANUAL DA SOCIEDADE BRASILEIRA DE ZOOTECNIA, 34, 1997, Juiz de Fora, **Anais...** Juiz de Fora, MG: SBZ, 1997, p. 127-9.

ROCHA, J. C. M. C. **Componentes de variância para o período de gestação de bovinos de corte**. Jaboticabal, SP, 1999. 58p. Dissertação (Mestrado). Faculdade de Ciências Agrárias e Veterinárias, Universidade Estadual Paulista.

ROSA, A. N.; LÔBO, R. B.; OLIVEIRA, H. N.; BEZERRA, L. A. F.; BORJAS, A. de los R. Peso adulto de matrizes em rebanhos de seleção da raça Nelore no Brasil. **Rev. Bras. Zootec.**, 30(3): 1027-36, 2001.

SCARPATI, M. T. V. **Modelos animais alternativos para estimação de componentes de (co)variância e de parâmetros genéticos e fenotípicos do período de gestação na raça Nelore**. Ribeirão Preto, SP, 1997. 70p. Dissertação (Mestrado). Faculdade de Medicina de Ribeirão Preto, Universidade de São Paulo.

SILVA, A. M.; ALENCAR, M. M.; FREITAS, A. R.; BARBOSA, R. T.; OLIVEIRA, M. C. S.; NOVAES, A. P.; TULLIO, R. R.; CORRÊA, L. A. Herdabilidade e correlações genéticas para peso e perímetro escrotal de machos e características reprodutivas e de crescimento de fêmeas, na raça Canchim. **Rev. Bras. Zootec.**, 29(6), Suplemento 2: 2223-30, 2000.

SOUZA, J. C. **Avaliação de parâmetros genéticos e ambientais e estimativas do peso aos 24 meses de bovinos de corte, usando curvas de crescimento**. Jaboticabal, SP, 1992. 93p. Dissertação (Mestrado). Faculdade de Ciências Agrárias e Veterinárias, Universidade Estadual Paulista.

SUMÁRIO de Touros Nelore CFM 2001. São José do Rio Preto: Agro-Pecuária CFM, 2001. 51p.

VERÍSSIMO, C. J.; SILVA, R. G.; OLIVEIRA, A. A. D.; RIBEIRO, W. R.; ROCHA, U. F. Resistência e suscetibilidade de bovinos leiteiros mestiços ao carrapato *Boophilus microplus*. **B. Ind. Animal**, v. 54, n. 2, p. 1-10, 1997.

WILLHAM, R. L. Purebreeding: achieving objectives. In: Breeding for Beef, Peebles, **Proceedings...**, v. 1, p. 15-21, 1971.

WINKLER, R.; PENNA, V. M.; PEREIRA, C. S.; MADALENA, F. E. Estudo das relações entre tamanho corporal e algumas características reprodutivas em fêmeas bovinas adultas da raça Guzerá. In: REUNIÃO ANUAL DA SOCIEDADE BRASILEIRA DE ZOOTECNIA, 30, 1993, Rio de Janeiro, **Anais...** Rio de Janeiro, RJ: SBZ, 1993, p. 292.

OTIMIZANDO O DESEMPENHO DE BOVINOS EM PASTEJO COM SUPLEMENTAÇÃO PROTÉICA E ENERGÉTICA*

D. P. POPPI**
S. R. MCLENNAN***

1. Introdução

Nas regiões tropicais e subtropicais do mundo, bovinos estão expostos a grandes flutuações estacionais em suprimento e qualidade de pastagem (definida por digestibilidade e conteúdo de proteína bruta). Essas flutuações são maiores do que as que ocorrem nas regiões temperadas, onde a questão diz respeito mais à quantidade

* Tradução: Diogo Fleury Azevedo Costa e Flávio Augusto Portela Santos.

** School of Animal Studies and Veterinary Science, The University of Queensland, St. Lucia 4072, Brisbane, Australia.

*** Queensland, Department of Primary Industries and Fisheries, Animal Research Institute, Yeerongpilly 4105, Brisbane, Australia.

do que à qualidade de pastagem. Pastagens tropicais normalmente apresentam muito menor teor de proteína bruta (PB) e digestibilidade de matéria seca (DMS) e suportam ganho de peso animal modesto, em comparação com pastagens temperadas. Por curtos períodos no início da estação chuvosa, em pastagens tropicais são alcançados altos GPVs, de cerca de 1 kg/dia, mas estes ganhos não são mantidos por longos períodos.

A duração dos altos GPVs depende da duração da estação chuvosa, a qual, em algumas regiões da Austrália, pode ser curta, de três meses, e em outras regiões pode se estender por oito meses. Winter et al. (1991) e Bortolussi et al. (2005) compararam dados da Austrália, apresentados sumarizados na Tabela 1. Neste contexto, suplementos são freqüentemente considerados uma das opções de manejo para manter altos GPVs, de forma que os animais possam atingir peso de abate em um período definido para atender às especificações de mercado.

Tabela 1. Dados de ganho de peso vivo agrupados a partir de várias comunidades de pastagens ao norte da Austrália. (a) Porcentagem de experimentos em pastejo que geraram uma amplitude de valores de acordo com taxas de ganho específicas para os períodos primavera/verão/outono (Winter et al., 1991) e (b) média e amplitude de ganhos de peso vivo (kg/ano) para diversas comunidades de pastagens (Bortolussi et al., 2005).

(a) Winter et al. (1991)

Taxa de ganho (g/dia)	< 200	200-400	400-600	600-800	800-1.000	> 1.000
Pastagens nativas	6	19	27	36	10	2
Pastagens cultivadas	17	28	17	11	11	16
Pastagens cultivadas/leguminosas	8	15	30	30	9	8

(b) Bortolussi et al. (2005)

Comunidade de pastagem	Ganho de peso vivo médio anual (kg)	Diferença (kg)
Black speargrass (*Heteropogon contortus*)	116	70-150
Brigalow	183	135-220
Mitchell grass (*Astrebla.* Lappacea)	145	98-240

2. Suplementos

Suplementos comumente são usados para adicionar nutrientes extras ou suprir nutrientes limitantes. São caros e freqüentemente usados para corrigir erros de manejo. Devem ser o último recurso, e os pecuaristas necessitam avaliar outras estratégias de manejo da pastagem antes de considerarem o seu uso. Entretanto, assumindo que isso já tenha sido feito, podem ser utilizados com eficácia.

Existem duas formas principais de utilizar suplementos. A primeira forma é de baixo custo; nutrientes limitantes (normalmente nitrogênio não protéico — NNP) são usados para suprir os requerimentos de N do rúmen, e o objetivo principal seria, em grande parte, atingir as necessidades de manutenção. Esta é uma forma com custo-benefício extremamente alto e com respostas práticas em GPV adicional da ordem de 200 a 300 g/dia. Como os animais normalmente estavam perdendo peso, os ganhos de peso finais ficam próximos de cenários de ganhos de manutenção ou baixos ganhos (Winks et al., 1970). Essa é uma forma de suplementação normalmente utilizada com bezerros desmamados e com vacas ao norte da Austrália, mas é importante compreender que o GPV do animal ainda é baixo. Para pecuaristas, este baixo GPV pode impedir que o peso de abate seja atingido na idade específica almejada, e nesta situação suplementos energéticos e/ou protéicos são utilizados. Eles são efetivos somente se quantidades adequadas são fornecidas, porque o princípio é que devem aumentar significativamente o consumo de energia metabolizável (CEM) para aumentarem substancialmente o GPV. Isso significa um custo mais alto, e a avaliação econômica deve ser examinada com cuidado.

Outra questão é avaliar se é mais efetivo suplementar o bezerro desmamado ou o animal em terminação, porque o ganho de peso compensatório da estação chuvosa seguinte pode anular qualquer vantagem com o uso do suplemento. É comumente aceito que altas doses de consumo de suplemento deveriam ocorrer nos estágios finais do crescimento animal e suplementos para bezerros deveriam objetivar um mínimo para permitir que atinjam as taxas de crescimento almejadas. Entretanto, esta recomendação não tem sido testada de modo adequado, enquanto também é uma suposição que o animal, chegando à maturidade, vá requerer muito mais grãos (kg/dia) se a quantidade fornecida do suplemento for ajustada com base no peso vivo dele. A questão permanece: caso planejemos fornecer uma tonelada de grão como suplemento, será melhor oferecê-la ao bezerro desmamado, ao animal atingindo a fase de terminação (aproximadamente 400 kg), ou somente utilizar para rações de confinamento, sem que suplementos sejam consumidos ao longo da fase de crescimento, até atingir o peso de 400 kg de PV.

3. Determinação dos nutrientes e da quantidade de suplemento a fornecer

O uso de suplementos requer que se saiba quais nutrientes é necessário suplementar.

O padrão de DMS e conteúdo de PB das pastagens tem sido monitorado em muitos sistemas de pastagens, mas sempre foi reconhecido que, em sistemas extensivos de pastejo, é difícil conseguir valores precisos de DMS e conteúdo de PB. A amostragem de forragem na forma de pastejo simulado apresenta problemas, pois não sabemos a aproximação que essa técnica permite do que o animal realmente está comendo. A utilização de animais fistulados com cânula esofagiana é uma prática científica padrão, mas alguns autores têm questionado o quão bem esses animais imitam a seleção da dieta feita por determinado grupo de animais em pastejo (Coates et al., 1987). Mais recentemente, têm sido utilizadas amostras fecais analisadas pelo método de espectrofotometria de reflectância por infravermelho proximal (NIRS) (Lyons e Stuth, 1992; Coates, 2004; Gibbs, 2007).

O NIRS fecal é um método em que uma amostra de fezes é analisada pelo NIRS, e a DMS e a PB são mensuradas. Coates (2004) também tem usado essa técnica para medir as proporções de plantas C3 e C4 (gramíneas tropicais) na dieta, e Gibbs (2007) desenvolveu equações adicionais para medir a DMS e o conteúdo de PB da dieta total (pasto + suplemento) e os valores da pastagem basal. O método possui aplicação em particular em áreas de pastagens nativas diversificadas, difíceis de amostrar, mas em qualquer situação de pastejo esse método permite medir a qualidade da dieta da pastagem de forma precisa, rápida e sem altos custos. A Austrália agora possui um serviço de assessoria comercial que utiliza esse método para medir a qualidade e fazer recomendações de quais suplementos utilizar.

O princípio do NIRS fecal é baseado no estabelecimento de uma relação entre a qualidade da dieta (DMS, PB, relação C3/C4) e um espectro NIR. O princípio está bem estabelecido para análises laboratoriais de rotina, que requerem rápida análise do conteúdo de água e proteína (laboratórios de cereais), conteúdo de açúcar (engenhos de açúcar) e um leque de constituintes químicos (fábricas de rações). Contudo, nesse caso, o princípio é a mensuração através do método de química convencional da composição química do alimento e então correlacioná-lo com o espectro NIR. Há protocolos rígidos no NIRS para essas avaliações, os quais são internacionalmente reconhecidos em termos do número de amostras, variação etc., as quais devem ser incorporadas no conjunto original de dados. Lyons e Stuth (1992) foram os primeiros a relacionar o espectro fecal à composição da dieta e à acurácia na predição da DMS e conteúdo de PB. Coates (2004) ampliou significativamente esse banco de dados na Austrália e obteve predições satisfatórias para DMS, teor de PB, relação entre plantas C3 e C4 e até mesmo consumo de MS (CMS).

Porém, é necessário reconhecer que esse método é criticado por especialistas em análises do NIRS, porque o que é estabelecido é a relação entre o NIRS fecal e a composição da dieta do animal. Este procedimento é similar ao método antigo de utilizar o N fecal para mensurar a qualidade da dieta (Lancaster, 1949). O fato de boas relações terem sido encontradas significa que esse método empírico pode ser utilizado para avaliar a qualidade da dieta, mas exige um banco de dados adequado ou duplicatas das amostras fecais da dieta para ser utilizado com sucesso e satisfazer a procedimentos analíticos rigorosos. O trabalho de Gibbs (2007) proporcionou avanços significativos dessa técnica, porque as regressões que ele estabeleceu indicam que animais podem ser suplementados e uma amostra fecal pode ser utilizada para determinar a qualidade da pastagem e também da dieta total suplementada. Muitas opções de manejo agora estão disponíveis. É possível avaliar se a estratégia de suplementação utilizada está adequada e pode-se também interpretar respostas ao suplemento em função da qualidade da dieta, a qual pode se alterar significativamente ao longo da estação chuvosa.

Melhores decisões sobre quando iniciar e cessar a suplementação, assim como quanto suplementar, agora podem ser tomadas. O método do NIRS fecal envolve a coleta e a composição de subamostras de cinqüenta bolos fecais coletadas ao redor de aguadas ao longo do tempo, ou poderiam ser obtidas adotando-se o mesmo procedimento durante uma caminhada no pasto, no caso de pastos menores.

Exemplos de variações na qualidade da dieta em duas regiões tropicais da Austrália são apresentados nas Figuras 1 e 2. A Figura 2 mostra o conteúdo de PB da dieta selecionada por animais nas pastagens nativas do distrito do rio Vitória (DRV) na Austrália. Os valores foram derivados de NIRS fecal e não poderiam ser obtidos por nenhum outro método, pois o tamanho dos pastos pode variar de aproximadamente 2 mil a 20 mil hectares. Os valores mostram a pequena duração, ao longo do ano, de teores adequados de PB e a longa duração da deficiência em PB nas pastagens. Em contraste, a Figura 1 mostra o conteúdo de PB e a digestibilidade *in vitro* de animais de uma área de Brigalow, Estado de Queensland, considerada uma boa área para a recria de gado. Observam-se maiores teores de PB e DMS e um período de tempo maior com uma dieta adequada. As estratégias para suplementação diferem em ambas as áreas. Na região DRV, a suplementação de baixo custo com mínimo de NNP (nitrogênio não protéico) é utilizada para manutenção de vacas e para a promoção de baixos GPVs de bezerros desmamados, de forma que atinjam o peso para a exportação de animais vivos de 300 kg no final da estação chuvosa. Na região de Brigalow, os animais podem engordar muito mais rápido e por períodos mais longos e ser terminados em pastagens de capim buffel (*Cenchrus ciliaris*), com pesos de 600 kg em três a quatro anos ou doze meses mais cedo, se suplementos à base de grãos ou leucena forem utilizados para manter altas taxas de GPV durante o déficit de alimento ou de períodos com baixo teor de PB das pastagens. Valores ao redor de 300 kg de GPV/ano podem ser obtidos com essas pastagens com a suplementação. Com o uso de irrigação, pastagens de pangola (*Digitaria decumbens*) e leucena (*Leucaena* spp.) na região irrigada do rio Ord no noroeste da Austrália proporcionaram GPVs anuais de 250 a 340 kg/cabeça/ano, com 6,25 cab/ha, com um total anual de GPV de 1.570 a 2.110 kg/ha (Petty et al., 1998). Altos níveis de desempenho podem ser atingidos com suplementação estratégica ou o uso de leguminosas em muitas regiões tropicais.

4. Princípios da suplementação

As Figuras 1 e 2 ilustram a variação na qualidade das pastagens. A partir daí, nutricionistas podem determinar diversas opções para

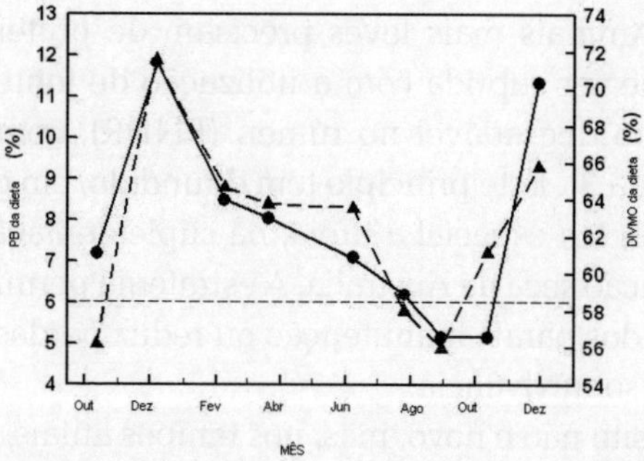

Figura 1. O conteúdo de proteína bruta da dieta (PB) (%, ▲) e digestibilidade *in vitro* de material orgânico (DIVMO %, ●) para novilhos castrados em pastagens de capim buffel (*Cenchrus ciliaris*), na região de Brigalow, no Queensland central. Amostras foram obtidas de animais com fístula esofagiana.

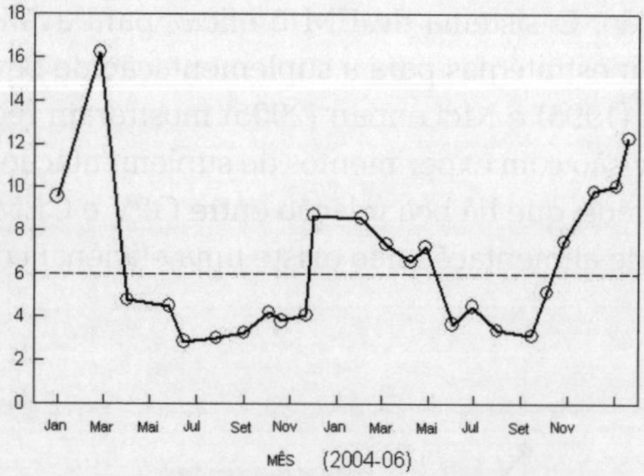

Figura 2. Conteúdo de proteína bruta da dieta (%) obtido através da análise do NIRS fecal de animais pastejando em pastagens do distrito do rio Vitória (DRV), no Território do Norte, Austrália.

suplementação. Nunca há somente uma opção, e a escolha deve ser feita em função de custo e retorno para se atingir certas especificações de mercado.

O primeiro princípio na nutrição é suprir os requerimentos dos microorganismos do rúmen, principalmente por N e S. Está bem estabelecido que a necessidade mínima de PB para animais com mais de 250 kg de peso vivo pode ser suprida com a produção de proteína microbiana. Animais mais leves precisam de proteína adicional, a qual só pode ser suprida com a utilização de fontes de proteína verdadeira não degradável no rúmen (PNDR), como o farelo de algodão (Figura 3). Este princípio tem difundido, em grande escala, o uso de NNP, em especial a uréia, na suplementação de animais durante a estação seca da Austrália. A estratégia permite alcançar os níveis requeridos para a manutenção ou reduz perdas de peso para propósitos de sobrevivência.

Esse conceito não é novo, mas, nos tempos atuais, tem sido uma tendência criticar o uso de normas de alimentação e o sistema de EM como forma de avaliar a pastagem e as respostas aos nutrientes. Poppi e McLennan (1995) mostraram claramente que o GPV (ou retenção de energia) foi altamente correlacionado com o CEM e estava dentro da faixa para o uso da EM, como já salientado em diversas normas de alimentação. O sistema de EM é eficaz para avaliar o uso de energia e criar estratégias para a suplementação de bovinos. Poppi e McLennan (1995) e McLennan (2005) mostraram recentemente, em ampla revisão com experimentos de suplementação com farelos protéicos e grãos, que há boa relação entre GPV e CEM (Figura 4). Nas normas de alimentação não existe uma eficiência constante no

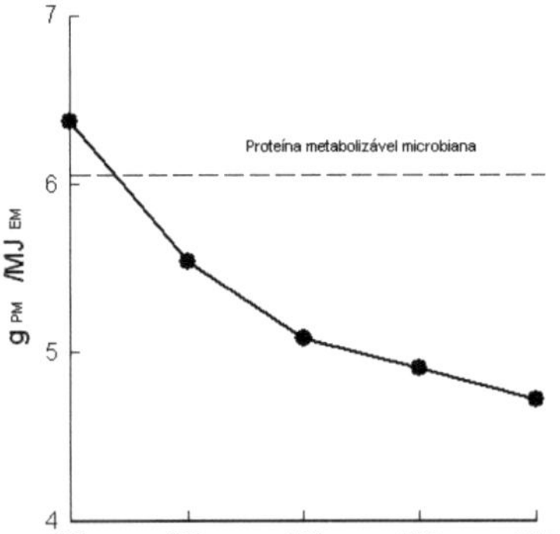

Figura 3. Gramas de proteína metabolizável/MJ de energia metabolizável (g PM/MJ EM) requeridas por novilhos castrados ganhando 0,5 kg/dia para diversos PVs (calculado a partir de AFRC, 1993). A linha tracejada representa a PM calculada para ser suprida a partir da proteína microbiana.

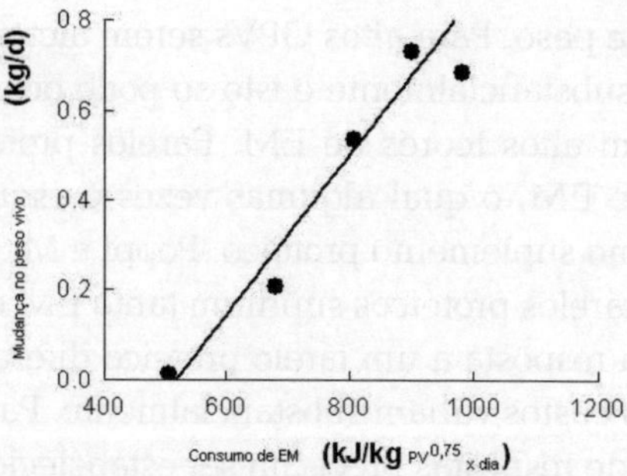

Figura 4. Mudança em ganho de peso (kg/d) de novilhos castrados consumindo feno de gramínea tropical de baixa qualidade, com vários níveis de suplemento à base de grão de cevada, expresso em termos de MJ energia metabolizável (EM) (kJ/kg $PV^{0,75}$. d).

uso de energia (k_m e k_f), porque a eficiência do uso de EM depende do conteúdo de EM da dieta (SCA, 1990). O NRC (1996) possui um conceito semelhante no valor de energia líquida (EL) atribuído às dietas, o qual também é função de seus conteúdos de EM. Assim, não é de esperar uma única regressão entre todas as pastagens e tipos de suplementos, mas os dados demonstram claramente que se o objetivo é aumentar o GPV, deve-se aumentar o CEM e que o uso de EM ocorre de acordo com os princípios já bem aceitos da utilização de energia. McLennan (2005) posteriormente examinou tanto as equações da SCA e do Cornell CNCPS para dietas de forragem suplementadas com uma variedade de tipos e quantidades de suplementos e encontrou boa correlação entre GPV e CEM. A revisão mostrou de modo claro que as equações do metabolismo de energia foram corretas e podem ser utilizadas na formulação de rações com segurança para animais em pastagens recebendo suplementos.

5. Resposta a vários suplementos

A discussão anterior salientou como se pode avaliar a qualidade da dieta de um animal e como avaliar a adequação de nutrientes. Estratégias podem ser direcionadas ao rúmen ou ao animal. A suplementação do rúmen é o primeiro passo, mas a qualidade da dieta implícita da pastagem significa que esta só pode atingir níveis de manutenção a baixos ganhos de peso. Para altos GPVs serem alcançados, o CEM deve aumentar substancialmente e isto só pode ocorrer através de suplementos com altos teores de EM. Farelos protéicos possuem alto conteúdo de EM, o qual algumas vezes é esquecido em sua classificação como suplemento protéico. Poppi e McLennan (1995) mostraram que farelos protéicos supriram tanto EM como proteína. A questão é se a resposta a um farelo protéico difere da resposta a grãos, porque os custos variam substancialmente. Para responder à questão, curvas de respostas precisam ser estabelecidas.

Existem diversos experimentos que examinam a resposta de animais ao suplemento, mas a maioria somente utiliza um ou talvez dois níveis de suplemento, preferindo avaliar níveis práticos para a suplementação. Contudo, para verificar como um animal responde a um suplemento e criar uma curva de resposta a doses que poderia ser utilizada em qualquer situação, a curva deve abarcar um amplo leque. McLennan (1997) criou tais curvas de resposta com animais em pastagens de capim buffel (Figura 5). Elas demonstram que a resposta é maior na estação seca e nos períodos de transição da estação chuvosa para a seca. Em estudos em baias com novilhos castrados

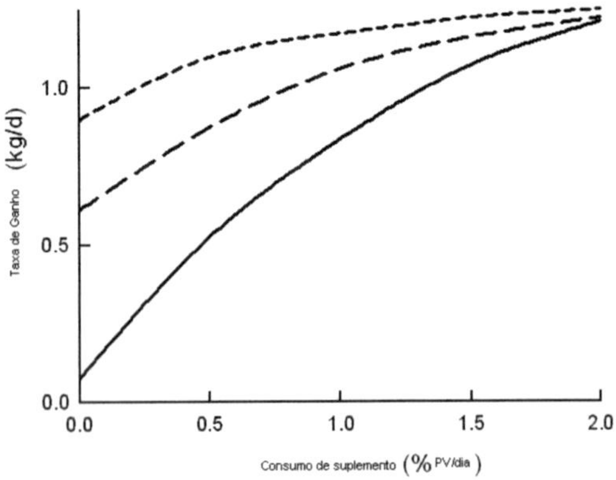

Figura 5. Resposta em ganho de peso (kg/d) a um suplemento de farelo protéico (% PV/d) para novilhos castrados consumindo pastagens de baixa qualidade (exemplo: estação seca; linha sólida), média (exemplo: transição chuvas/seca; tracejados longos) e alta (exemplo: estação chuvosa; tracejado menor).

consumindo feno com baixo teor de PB, ocorrem diferentes respostas ao farelo protéico ou aos grãos (Figura 6). Desse modo, onde o farelo protéico ultrapassa tanto a limitação do rúmen por N como a limitação de EM, a resposta por kg de suplemento pode ser maior a baixos níveis de suplemento, mas com altos níveis de suplemento existem poucas diferenças entre eles.

O método da curva de resposta é uma ferramenta muito poderosa para investigar o uso de um suplemento e fazer recomendações. Por exemplo, as curvas de resposta podem ser manipuladas de forma a trabalhar os custos para um nível particular de resposta (Figura 7), o que pode ser usado em uma simples planilha eletrônica. Não existe uma maneira simples pela qual as normas de alimentação podem ser utilizadas para desenvolver essas curvas de respostas. As normas de alimentação mostram que o uso de energia e proteína segue princípios bem estabelecidos e que, se conhecermos o consumo, a resposta poderá ser encontrada. Infelizmente, a predição do consumo e do efeito de substituição de um suplemento não é possível com os conhecimentos atuais e curvas de respostas precisam ser criadas para tipos de pastagens e tipos de suplementos. McLennan (2004) recentemente completou um longo período de experimentações no desenvolvimento

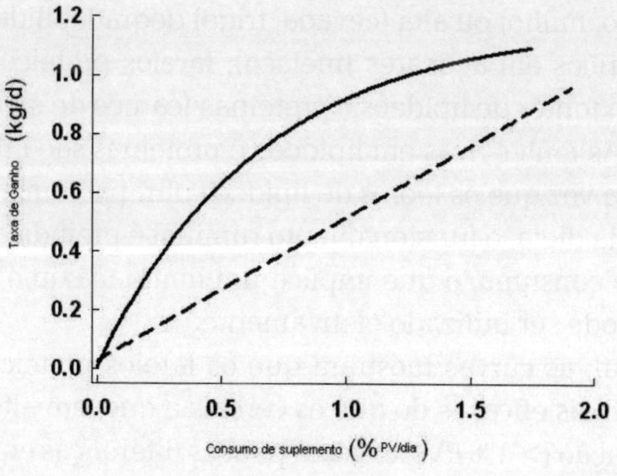

Figura 6. Resposta em ganho de peso (kg/d) de novilhos castrados consumindo feno de gramínea de baixa qualidade e suplementados com níveis crescentes de farelo de algodão (linha sólida) ou grão de cevada (linha tracejada).

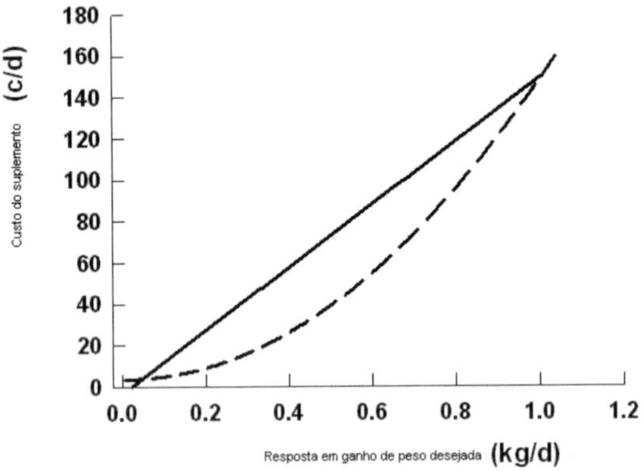

Figura 7. Custo da suplementação de animais (cents/dia) para a obtenção da resposta em ganho de peso desejado (kg/d) para grãos (linha sólida) ou farelo proteinado (linha tracejada) obtidos com a utilização de curvas de resposta da Figura 6 para suplementos à base de grão de cevada e farelo de algodão.

de tais curvas de respostas para pastagens de baixos ou adequados teores de PB e de baixas ou mais altas DMSs com suplementos de diversos tipos. Não é adequado examinar cada suplemento, mas eles podem ser agrupados em vários tipos e classificados como: grãos com baixa (sorgo, milho) ou alta (cevada, trigo) degradabilidade ruminal do amido, ricos em açúcares (melaço), farelos protéicos (farelo de algodão) ou fontes de lipídeos e proteínas (caroço de algodão, farelo de copra). As fontes ricas em lipídeos e proteínas são interessantes, porém, uma vez que os teores de lipídeos ultrapassem aproximadamente 6% da dieta, o funcionamento ruminal é prejudicado e ocorre redução no consumo, o que implica um limite máximo no nível no qual este pode ser utilizado efetivamente.

Em geral, as curvas mostram que os farelos protéicos até 0,5% do PV são mais eficazes do que os cereais e que, em altos níveis de suplementação (> 1% PV), existem poucas diferenças entre as fontes de suplemento (exceto suplementos ricos em lipídeos) e a resposta é maior quanto menor a DMS e/ou o conteúdo de PB da pastagem. Isso ocorre devido à substituição, isto é, o suplemento causa um declínio no consumo de MS da dieta basal.

6. Fenômeno da substituição

Essas curvas de resposta têm mostrado claramente o fenômeno de substituição, que acontece quando o suplemento substitui em parte a forragem, em vez de agir como suplemento aditivo (Figura 8). Esse fenômeno com freqüência faz com que diversas estratégias de suplementação se tornem antieconômicas, porque mais suplemento é necessário para obter uma resposta desejada à medida que ocorre redução no consumo de forragem.

O segundo princípio é de que o GPV depende do CEM. O CEM da pastagem é amplamente dependente da DMS dela, à medida que há uma relação, embora altamente variável, entre consumo e digestibilidade. Desse modo, o GPV em pastagens ao norte da Austrália é moderado na maioria das circunstâncias (Tabela 1) e, apesar de valores acima de 1 kg/dia serem possíveis de atingir por curtos períodos (seis a oito semanas), normalmente não podem ser mantidos. Nessas situações, suplementos podem ser utilizados, porém devem aumentar o CEM de forma substancial para propiciar respostas práticas para se atingir um mercado alvo. É importante compreender que, em qualquer estratégia de manejo utilizada (suplementos, hormônios, leguminosas

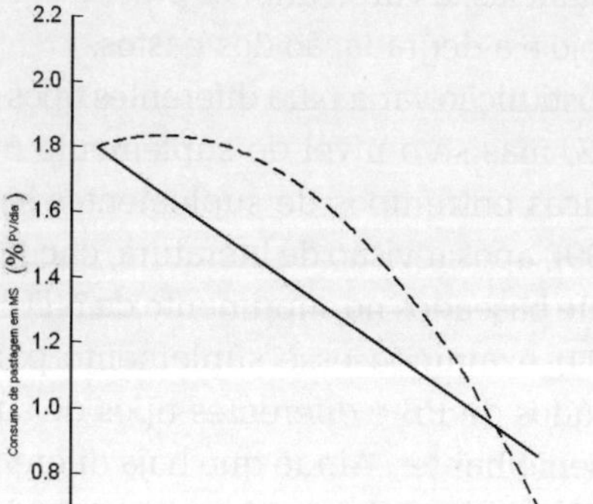

Figura 8. Efeito de substituição (queda no consumo de MS da pastagem) observado em novilhos castrados consumindo feno de gramínea tropical de baixa proteína bruta (< 7% PB) suplementados com grão de cevada (linha sólida) ou uma mistura de cevada/farelo de algodão/farelo de coco (parte interna do coco) (2:1:1) (linha tracejada).

etc.), o nível de CEM é o parâmetro determinante primário para a resposta animal. Proteína ou suplementos à base de grãos podem gerar diferentes curvas de respostas, mas são fortemente ligados ao CEM promovido por qualquer forma de suplemento.

Enquanto a substituição reduz a resposta econômica do animal ao suplemento, também revela um lado positivo, que não é normalmente explorado pelos pecuaristas. Uma redução no consumo de pastagem significa que a carga animal (taxa de lotação) pode ser aumentada sem comprometer a eficiência de utilização da pastagem ou causar superpastejo. Reciprocamente, se a quantidade de pastagem é limitada, o efeito de substituição pode superar o déficit de alimento sem que ocorra superpastejo. Esta oportunidade raramente é utilizada pelos pecuaristas quando considerado o uso da suplementação, apesar de diversos estudos mostrarem que a taxa de lotação é a variável única mais importante para a lucratividade de um sistema de pastejo. Usando-se suplementos sem explorar o efeito de substituição, pelo aumento da taxa de lotação, a viabilidade econômica da suplementação torna-se muito menos viável. Contudo, é preciso atenção. Em algumas estratégias de suplementação (exemplo: uréia, ou baixos níveis de farelo protéico), o consumo da pastagem pode aumentar e, nestas circunstâncias, a carga animal precisa ser diminuída para evitar superpastejo e a degradação dos pastos.

O nível de substituição varia para diferentes tipos de suplementos com base na MS, mas se o nível do suplemento é expresso como CEM, as diferenças entre tipos de suplementos são minimizadas. Moore et al. (1999), após revisão de literatura, chegaram a uma conclusão semelhante baseados no suprimento de NDT do suplemento. McLennan (2004) examinou esse suplemento para forragens de diferentes conteúdos de PB e diferentes tipos de suplemento e obteve resultados semelhantes. Ainda que haja diferenças, o princípio é claro. A substituição varia de acordo com o tipo de suplemento, e a variação é minimizada quando expressa com base no suprimento de EM do suplemento e forragens com baixos teores de PB, que mostram aumento no consumo com suplementos de farelos protéicos na dose de até aproximadamente 0,5% PV e, por isso, seguem a curva de resposta comum de substituição relacionada ao CEM. As forragens com baixo conteúdo de PB mostram um aumento inicial de consumo, porque, com farelos protéicos em doses acima de 0,5% PV, a proteína do farelo fornece o primeiro nutriente limitante, N, aos microorganismos do rúmen e o consumo aumenta de acordo com princípios já bem estabelecidos. Caso uréia já tivesse sido fornecida para suprir os requerimentos dos microorganismos do rúmen por nitrogênio nele degradável (NDR), seria antecipado que a curva de resposta à substituição seria a mesma que para grãos (Figura 8).

7. Ferramentas para a tomada de decisões

Revisões como esta podem agrupar informações e destacar princípios, mas o desafio continua sendo usar a informação de forma efetiva. O primeiro ponto importante é que, na compilação de dados, existe uma variação inevitável, que não pode ser contabilizada nas correlações que são desenvolvidas. Muitos cientistas se preocupam incessantemente com respeito a essa variação, e esta é uma área frutífera da pesquisa. Porém, pessoas práticas necessitam tomar decisões agora e não podem esperar por experimentos definitivos. A questão sobre o fato de as variações, nas relações empíricas utilizadas, serem grandes o suficiente para que se tornem sem utilidade na prática é discutível e pode ser melhor respondida através da análise de circunstâncias próprias. Contudo, elas indicam a natureza da curva de resposta e fornecem predições razoáveis através das quais se pode desenvolver uma estratégia de manejo econômica.

Por esse princípio, a estratégia é esboçada a partir das várias ferramentas que podem ser utilizadas para se criar opções de manejo.

A primeira ferramenta é o NIRS fecal. Boas correlações foram estabelecidas para o tipo de pastagem de interesse, o que fornece a ferramenta mais efetiva atualmente para avaliar pelo menos a DMS e o conteúdo de PB da dieta. Existem opções para plantas C3/C4, níveis de P e dietas mistas (forragem + suplemento) quando o animal é suplementado. Isso pode ser feito somente para um animal, assim como para um rebanho, através da simples amostragem das fezes no campo ao redor das aguadas ou do reto durante testes de prenhez.

Esses valores podem ser avaliados pelas planilhas de cálculos denominadas Quikurea (McLennan, 2004), as quais calculam a relação entre proteína degradável no rúmen (PDR)/matéria orgânica digestível (MOD) da dieta e avaliam se os microorganismos do rúmen possuem PDR suficiente para suprir seus requerimentos. Se a resposta for negativa, será calculada a quantidade de uréia necessária como suplemento.

Seja através da utilização de valores históricos de GPV para determinado tipo de pastagem em determinada estação, ou usando consumo e equações de predição para GPV do NIRS fecal, a decisão de usar outros tipos de suplemento para aumentar o CEM pode ser tomada. Atualmente, as equações para a predição de consumo e GPV do NIRS fecal apresentam erros, apesar de a intensidade destes não ser diferente das correlações utilizadas por normas de alimentação para consumo e digestibilidade, porém é muito mais fácil e rápido utilizá-las. As curvas de respostas empíricas aos tipos de suplemento (esboçadas anteriormente) podem então ser empregadas para avaliar a melhor resposta e o custo com o suplemento (exemplo: Figura 7). A planilha de cálculo Quiksupp (McLennan, 2004) utiliza essas equações para a determinação do nível de suplemento requerido para um GPV alvo para um tipo particular de suplemento e pode comparar o custo de tipos de suplementos. Baseia-se no estabelecimento de curvas de resposta para tipos de suplementos, as quais atualmente são feitas para bezerros desmamados, e existe uma carência de investigar animais em fase de terminação, pois as curvas de resposta provavelmente serão diferentes.

Mais uma vez, utilizando valores históricos de GPV em um tipo particular de pastagem, ou predições a partir do NIRS fecal e a curva de resposta de GPV a um suplemento (Quiksupp), o consumo da pastagem pode ser predito pelas equações derivadas das normas de alimentação e validadas em extensa experimentação através das planilhas Quikintake (McLennan, 2005). Isso permite que taxas de lotação sejam ajustadas, com o uso de níveis cientificamente comprovados de utilização da pastagem, de modo que acontecimentos como o superpastejo não ocorram e práticas sustentáveis em áreas pastoris sejam adotadas. Em um exemplo do uso desse método, o projeto The Pigeon Hole Project, na região do VRD do Território do Norte, marcou o consumo e o nível de utilização de pasto de uma comunidade de pastagem. Foi descoberto que estava sendo utilizada cerca de 8% da pastagem que crescia anualmente e feita a comparação com o recomendado como nível máximo de utilização, de 30%, o que indicou amplo espaço para aumentar as taxas de lotação. Contudo, o tamanho dos pastos é grande nesse ambiente (> 100.000 hectares) e um simples aumento nas taxas de lotação resultaria em superpastejo em áreas próximas dos rios. A combinação de pastos menores, utilização mais uniforme ao longo da área e rotação mais rápida durante a estação chuvosa vão resultar em um método sustentável. A planilha Quikintake (a qual também leva em consideração a distância percorrida) é essencial na decisão de tais estratégias e pode levar em conta o nível de suplementação. Assim, a substituição pode ser levada em conta e incorporada nos cálculos de consumo de pastagem e, conseqüentemente, na taxa de lotação.

Essas ferramentas ainda não foram concluídas e não estão disponíveis, mas indicam um método para criar e avaliar estratégias de manejo para utilizar suplementos na indústria de gado de corte. Baseiam-se em bons dados experimentais, utilizando curvas de respostas aos suplementos.

8. Considerações finais

Os suplementos possuem diversas formas, mas podem ser agrupados em classes principais, definidas pelos nutrientes que suprem. A qualidade da dieta de animais em pastejo pode ser avaliada de forma simples pela análise do NIRS fecal. Este método identifica principalmente se o primeiro nutriente limitante é no rúmen, ou no pós-rúmen. Nutrientes limitantes no rúmen são normalmente N e S, de fácil fornecimento (exemplo: suplementos com uréia), e com freqüência resultam em aumento no consumo, o qual deve ser levado em conta ao se determinar a taxa de lotação. O GPV é determinado pelo CEM da pastagem, definida principalmente pela DMS. A suplementação é uma estratégia para aumentar o GPV acima do nível basal. Outra estratégia é substituir a pastagem com alimento de melhor qualidade. Em pastagens de baixa qualidade, a suplementação com farelos protéicos promove maior resposta do que com grãos, pois os primeiros suprem a limitação do rúmen e aumentam o suprimento total de nutrientes. Quanto mais alta a qualidade da pastagem, menor é a diferença entre os farelos proteinados e grãos em termos de resposta ao suplemento. Em altos níveis de suplementação (> 1% PV), com forragens tanto de baixa quanto de alta qualidade, existe pequena diferença entre farelos protéicos e grãos em relação à resposta em GPV. Uma variedade de planilhas de cálculos Quik pode usar essa informação para a tomada de decisão quanto ao tipo e à quantidade de suplemento a ser fornecido para um GPV alvo para animais em pastejo.

9. Referências bibliográficas

AFRC. **Energy and protein requirements of ruminants. An advisory manual prepared by the AFRC Technical Committee on Responses to Nutrients**. CAB International, Wallingford, UK, 1993.

BORTOLUSSI, G.; McIVOR, J. G.; HODGKINSON, J. J.; Coffey, S. G.; Holmes, C. R. The northern Australian beef industry, a snapshot. 3. Annual livweight gains from pasture based systems. **Australian Journal of Experimental Agriculture** 45, 1093-108, 2005.

COATES, D. B.; SCHACHENMANN, P.; JONES, R. J. Reliability of extrusa samples collected from steers fistulated at the oesophagus to estimate the diet of resident animals in grazing experiments. **Australian Journal of Experimental Agriculture** 27, 739-45, 1987.

COATES,. D. B. **Faecal NIRS-Technology for improving nutritional management of grazing cattle**. Final Report Project NAP3.121, Meat and Livestock Australia, 2004.

GIBBS, S. J. **Faecal near infrared reflectance spectroscopy to predict diet quality of cattle fed supplements**. PhD Thesis University of Queensland, 2007.

LANCASTER, R. J. Estimation of digestibility of grazed pasture from faeces nitrogen. **Nature** 163, 330-1, 1949.

LYONS, R. K.; STUTH, J. W. Faecal NIRS equations for predicting diet quality of free-ranging cattle. **Journal of Range Management** 45, 238-44, 1992.

McLENNAN, S. R. **Developing profitable strategies for increasing growth rates of cattle grazing tropical pastures**. Final Project Report DAQ.100, Meat and Livestock Australia, 1997.

McLENNAN, S. R. **More effective supplements for the northern beef industry**. Final Project Report NAP3.122, Meat and Livestock Australia, 2004.

McLENNAN, S. R. **Improved prediction of the performance of cattle in the tropics**. Final Report Project NBP.331 Meat and Livestock Australia, 2005.

MOORE, J. E.; BRANT, M. H.; KUNKLE, W. E.; HOPKINS, D. I. Effect of supplementation on voluntary forage intake, diet digestibility, and animal performance. **Journal of Animal Science** 77, 122-35, 1999.

NATIONAL RESEARCH COUNCIL. **Nutrient requirements of beef cattle**. 7th revised edition. National Academy Press, Washington D.C., USA, 1996.

PETTY, S. R.; POPPI, D. P.; TRIGLONE, T. R. Effect of maize supplementation, seasonal temperature and humidity on the liveweight gain of steers grazing irrigated *Leucaena leucocephala/Digitaria eriantha* pastures in north-west Australia. **Journal of Agricultural Science**, Cambridge 130, 95-105, 1998.

POPPI, D. P.; McLENNAN, S. R. Protein and energy utilisation by ruminants at pasture. **Journal of Animal Science** 73, 278-90, 1995.

STANDING COMMITTEE ON AGRICULTURE. **Ruminants, feeding standards for Australian livestock**. CSIRO Publications, 1990.

WINKS, L.; ALEXANDER, G. I.; LYNCH, D. Urea supplements for grazing beef weaners. **Proceedings of the Australian Society of Animal Production** 8, 34-8, 1970.

WINTER, W. H.; WINKS, L.; SEEBECK, R. M. Sustaining productive pastures in the tropics 10. Forage and feeding systems for cattle. **Tropical Grasslands** 25, 145-52, 1991.

Sistemas intensivos de recria de bovinos com suplementação em pastagens e terminação em confinamento

Flávio Augusto Portela Santos
Paulo Sérgio Correia
Térsio Roger Ramalho
Diogo Fleury Azevedo Costa

1. Introdução

Nos últimos anos, a produção de carne bovina no Brasil aumentou expressivamente, devido ao crescimento do rebanho, que atingiu 204 milhões de cabeças (IBGE, 2004), e à melhora no índice de desfrute (FNP Consultoria & Agroinformativos, 2006). A melhora no índice de desfrute se deve principalmente à redução na idade de abate, que vem ocorrendo devido à aplicação de tecnologia, apesar de ainda incipiente, como intensificação no manejo de pastagem, melhoramento genético, manejo sanitário, suplementação na seca e terminação em confinamento (FNP Consultoria & Agroinformativos, 2006).

O país atingiu, nestes últimos anos, não apenas a condição de detentor do maior rebanho comercial do mundo, como também assumiu a liderança mundial na exportação de carne bovina (FNP Consultoria & Agroinformativos, 2006).

Estima-se que mais de 90% dos animais abatidos no país sejam oriundos de sistemas de produção em pastagens tropicais. Durante o período da seca no Brasil Central, ocorre limitação quantitativa e qualitativa de pastagem para os animais, ocasionando perda de peso (Euclides e Medeiros, 2005). A suplementação na seca, com suplementos protéicos de baixo consumo (1 g/kg de peso vivo), ou com suplementos protéico-energéticos de alto consumo (10 g/kg de peso vivo), tem sido utilizada de forma crescente por pecuaristas, com resultados positivos no desempenho dos animais nessa época crítica do ano (Reis et al., 2004).

Nas regiões tropicais, ocorre abundância de produção de forragem durante o período quente e chuvoso do ano. A intensificação do manejo dessas pastagens, através do uso de adubação e pastejo rotacionado, permite atingir altas lotações nesses sistemas durante esse período do ano (Corsi, 1994). Entretanto, para animais em recria e terminação, o ganho de peso médio obtido ao final de 150 a 200 dias nessas pastagens normalmente tem sido inferior a 0,8 kg . cab^{-1} . dia^{-1} (Reis et al., 2004; Correia, 2006; Ramalho, 2006).

Como passo seguinte à intensificação do manejo das pastagens, a suplementação com concentrados pode ser usada no período chuvoso, melhorando o desempenho animal e a capacidade de suporte das pastagens (Reis et al., 2004; Correia, 2006; Ramalho, 2006). A utilização de suplementos concentrados pode otimizar o desempenho de animais em pasto e acelerar o sistema de produção de carne, em função do abate de animais mais jovens e pesados, respondendo às exigências do mercado moderno (Poppi e McLennan, 1995).

Uma vez decidida a adoção da suplementação com concentrado nas águas, há que se definir a quantidade e o tipo de suplemento a ser utilizado. No trabalho de Correia (2006), o ganho de peso de garrotes recriados em pastagens de *Brachiaria brizantha* cv. Marandu com alta lotação aumentou de forma linear (0,6, 0,67, 0,81 e 0,97 kg . cab^{-1} . dia^{-1}) com doses crescentes de concentrado (0, 0,3, 0,6 e 0,9% do PV), respectivamente).

Com relação ao tipo de suplemento, de acordo com o NRC (1996), em pastagens tropicais manejadas intensivamente, com teores de proteína bruta iguais ou superiores a 11% na matéria seca (MS), o desempenho de garrotes em crescimento seria limitado pela falta de energia. Nessas pastagens, tanto o suprimento de proteína degradável no rúmen (PDR) quanto o de proteína metabolizável (PM) estaria acima da capacidade de uso pelo animal, por falta de energia na forragem.

Os dados de Correia (2006) e de Ramalho (2006) corroboram as predições do NRC (1996). Estes autores compararam suplementos energéticos com 6,4% de PB (Ramalho, 2006) e com 11,3% de PB (Correia, 2006) com suplementos protéicos energéticos com 19 e 20,3% de PB, respectivamente, para garrotes em crescimento mantidos em pastagens de *Brachiaria brizantha* cv. Marandu (Correia, 2006) e de *Panicum maximum* Jacq. (Ramalho, 2006), adubadas com nitrogênio e com teores de PB entre 11 e 18,5%. O ganho de peso dos animais suplementados com 0,6% do PV não foi afetado pelo teor de PB do suplemento.

Os benefícios da suplementação com concentrado na fase de recria em pastagens parecem se estender para o período de terminação em confinamento. Animais suplementados durante a recria em pasto, quando confinados na fase de terminação, apresentaram ganho de peso maior (Ramalho, 2006) ou similar, porém com maior rendimento e melhor acabamento de carcaça (Correia, 2006) do que animais não suplementados na fase de recria em pasto.

Os objetivos deste texto são: apresentar e discutir as informações disponíveis na literatura sobre a suplementação com concentrado para bovinos recriados ou terminados em pastagens durante o período das águas; apresentar os resultados obtidos no Departamento de Zootecnia da Esalq/USP sobre a viabilidade técnica e econômica de sistemas intensivos de recria de bovinos com suplementação em pastagens e terminação em confinamento.

2. Revisão bibliográfica

2.1. Potencial de produção das plantas forrageiras tropicais

Forragens de regiões tropicais apresentam alto potencial de produção de MS. Taxas de acúmulo de forragem superiores a 100 kg de MS . ha^{-1} . dia^{-1} têm sido relatadas para diversas espécies de forrageiras tropicais, manejadas intensivamente durante o período das águas (Corsi, 1990).

Esse grande potencial de produção de forragem permite explorar sistemas intensivos de produção, com taxas de lotação entre 4 e 15 UA ha^{-1} durante 150 a 210 dias da estação chuvosa e quente do ano, na maior parte do Brasil Central (Corsi, 1986; Correia, 2006; Ramalho, 2006). Todo esse potencial de produção nos trópicos proporciona competitividade da produção intensiva em pasto, quando comparada com sistemas agrícolas intensivos (Corsi, 1988; Correia, 2006).

A taxa de lotação da pastagem é uma característica que depende diretamente da produtividade da planta forrageira, a qual é afetada por diversos fatores, como precipitação, temperatura, luminosidade, fertilidade do solo e adubação, principalmente a nitrogenada. A forragem tropical responde a doses extremamente elevadas de fertilizante nitrogenado, desde que o solo tenha boa fertilidade para os demais minerais. A suplementação com concentrado também tem efeito sobre a lotação dos pastos (Santos et al., 2005).

2.2. Valor nutricional das plantas forrageiras tropicais

Um dos fatores mais importantes quando se leva em consideração a produção em pastagens é o consumo de forragem. Este é determinado por fatores intrínsecos ao animal, como sua capacidade de ingestão, e fatores relacionados aos alimentos, como concentração de nutrientes, taxa de degradação e de passagem ruminal. Fatores como estrutura do pasto pré e pós-pastejo também têm impacto importante no consumo de forragem (Gomide, 2001).

O conteúdo de proteína bruta é um bom indicador da qualidade da forragem quando se efetua a comparação dentro de uma mesma espécie, mas não é um critério apropriado para a avaliação entre espécies (Reis et al., 2004).

Na Tabela 1 são apresentados dados de composição bromatológica de amostras de forrageiras tropicais relatados em diversos trabalhos de pesquisa. Na Tabela 2 são apresentados dados de amostras de pastejo simulado, colhidas em propriedades comerciais que adotam pastejo rotacionado, com adubações nitrogenadas anuais superiores a 200 kg de N . ha^{-1}. A variação enorme no teor de PB das forrageiras, entre 7 e 22% da MS, se deve a diversos fatores, tais como parte da forragem amostrada (corte rente ao solo ou pastejo simulado), idade fisiológica da planta forrageira, fertilidade do solo e dose de fertilizante aplicada, principalmente o nitrogenado.

Os teores de PB das plantas forrageiras são altamente influenciados pelas doses de N aplicadas após cada corte ou pastejo. Os teores de PB (% MS) da gramínea Tifton-85 cortada a 5 cm do nível do solo a cada 28 dias foram de 9,81%, 10,84%, 13,81%, 15,75% e 18,12% para as doses de 0 kg, 39 kg, 78 kg, 118 kg e 157 kg de N . ha^{-1} por corte (Johnson et al., 2001).

Os teores mais elevados de PB em amostras de pastejo simulado das forragens nos trabalhos de Fontanelli (2005), Correia (2006), Ramalho (2006), Voltolini (2006) e Costa (não publicado), apresentados na Tabela 1, se devem à combinação entre forma de amostragem (pastejo simulado), adubação nitrogenada para alta produção e idade jovem da planta.

O aumento nos teores de PB na planta forrageira, com doses crescentes de fertilização nitrogenada, tem sido relatado em diversos trabalhos de pesquisa de forma consistente, nas mais diversas espécies forrageiras. Essa tendência foi relatada por Lima et al. (2001) com *Hermathria altissima* (Poir.), *Paspalum notatum* e *Cynodon* spp., por Marcelino et al. (2002) com *Brachiaria brizantha* cv. Marandu e por Freitas et al. (2004) com capim mombaça.

Nos dados compilados na Tabela 1, os teores de FDN das plantas forrageiras também foram bastante variáveis, entre 57 e 77% (% MS), pelos mesmos motivos discutidos para PB.

Plantas forrageiras tropicais que apresentem 57 a 65% de FDN, 14 a 18% de PB, 2,4% de extrato etéreo e 8% de cinzas contêm apenas 10,6 a 14,6% de carboidratos não fibrosos (CNF). Estes teores baixos de CNF certamente limitam o uso de boa parte da fração degradável no rúmen da PB (PDR) dessas forragens.

Tabela 1. Composição bromatológica (% MS) de forragens tropicais relatada em trabalhos de pesquisa.

Forragem	PB (%)	FDN (%)	FDA (%)	Referência
P. maximum cv. Jacq (Mombaça)	9,5%	73%	41%	Freitas et al., 2004
P. maximum cv. Jacq. (Tanzânia)		75%	37%	Belarmino et al., 2001
Brachiaria brizantha (Marandu)	10	62		Marcelino et al., 2002
Pennisetum purpureum (Napier)	10,5	68	36	Andrade, 2002
Panicum maximum, Jacq.	12	64	39	Clipes et al., 2003
Panicum maximum, Jacq.	9	77	45	Herling et al., 2000
Brachiaria brizantha (Braquiarão)	7	74	35	Oliveira et al., 2003
Panicum maximum (Tanzânia)	7	72	40	Oliveira et al., 2003
Pennisetum hybridum (Pioneiro)	8,5	67	34,5	Oliveira et al., 2003
Panicum maximum (Mombaça)	7	67	40	Oliveira et al., 2003
Pennisetum purpureum (Anão)	10	71	34	Oliveira et al., 2003
Panicum maximum, Jacq.	9,8			Mello et al., 2002
Panicum maximum, Jacq.	11			Mello et al., 2002
Pennisetum hybridum (Pioneiro)	13,5	72	40	Vilela, 2003
Paspalum secans	13			Paulino et al., 2002
Paspalum secans	8,5			Paulino et al., 2002
Chloris gayana (Rhodes)	13	70	35	Tamassia et al., 2001
Brachiaria decumbens	8,8	71		Gomes Junior et al., 2001
Panicum maximum (Tanzânia 1)	11	74		Ferlin et al., 2003
Brachiaria brizantha cv. Marandu	12,6	57,4	34,5	Correia, 2006
Brachiaria brizantha cv. Marandu	13,6	56,2	31,5	Correia, 2006
Pennisetum purpureum (Cameron)	14,6	65,1	35,9	Voltolini, 2006
Brachiaria brizantha cv. Marandu	15,3	—	—	Costa (não publicado)
Panicum maximum (Colonião)	16,3	66	32,4	Ramalho, 2006
Pennisetum purpureum (Napier)	20,6	64,7	32,5	Fontanelli, 2005
Quicuio	21,4	66,4	26,0	Fontanelli, 2005
Tifton-68	22,1	65,5	25,4	Fontanelli, 2005

Tabela 2. Concentrações PB e de NDT em amostras de pastejo simulado de forrageiras tropicais em pastagens comerciais.

Local	Gramínea	Idade (dias)	PB (% MS)	NDT (% MS)
MG	Tifton-85	21	18,9	63,9
MG	Tangola	25	17,9	62,4
MG	Setária	22	17,5	60,3
SP	Tanzânia	30	18,2	61,2
RS	Tifton-68	21	14,3	64,9
SP	Capim elefante	20	16,0	63,0

2.3. Influência do manejo na utilização da forragem

A partir do momento em que a produção alta da pastagem é estabelecida, impõe-se um dos maiores desafios no manejo da pastagem, que é otimizar a sua colheita, pois falhas no manejo podem resultar em perdas da ordem de 20 a 80% da forragem produzida (Corsi, 1994).

Penati et al. (2002) compararam o desempenho de garrotes mantidos em pastagem irrigada de capim Tanzânia com resíduos pós-pastejo e lotações diferentes. Foi observado que a maior taxa de lotação, aliada ao resíduo mais baixo (1.000 kg . ha^{-1} de MS), proporcionou melhor aproveitamento da forragem devido à diminuição de perdas, em comparação com resíduos mais elevados (3.000 kg . ha^{-1} de MS).

A combinação da adubação nitrogenada e a variação na freqüência de pastejo também influenciam a produção e qualidade da pastagem, assim como a eficiência de colheita da pastagem pelos animais. Invariavelmente, doses maiores de N devem exigir intervalos menores entre pastejos, com o objetivo de garantir alta produção de forragem com bom valor nutritivo e alta eficiência de pastejo (Da Silva, 1997).

A diminuição da freqüência de pastejo pode resultar em queda na produção animal, em decorrência da queda da qualidade da forragem e alterações na estrutura da planta que afetam negativamente o consumo de pasto (Da Silva, 1997). A associação negativa, freqüentemente observada entre produção de matéria seca, qualidade de forragem e seu grau de utilização, é responsável pela falta de correspondência entre produção de matéria seca e produção animal (Corsi et al.,1994).

Em sistemas intensivos de produção de bovinos em pasto, a adoção de períodos fixos de intervalo entre pastejos tem sido criticada por Da Silva e Corsi (2003). O referido autor tem conduzido uma série de trabalhos de pesquisa, propondo que a entrada dos animais no pasto seja determinada pelo momento em que o dossel forrageiro atingir 95% de interceptação luminosa (IL). Este valor parece estar correlacionado com determinada faixa de altura do dossel forrageiro.

Em capim Mombaça (*Panicum maximum*, Jacq.), o resíduo de 0,30 m, associado com freqüência de pastejo determinada por 95% de interceptação luminosa (IL), resultou em maior produção de forragem, com a menor proporção de material morto e a maior produção de folhas, particularmente na condição de pré-pastejo, em comparação com a freqüência de pastejo determinada pela IL de 100%. A altura de entrada nos pastos referentes a 95% de IL variou entre 0,83 m no verão, 0,92 m na primavera e 0,84 m no outono/inverno para o resíduo de 0,30 m (Bueno et al., 2002).

Portanto, práticas de manejo como adubação nitrogenada, altura de entrada e saída do pasto e estrutura da planta são parâmetros essenciais a serem observados no manejo de pastagens, com o objetivo de otimizar a colheita de grande quantidade de forragem de boa qualidade, que resulte em elevada produção animal por área.

2.4. Desempenho animal em pastagem

A produtividade animal em pastagem é determinada pela lotação dos pastos e pelo ganho de peso dos animais. O ganho de peso é determinado por vários fatores, dentre eles, o valor nutritivo da pastagem e principalmente o consumo de forragem. Este consumo, por sua vez, depende de vários fatores, dentre eles: o valor nutritivo do pasto, a oferta de forragem e a estrutura do relvado (Gomide e Gomide, 2001; Reis et al., 2004).

Animais mantidos em pastagens tropicais no nordeste da Austrália apresentaram ganhos de 700 g . dia^{-1}, contra 1,0 a 1,4 kg . dia^{-1} em pastagens de clima temperado na Nova Zelândia (Poppi e McLennan, 1995).

Ao revisar diversos trabalhos nacionais, Reis et al. (2004) relataram ganhos de peso variando de 960 a 60 g . dia^{-1}, nas épocas das águas e da seca, respectivamente, sendo o ganho médio de peso de 437 g . dia^{-1}.

Os resultados de desempenho animal e de produção animal por hectare, obtidos em pesquisas em pastagens tropicais, revelam grande variação (Tabela 3). Em boa parte, tais variações se devem às diferentes condições de meio e manejo, pertinentes a cada experimento. A adubação, bem como a utilização de leguminosas, pode aumentar o ganho de peso animal. Percebem-se diferenças de ganho de peso dentro das espécies quando adubadas ou não com nitrogênio. A adubação nitrogenada garantiu o aumento da capacidade de suporte das forragens, assim como a produção por hectare (Gomide e Gomide, 2001).

Ramalho (2006) revisou quinze trabalhos que avaliaram o desempenho de animais mantidos em pastagens de *Brachiaria decumbens*,

Tabela 3. Desempenho animal e produção animal por hectare em pastagens tropicais.

Espécies		Peso vivo	
	N (kg . ha^{-1})	g . dia^{-1}	kg . ha^{-1}
Capim colonião	0	540	307
Capim colonião	200	490	702
Capim colonião	0	768	214
Capim colonião	100	731	356
Capim jaraguá	0	804	250
Capim jaraguá	100	813	422
Capim gordura	0	877	80
Capim gordura	100	733	121
Grama coastcross	0	609	103
Grama coastcross	100	657	215
Capim colonião	0	790	224
Capim colonião	60	860	381
Capim jaraguá	0	603	163
Capim jaraguá	60	862	248
Capim colonião (exclusivo)	—	792	224
Capim colonião + siratro e centrosema	—	928	347
Brachiaria spp.	—	491	308
Brachiaria spp. + calopogônio	—	530	332

Fonte: Gomide e Gomide (2001).

Brachiaria brizantha cv. Marandu, *Cynodon dactylon* cv. Coastcross e *Panicum maximum* cv. Mombaça, com ou sem suplementação com concentrado durante o período das águas. O ganho de peso diário dos animais mantidos exclusivamente em pastagens variou de 0,50 a 0,89 kg . cab^{-1}, com valor médio de 0,7 kg . cab^{-1}.

Garrotes não castrados com peso vivo inicial de 212 kg, mantidos exclusivamente em pastagens de capim colonião adubadas com 45 kg de N . ha^{-1} por ciclo de pastejo (21 dias de descanso), apresentaram GPD de 0,92, 0,76, 0,90, 0,86 e 0,27 kg . cab^{-1} nos meses de janeiro, fevereiro, março, abril e maio, respectivamente (Ramalho, 2006). O ganho menor no mês de maio (0,27 kg . cab^{-1}) ocorreu devido à redução na disponibilidade de forragem, ocasionada por baixa precipitação de chuva nesse período.

Com base nos dados revisados por Gomide e Gomide (2001), por Reis et al. (2004) e por Ramalho (2006), valores médios de GPD superiores a 0,8 kg . cab^{-1} durante todo o período das águas (seis a sete meses) dificilmente são atingidos por bovinos mantidos em pastagens tropicais sem a suplementação com concentrado.

2.5. Efeito da suplementação com concentrado no consumo de forragem

Quando a forragem é o único alimento disponível para os animais em pastejo, ela deve fornecer energia, proteínas, vitaminas e minerais necessários à sua manutenção e produção. Sob condições em que o teor desses compostos está adequado, a produção animal é função do consumo de energia digestível (ED), uma vez que é alta a correlação entre consumo de forragem e ganho de peso. Dessa forma, a quantidade de alimento consumido pelo bovino é um dos fatores mais importantes a serem controlados na produção de animais mantidos em pastagens (Minson, 1990).

O suplemento deve ser considerado um complemento que visa suprir os nutrientes deficientes na forragem disponível (Reis et al., 2004). Além de corrigir essa deficiência e aumentar o ganho de peso dos animais (Ramalho, 2006), a suplementação com concentrado para animais em pasto pode aumentar a capacidade de suporte das pastagens, viabilizar o fornecimento de aditivos ou promotores de crescimento e auxiliar no manejo das pastagens (Correia, 2006).

Parsons e Allison (1991) e Paterson et al. (1994) afirmaram que uma estratégia de suplementação adequada seria aquela destinada a maximizar o consumo e a digestibilidade da forragem disponível. Esse objetivo pode ser atingido através do fornecimento de todos ou de alguns nutrientes específicos, os quais permitirão ao animal consumir maior quantidade de matéria seca disponível e digerir ou metabolizar a forragem ingerida de maneira mais eficiente (Hodgson, 1990). Entretanto, para o último autor, são poucas as circunstâncias nas quais o concentrado convencional ou a forragem conservada agem realmente como suplemento, ou seja, são consumidos sem acarretar diminuição no consumo de forragem.

Um dos fatores que pode limitar a resposta de animais em pastagens à suplementação com concentrado é o efeito de substituição, com redução no consumo de pasto (Reis et al., 2004). No entanto, esses mesmos autores mencionam que a suplementação durante o período chuvoso pode melhorar o desempenho animal e a capacidade de suporte das pastagens. Cardoso (1997) também chamou a atenção para o possível aumento na taxa de lotação das pastagens com a suplementação com concentrado.

Ao avaliarem experimentos de animais em pastejo, recebendo diferentes tipos de suplementos, Minson (1990) e Paterson et al. (1994) observaram valores de coeficiente de substituição variando de 0,25 a 1,67, com média de 0,69. Forbes et al. (1996) encontraram coeficiente de substituição de 0,83 da pastagem de gramínea pelo suplemento usado. O coeficiente de substituição varia de acordo com o tipo de suplemento, o valor nutritivo da forragem disponível e a dose de suplemento.

Detmann et al. (2001a,b) relataram que o consumo de matéria seca de forragem diminuiu com a inclusão da suplementação com grãos e farelos, afetando também a digestibilidade aparente da fibra em detergente neutro. Em resposta à suplementação energética, há uma progressiva diminuição no tempo de pastejo e tamanho do bocado (Reis et al., 1997).

Krysl e Hess (1993) revisaram trabalhos sobre a influência da suplementação no comportamento de ruminantes em pastejo. Nos trabalhos revisados, as forragens apresentavam concentrações de N total (nitrogênio total) entre 0,9 e 1,2% e taxas de ingestão que variaram de 12,3 a 31,0 g de MO . kg de PV^{-1}. A suplementação protéica reduziu o tempo de pastejo dos animais suplementados em aproximadamente 1,5 h, comparados com os não suplementados, mas aumentou a eficiência de pastejo (HE; ingestão de forragem em gramas de MO . kg de PV^{-1} . tempo de $pastejo^{-1}$). No tocante à suplementação energética, o aumento nas doses desses suplementos diminuiu o tempo de pastejo, enquanto o aumento na concentração energética deles não alterou ou diminuiu a eficiência de pastejo durante o período das águas.

Quando a taxa de substituição da forragem por concentrado é baixa, isto permite aumentar o consumo de MS do animal de forma significativa e pode propiciar resposta elevada à suplementação em termos de GPD adicional, porém sem grande impacto na lotação da pastagem. Quando a taxa de substituição é alta, o consumo de MS total não é aumentado de forma significativa. As respostas em GPD por animal devem ser menores do que com taxas baixas de substituição, porém aumentos significativos na taxa de lotação dos pastos poderão ocorrer.

2.6. Suplementação em pastagem no período das águas

Segundo Caton e Dhuyvetter (1997), o tecido que mais utiliza energia de mantença é o músculo. Esse uso pode ser afetado por diversos fatores, como o gasto de energia para consumo, que pode variar de 20 a 300 kcal por quilograma de matéria seca ingerida. A disponibilidade de forragem no pasto tem grande impacto nesse gasto de energia. Práticas que diminuam o tempo de pastejo poupam energia gasta para mantença, que pode então ser utilizada para propósito produtivo (Bondine e Purvis, 2003).

A utilização de suplementos concentrados para animais no período das águas visa otimizar o ganho de peso animal, suprindo deficiências na qualidade da forragem e capacidade de consumo do animal (Euclides e Medeiros, 2005).

O sucesso da implantação de programas de alimentação para ruminantes em pastejo está baseado no reconhecimento da existência de dois tipos de exigências nutricionais que precisam ser supridas: a exigência dos microorganismos ruminais e a do animal propriamente dita (Ospina et al.,1999).

Pastagens tropicais deferidas no final das águas para serem pastejadas durante as secas apresentam teores de PB inferiores a 7%, o que limita a fermentação ruminal, principalmente a digestão de fibras. O consumo de forragem é baixo, restringindo assim o consumo de energia pelo animal (Reis et al., 2004). Por outro lado, pastagens tropicais adubadas com nitrogênio apresentam teores elevados de PB de alta degradabilidade ruminal, porém com baixos teores de carboidratos não fibrosos (Johnson et al., 2001; Ramalho, 2006), o que limita o uso eficiente dessa proteína pelos microorganismos ruminais.

Segundo Poppi e McLennan (1995), quando o teor protéico do alimento ingerido é inferior a 160 g de proteína bruta por kg de matéria orgânica digestível (MOD), a transferência para o intestino de toda a proteína ingerida na forma de proteína microbiana, proteína não degradável e proteína endógena é feita com grande eficiência. Por outro lado, perdas e/ou transferência incompleta de proteína ocorrem quando o conteúdo de proteína bruta da forragem excede 210 g de proteína bruta por kg de matéria orgânica digestível (MOD). Esses valores, sugeridos por Poppi e McLennan (1995), dizem respeito à sincronização da degradação ruminal entre energia e proteína do pasto e a eficiência da utilização desta proteína. Portanto, o tipo de suplemento, quanto ao teor de energia e proteína, deve levar em conta a composição bromatológica da pastagem.

Nas Tabelas 1 e 2 constam teores de PB em pastagens tropicais variando de 7 a 22,1% da MS. A maioria das pastagens tropicais em sistemas extensivos de produção, mantidas em solos com fertilidade baixa e não adubadas com N, certamente contêm menos de 160 g de PB por kg de MOD. Entretanto, em pastagens tropicais manejadas intensivamente, com 200 a 500 kg de N . ha^{-1}, tanto em sistemas comerciais como em unidades experimentais, foram relatados valores entre 14 e 22,1% de PB para o material colhido na forma de pastejo simulado (Santos et al., 2005). Esse material certamente contém mais de 210 g de proteína bruta por kg de MOD. Além disso, nessas condições, ocorre um aumento considerável na degradabilidade ruminal da proteína da forragem.

No trabalho de Ramalho (2006), durante os meses de janeiro a abril, o capim colonião manejado em sistema rotacionado (21 dias de intervalo entre pastejos), com adubações de 45 kg de N . ha^{-1} por ciclo de pastejo, apresentou teores médios de PB de 17,4% na MS e digestibilidade da MO de 59,4% (amostras de pastejo simulado). Estes valores resultam em 325 g de PB por kg de MOD, valor que, segundo Poppi e McLennan (1995), acarreta baixo aproveitamento da PB da forragem.

No NRC (1996) foi adotada a eficiência de 130 g de proteína microbiana sintetizada por kg de NDT ingerido. Mesmo quando pastagens tropicais com alto valor energético, ao redor de 65% de NDT, são inseridas no modelo, este acusa que, caso a pastagem contenha 11% de PB, com 81% desta degradável no rúmen, já ocorre excesso de 35,8 g de PDR para bovino macho em recria, com 300 kg de peso vivo, mantido nessa pastagem. O balanço de proteína metabolizável também é positivo, sendo o ganho de peso do animal limitado por falta de energia.

Com base nos dados revisados e no exposto, de modo geral, pastos tropicais manejados intensivamente durante o período das águas, com adubações nitrogenadas entre 200 e 500 kg de N . ha^{-1}, apresentam teores de proteína bruta além da disponibilidade energética do capim, podendo resultar em uso ineficiente da proteína da forragem.

Por outro lado, em pastagens com teores de PB inferiores a 11% da MS, a suplementação energética pode agravar a deficiência de PDR e reduzir a digestibilidade da forragem. Nestes casos normalmente ocorre redução no consumo de pasto e queda no desempenho animal (Bondine e Purvis, 2003). Pordomingo et al. (1991) avaliaram doses crescentes de milho (0,0%, 0,2%, 0,4% e 0,6% do peso vivo) para bovinos em pastagem nativa (*Bouteloua gracilis*) durante o verão. O teor de PB da pastagem era de 9%. A quantidade de forragem ingerida foi aumentada com a dose de milho de 0,2% do PV. Doses maiores levaram ao decréscimo linear do consumo de forragem.

Fica claro que, em função do manejo adotado, o teor de PB da planta forrageira pode variar bastante. Teoricamente, o teor de PB do suplemento deve ser ajustado em função do teor de PB da pastagem. Este ajuste pode ter efeito tanto na resposta animal ao suplemento oferecido quanto no custo da suplementação.

Os resultados com suplementação com concentrado para bovinos mantidos em pastagens no período das águas têm variado. Vinte e quatro trabalhos aparecem compilados na Tabela 4. Nesses trabalhos, variou a quantidade de suplemento, fonte de proteína, fonte de energia, teor de proteína e energia das pastagens e oferta de forragem. Todos esses fatores podem causar variações na resposta em desempenho animal. Os ganhos de peso adicionais com a suplementação variaram de 0 a 347 g/d.

Dos vinte e quatro trabalhos compilados na Tabela 4, em apenas oito (Patino et al., 2001; Marcondes et al., 2001; Paris et al., 2003; Prohmann et al., 2003, 2003b; Hafley et al., 1993; Hess et al., 1996; Elizalde et al., 1998) foi estudada a suplementação energética para bovinos em pastagem. Foram considerados suplementos energéticos aqueles com 15% ou menos de PB. Em apenas três (Patino et al., 2001; Hess et al., 1996; Elizalde et al., 1998) dos oito trabalhos ocorreu aumento significativo do GPD com a suplementação energética. Entretanto, em sete dos oito trabalhos os valores numéricos de GPD foram maiores para os animais suplementados. Em apenas três dos oito trabalhos foram relatados os teores de PB das pastagens. Na média dos oito trabalhos, os animais não suplementados tiveram GPD de 0,72 kg . cab^{-1}, contra 0,90 kg . cab^{-1} dos animais suplementados com doses entre 0,2 e 0,6% do PV.

Tabela 4. Desempenho animal em trabalhos com suplementação a pasto nas águas.

Referência	**PB (% MS)** **Pasto** **Amostragem**	**Teor de proteína; fonte; quantidade**	**GPD (kg/cab)**
Patiño et al., 2001	? Natural (Cornichão + Capim annoni) ? (Pastejo contínuo)	CONT = 0 7%; sorgo (0,75% do PV) 7%; sorgo (1,50% do PV)	0,467b 0,595a 0,559ab
Marcondes et al., 2001	? *Brachiaria decumbens* Planta toda a 0 cm	CONT = 0 9%; milho (0,5% do PV) 390 g PDR (0,5% do PV) 390 g PNDR (0,5% do PV) 312 g PNDR (0,5% do PV) 470 g PNDR (0,5% do PV)	0,500c 0,621bc 0,731ab 0,765ab 0,658abc 0,787a
Coutinho Filho et al., 2001	? *Brachiaria decumbens* ? (Pastejo contínuo)	CONT = 0 15% PB (milho e uréia; 298 g)	0,560a 0,623a
Lima et al., 2003	? *Brachiaria decumbens* ? (Pastejo continuo)	CONT = 0 17% PB (CF + CO + RL; 0,15% PV) 17% PB (CF + CO + RL; 0,3% PV) 17% PB (CF + CO + RL; 0,45% PV)	0,749a 0,734a 0,820a 0,893a
Paris et al., 2003	? *Cynodon dactylon* (Coastcross) ? (Pastejo contínuo)	CONT = 0 15%; aveia (0,6% PV) 11%; casca de soja (0,6% PV) 13%; casca soja + aveia (0,6% PV)	0,67a 0,84a 0,84a 0,83a
Prohmann et al., 2003a	? *Cynodon dactylon* (Coastcross) ? (Pastejo contínuo)	CONT = 0 11%; casca de soja (0,2% PV) 11%; casca de soja (0,4% PV) 11%; casca de soja (0,6% do PV)	0,86a 0,85a 0,95a 0,99a
Prohmann et al., 2003b	? *Cynodon dactylon* (Coastcross) ? (Pastejo contínuo)	CONT = 0 15%; aveia (0,6% PV) 11%; casca de soja (0,6% PV) 13%; casca soja + aveia (0,6% PV)	0,838a 1,005a 1,042a 1,185a
Azenha et al., 2001	4,7% ? (Pastagem natural) ? (Pastejo contínuo)	68% PB; FP (1% PV) 68% PB; FP (*ad libitum*) 45% PB; FS (1% PV) 45% PB; FS (*ad libitum*)	0,360b 0,659a 0,324b 0,594a
Cavaguti et al., 2002	4,91% *Brachiaria decumbens* ? (Pastejo contínuo)	CONT = 0 38% PB; FA (361 g/d)	0,41b 0,48a
Freitas et al., 2003	4,8% *Brachiaria brizantha* ? (Rotacionado com 55 dias de descanso)	23% PB; FA + PC (0,2% PV) 23% PB; FA + PC (0,6% PV) 23% PB; FA + PC (1,0% PV)	0,83c 0,99b 1,16a

Continua...

Continuação

Referência	PB (% MS) Pasto Amostragem	Teor de proteína; fonte; quantidade	GPD (kg/cab)
Bondine, 2003	7,6% Pastagem nativa Amostra esofágica	24% PB; CA; 0,13 kg 27% PB; FS + M; 3,19 kg 9% PB; milho; 3,05 kg 45% PB; FS; 0,96 kg	0,73a 0,24b 0,19b – 0,17c
Gonçalves et al., 2003	7,93% *Brachiaria brizantha* ?	96%; amiréia; 140 g 77%; uréia; 110 g 61%; amiréia; 110 g 67%; uréia; 118 g	0,821a 0,703a 0,830a 0,901a
Porto et al., 2004	8,75% (Mombaça) ? (Pastejo contínuo)	CONT = 0 28% PB; M + S + U; 560 g 28% PB; FGM + FS; 560 g 28% PB; FGM + GSI; 560 g 28% PB; FGM + GSM; 560 g	0,84a 0,89a 0,87a 0,84a 0,82a
Zervoudakis et al., 2001	8,8% *Brachiaria decumbens* Planta toda a 0 cm (Pastejo contínuo)	CONT = 0 20%; FS + M; 1,0 kg/cab 20%; FS + M; 2,0 kg/cab 20%; FT + FS; 1,0 kg/cab 20%; FT + FS; 2,0 kg/cab	0,89 a 0,94 a 1,05 a 0,94 a 1,01 a
Villela et al., 2003	9,8% *Brachiaria decumbens* Planta inteira a 10 cm (Pastejo contínuo)	CONT = 0 35%; FS + FT; 0,50 kg 35%; FT + U; 0,50 kg 35%; FA; 0,37 kg 35%; FA + FT + U; 0,50 kg	0,64a 0,82a 0,91a 0,77a 0,91a
Thiago et al., 2003	10,3% *Brachiaria brizantha* Planta inteira a 0 cm (Pastejo rotacionado)	CONT = 0 25%; M + FS + U; 0,3 kg 19%; M + FS + U; 1,2 kg	0,611b 0,666a 0,681a
Hafley et al., 1993	11,4% *Panicum virgatum*, *Andropogon gerardii*, *Sorghastrum nutans* Amostra esofágica	CONT = 0 milho; 0,775 kg 15% PB; M + FS; 0,775 kg 13% PB; M + U; 0,775 kg 27% PB; FS + U; 0,775 kg	0,95c 0,94c 0,97c 1,03bc 1,08b
Fernandes et al., 2003b	11% *Brachiaria brizantha* ? (Rotacionado)	CONT = 0 38% PB; FS + M + U; 0,4% PV 24% PB; FS + M + U; 0,7% PV	0,74c 0,88b 1,04a
Fernandes et al., 2003a	13,3% *Brachiaria brizantha* ? (Rotacionado)	CONT = 0 17% PB; FS + M + U; 0,6% PV	0,77b 1,06a
Zervoudakis et al., 2002	13,2% *Brachiaria decumbens* Planta toda a 0 cm (Pastejo contínuo)	CONT = 0 45%; U + FS + M; 0,7 kg/cab 45%; U + FS + FGM21 + M; 0,7 kg/cab 45%; U + FS + FT; 0,7 kg/cab	0,82 0,95 1,02 0,97
Cruz et al., 2003	13,4% *Cynodon dactylon* ? (Pastejo rotacionado)	CONT = 0 19% PB; M + FS + FT; 3 kg	0,56b 0,94a

Continua...

Continuação

Referência	PB (% MS) Pasto Amostragem	Teor de proteína; fonte; quantidade	GPD (kg/cab)
Hess et al., 1996	16,5% Festuca Planta toda a 2,5 cm	CONT = 0 9%; milho; 0,34% PV 15%; FT; 0,34% PV 12%; FT + M; 0,48% PV	0,84b 1,04a 0,96a 1,02a
Elizalde et al., 1998	24% Festuca Amostra esofagiana	CONT = 0; 9%; milho; 0,5% PV 21%; FGM21; 0,5% PV 9%; milho; 1,0% PV 21%; FGM; 1,0% PV 15%; M + FGM; 0,5% PV	0,64b 0,77a 0,69a 0,71a 0,83a 0,71a
Lippke et al., 2000	27,9% *Triticum aestivum* Pastejo simulado	CONT = 0 23% PB; CA; 11,3 g/kg PV0,75 23% PB; CA; 8,3 g/kg PV0,75	1,04a 1,03a 1,05a

CONT = controle; PDR = proteína degradável no rúmen; PNDR = proteína não degradável no rúmen; CF = casca de café; CO = cama de codorna; RL = rolão de milho; FP = farinha de peixe; FS = farelo de soja; FA = farelo de algodão; CA = caroço de algodão; FGM = farelo de glúten de milho 21% PB; GSI = grão de soja inteiro; GSM = grão de soja moído; U = uréia; SA = sulfato de amônia; FT = farelo de trigo; M = milho.

Dos vinte e quatro trabalhos compilados na Tabela 4, em catorze (Lippke et al., 2000; Marcondes et al., 2001; Cavaguti et al., 2002; Cruz et al., 2003; Hafley et al., 1993; Lima et al., 2003; Porto et al., 2004; Villela et al., 2003; Thiago et al., 2003; Fernandes et al., 2003a,b; Elizalde et al., 1998; Zervoudakis et al., 2002; Zervoudakis et al., 2001) foi estudada a suplementação protéica ou protéico-energética para bovinos em pastagem, em comparação com animais não suplementados. Foram considerados suplementos protéico-energéticos ou protéicos aqueles com mais de 15% de PB. Em dez dos catorze trabalhos compilados (Marcondes et al., 2001; Cavaguti et al., 2002; Cruz et al., 2003; Hafley et al., 1993; Thiago et al., 2003; Fernandes et al., 2003a,b; Elizalde et al., 1998; Zervoudakis et al., 2002; Zervoudakis et al., 2001), houve aumento significativo do GPD com a suplementação protéica ou protéico-energética. Entretanto, em doze dos catorze trabalhos, os valores numéricos de GPD foram maiores para os animais suplementados. Em doze dos catorze trabalhos foram relatados os teores de PB das pastagens. As respostas positivas à suplementação ocorreram tanto em pastagens com baixos teores de PB (4,9%) como em pastagens com extremamente elevados teores de PB (24%). Na média dos catorze trabalhos, os animais não suplementados tiveram GPD de 0,73 kg . cab^{-1}, contra 0,87 kg . cab^{-1} dos animais suplementados com doses entre 0,15 e 1,0% do PV.

A viabilidade econômica da suplementação depende de vários fatores, como: custo da suplementação, ganho extra obtido, preço da arroba do boi, efeito da suplementação na lotação dos pastos e no rendimento de carcaça, dentre outros fatores. A terminação dos animais em confinamento após o período de pasto, com a venda na época de preço favorável na entressafra, pode aumentar a viabilidade da suplementação nas águas.

2.7. Sistemas intensivos de recria de bovinos com suplementação em pastagens e terminação em confinamento

Quatro experimentos (Correia, 2006; Ramalho, 2006; Costa, não publicado) foram conduzidos no Departamento de Zootecnia da Escola Superior de Agricultura "Luiz de Queiroz" (Esalq/USP), entre 2003 e 2006, com o objetivo de estudar doses e fontes de suplementos concentrados para bovinos em recria, mantidos em pastagens tropicais com alta lotação durante o período das águas. Também foi avaliado o impacto da suplementação na fase de recria em pastagem, na terminação em confinamento dos animais. Foram quatro estudos de ciclo completo, simulando situações reais de sistemas intensivos de produção de carne, em que o produtor adquire bezerros desmamados no início das águas, com peso médio entre 200 e 240 kg, e em nove a dez meses tem os animais prontos para o abate na entressafra no Brasil Central.

EXPERIMENTO 1: **Doses de suplemento** (Correia, 2006)

▶ **METODOLOGIA**

Foram avaliadas quatro doses de suplemento concentrado (T1 = 0, T2 = 0,3, T3 =,0,6, T4 = 0,9% do PV com base na matéria natural) durante 109 dias de recria em pasto, entre 26 de março a 13 de julho de 2004. O volume de chuvas foi acima do normal para a época do ano e possibilitou alta produção de forragem de boa qualidade na área experimental.

O suplemento utilizado continha 22% de PB na matéria natural, composto de polpa de citros peletizada (17,4%), milho moído (17,3%), farelo de trigo (23,4%), refinazil (23,40%), farelo de algodão (17,4%) e uréia (1,2%), e foi fornecido aos animais diariamente às 17 horas. A mistura mineral foi fornecida em cocho separado para os animais dos quatro tratamentos.

Foram utilizados 8,5 ha de pastagem de capim *Brachiaria brizantha* cv. Marandu, divididos em oito sistemas de rodízio com quatro piquetes cada. Os pastos foram manejados com períodos fixos de trinta dias de descanso (PD) e dez dias de ocupação (PO).

Durante o período experimental foi realizada apenas uma adubação de cobertura, com 40 kg de N . ha^{-1}, na forma de nitrato de amônio, após o primeiro pastejo, em cada piquete, entre os meses de março e abril de 2004.

Foram utilizados 132 animais cruzados, com ¼ de sangue Canchim ou Charolês e ¾ Nelore, inteiros, com idade média de 10 meses e aproximadamente 220 kg de peso vivo inicial. Dos 132 animais, 72 foram utilizados para avaliação de desempenho e os 60 animais restantes, para ajuste de carga das pastagens.

No dia 14 de julho de 2004 teve início a segunda etapa experimental, em que os animais foram terminados em confinamento. Todos receberam ração única, com 82% de concentrado e 18% de volumoso (% MS), com a finalidade de avaliar se haveria interferência dos tratamentos aplicados durante a fase de recria em pastagem na fase de terminação em confinamento. Os animais foram encaminhados para o abate em função do grau de acabamento.

▶ Resultados

Na Tabela 5 é apresentada a composição bromatológica das amostras de pastejo simulado da pastagem de *Brachiaria brizantha* cv. Marandu, durante os meses de março e abril (P1), maio e junho (P2) e julho (P3). Não houve diferença de composição bromatológica das pastagens entre os quatro tratamentos experimentais.

Os dados referentes à massa de forragem (MF), taxa de acúmulo de forragem (TAF) e composição morfológica das pastagens são apresentados na Tabela 6.

Os animais suplementados realizaram pastejo menos intenso, deixando resíduo pós-pastejo maior, com maior proporção de folhas e menor proporção de hastes que os não suplementados.

Tabela 5. Composição bromatológica média da pastagem de *Brachiaria brizantha* em amostras de pastejo simulado.

Componentes – Simulado	**Períodos avaliados**		
	P1	P2	P3
Matéria seca, % no alimento	21,03	25,10	28,00
Proteína bruta, % da MS	13,01	12,72	11,97
Matéria mineral, % da MS	10,14	10,45	11,96
Fibra em detergente neutro, % da MS	59,53	57,16	55,36
Fibra em detergente ácido, % da MS	35,09	34,67	33,58
Lignina em detergente ácido, % da MS	3,44	2,96	3,04
Extrato etéreo, % da MS	1,52	2,01	1,80

Tabela 6. Produção e composição morfológica das pastagens de *Brachiaria brizantha*, em pré e pós-pastejo, nos quatro tratamentos.

Componentes	**Tratamentos**				
	T0	T0,3	T0,6	T0,9	P < 0,05
Produção total[1]	11,08	12,48	12,18	12,38	NS
TAF[2]	92,4	104,1	101,5	103,2	NS
MF pré-pastejo[3]	5.295	6.090	6.124	6.258	*
Folhas, %	38,04	36,43	37,45	37,05	NS
Hastes, %	37,3	35,4	33,7	35,0	*
Material morto, %	24,7	28,2	28,9	27,9	NS
MF pós-pastejo[4]	2.524	2.969	3.081	3.163	*
Folhas, %	20,2	21,4	22,4	24,1	*
Hastes, %	36,8	33,9	31,9	30,5	*
Material morto, %	43,0	44,5	45,8	45,4	NS

[1] Produção total de forragem em 109 dias de observação, T de MS . ha^{-1}.
[2] Taxa de acúmulo diária, kg de MS . ha^{-1} . dia^{-1}.
[3] MF pré-pastejo, kg MS . ha^{-1}.
[4] MF pós-pastejo (resíduo), kg MS . ha^{-1}.
[5] P diferença significativa (*) ou não (NS) do modelo de regressão.

Os dados referentes à taxa de lotação, PVi, PVf, GMD e produção total de arrobas durante o período em que foram testadas as doses de suplemento no pasto são mostrados na Tabela 7.

Houve efeito positivo linear da suplementação durante a recria em pasto, no ganho de peso diário dos animais, na taxa de lotação dos pastos e na produção de carne por área. A combinação entre maior ganho de peso diário por animal e maior taxa de lotação, com doses crescentes de suplemento, resultou em aumento de até 107% na produtividade animal (490,2 × 1014,6 kg PV . ha^{-1}).

O período de recria em pasto foi finalizado após 109 dias. Terminada essa primeira etapa, os animais dos quatro tratamentos foram confinados com ração idêntica contendo 82% de concentrado.

Tabela 7. Taxa de lotação, PVi, PVf, GMD produção de arroba em pastagem de capim *Brachiaria brizantha* nos quatro tratamentos.

Componentes	Tratamentos				
	T0	T0,3	T0,6	T0,9	P < 0,05[1]
Taxa de lotação, UA ha^{-1}	4,50	5,33	5,58	6,12	*
Taxa de lotação, cab. ha^{-1}	7,77	8,93	9,25	10,00	*
PVi, kg	223,0	226,0	218,0	219,0	NS
PVf, kg	288,0	302,0	308,0	320,0	*
GMD, kg . dia^{-1}	0,595	0,673	0,810	0,968	*
Produção, @ . ha^{-1}	16,34	22,78	25,86	33,82	*
kg GPV . ha^{-1}	490,2	683,75	775,8	1014,6	*

[1] P diferença significativa (*) ou não (NS) do modelo de regressão.

Na Tabela 8 são apresentados os dados de desempenho em confinamento, de acordo com os tratamentos recebidos na etapa 1 (pasto).

Tabela 8. Desempenho dos animais terminados em confinamento, de acordo com os tratamentos recebidos na etapa 1 (pasto).

Etapa 1	Tratamentos			
	T0,0	T0,3	T0,6	T0,9
PVi, kg	287,8	301,1	308,6	320,3
PVf, kg	496,2a	490,0a	484,7a	488,4a
CMS, kg . dia^{-1}	8,73a	8,47a	8,39a	8,45a
GMD, kg . dia^{-1}	1,23a	1,25a	1,21a	1,18a
EF[1]	0,14a	0,15a	0,15a	0,14a
PCQ, kg	276,1a	275,9a	281,9a	283,9a
Rendimento, %	55,6b	56,4ba	58,1a	58,0a
EGS[2] (mm)	3,93b	5,31ba	4,41ba	6,07a
Dias de confinamento	169,3a	151,3ba	147,7ba	143,1b

[1] EF = eficiência alimentar (GMD/CMS).
[2] EGS = espessura de gordura subcutânea.
a,b,c = letras diferentes na mesma linha (P < 0,05).

Os animais não suplementados durante a fase de recria em pasto não apresentaram ganho de peso compensatório durante a fase de terminação em confinamento, em relação aos animais suplementados. O peso vivo adicional obtido pelos animais suplementados durante a fase de recria em pasto, em relação aos não suplementados, foi mantido durante a fase de terminação em confinamento. Os animais suplementados precisaram de menor tempo de confinamento para atingir peso de abate, com melhor rendimento de carcaça e acabamento de gordura que os animais não suplementados.

Avaliações da viabilidade econômica dos sistemas suplementados mostraram que, nos anos de 2004, 2005 e 2006, esses sistemas apresentaram lucratividade maior que os não suplementados, com base nos preços praticados na região de Piracicaba, Estado de São Paulo.

EXPERIMENTO 2: **Fontes de suplemento** (Correia, 2006)

▶ Metodologia

Durante 149 dias da fase de recria em pastagem, entre os meses de janeiro e julho, foram comparados quatro suplementos fornecidos na dose de 0,6% do PV em matéria natural: TSE (suplemento energético rico em subprodutos: polpa cítrica, farelo de trigo e farelo de glúten de milho-21, com 11,32% de PB); TSFA (suplemento protéico-energético rico em subprodutos e farelo de algodão, com 20,35% de PB); TSU (suplemento protéico-energético rico em subprodutos e uréia protegida, com 20,51% de PB); TAFA (suplemento protéico, rico em amido de sorgo e farelo de algodão, com 20,96% de PB). Todos os suplementos testados tinham núcleo mineral em sua composição. O suplemento foi fornecido aos animais diariamente às 17 horas.

Foram utilizados 8,5 ha de pastagem de capim *Brachiaria brizantha* cv. Marandu. A área dispunha de oito sistemas de rodízio, com quatro piquetes cada. A pastagem foi manejada em lotação rotacionada, com 7 dias de ocupação e 21 dias de descanso.

As pastagens foram adubadas com 200 kg . ha^{-1} de cloreto de potássio antes do início do período experimental e com 175 kg de N . ha^{-1}, parcelados em doses médias de 39,0 kg de N . ha^{-1} após cada pastejo, entre os meses de janeiro e abril de 2005.

Foram utilizados 140 bovinos de corte, filhos de vacas F1 (½ Nelore × ½ Santa Gertrudes), e touro pardo suíço de corte (Brawvieh), inteiros, com idade média de 8 meses e aproximadamente 244 kg de peso vivo (PV). Os dados de desempenho foram avaliados em 80 animais, sendo os 60 restantes utilizados apenas para ajuste de carga nas pastagens.

Após a fase de recria em pasto, os animais foram terminados em confinamento, com ração contendo 30% de silagem de milho e 70% de concentrado, composto de polpa cítrica peletizada, caroço de algodão, farelo de algodão, uréia e mistura mineral com ionóforo.

▶ Resultados

Nas Tabelas 9, 10 e 11 são apresentados os dados de composição bromatológica das amostras de pastejo simulado, composição morfológica da massa de forragem, produção de forragem e desempenho animal.

As pastagens mostraram elevada produção total, da ordem de 19,59 T de MS ha^{-1}, entre o final de janeiro e o final de julho de 2005, o que possibilitou a alta lotação dos pastos nos quatro tratamentos.

Tanto o teor de PB quanto a fonte de proteína e de energia dos concentrados não afetaram o GPD dos animais durante a etapa de suplementação em pasto.

No presente estudo, a ausência de resposta em GPD ao aumento no teor de PB do concentrado de 11,32 para 20,60% na MS (média dos três suplementos protéicos testados) está de acordo com Ramalho (2006) e com o NRC (1996). Este último indica que, em pastagens tropicais com teores de PB acima de 11%, o GPD é limitado por deficiência de energia, e não de proteína.

Com base nos dados do presente estudo, pode-se observar o elevado potencial produtivo em sistemas nos quais se faz uso da suplementação, expresso em kg de GPV . ha^{-1}. A produtividade média correspondeu a 1720,1 kg de GPV . ha^{-1}, com variação de 1629,8 a 1846,5 kg de GPV . ha^{-1}, em 149 dias efetivos de pastejo. Esses valores são muito superiores aos obtidos nos diversos trabalhos apresentados

Tabela 9. Composição bromatológica média das pastagens de *Brachiaria brizantha* em amostras de pastejo simulado.

Componentes – Simulado	**Períodos avaliados**		
	P1	P2	P3
Matéria seca, % no alimento	23,40	36,55	25,62
Proteína bruta, % da MS	13,47	11,32	15,00
Extrato etéreo, % da MS	1,84	2,07	2,06
Matéria mineral, % da MS	14,54	11,14	11,31
Fibra em detergente neutro, % da MS	56,45	59,72	53,45
Fibra em detergente ácido, % da MS	30,90	35,39	29,32
Lignina em detergente ácido, % da MS	3,23	3,78	1,93

Tabela 10. Produção e composição morfológica das pastagens de *Brachiaria brizantha*, em pré e pós-pastejo.

Componentes	Tratamentos				EPM[5]	Média	P < 0,05
	TSE	TSFA	TSU	TAFA			
Produção total[1]	19,90a	19,45a	19,41a	19,58a	2,36	19,59	0,7193
TAF[2]	178,24a	174,47a	173,42a	174,53a	3,54	175,16	0,6897
MF pré[3]	7,33a	7,32a	7,19a	7,21a	3,00	7,03	0,7960
Folhas, % MS	30,55a	31,00a	28,94a	31,64a	0,635	30,53	0,2741
Colmos, % MS	32,61a	32,51a	31,42a	34,39a	0,679	32,73	0,5013
Material morto, % MS	36,84a	36,50a	39,64a	33,97a	1,202	36,74	0,0490
MF resíduo[4]	3,58a	3,66a	3,55a	3,55a	1,52	3,58	0,9532
Folhas, % MS	17,58a	19,39a	20,13a	19,39a	0,609	19,52	0,3673
Colmos, % MS	29,99a	29,23a	29,21a	31,06a	0,592	29,87	0,9205
Material morto, % MS	52,43a	51,39a	49,79a	48,81a	0,801	50,60	0,8253

[1] Produção total, T MS . ha^{-1}; [2] TAF, kg MS . ha^{-1} dia^{-1}. [3] MF pré-pastejo. T MS . ha^{-1}. [4] MF resíduo pós-pastejo, T MS . ha^{-1}. [5] Erro padrão da média.

Tabela 11. Taxa de lotação e desempenho animal em pastagem de capim *Brachiaria brizantha*.

Componentes	Tratamentos				Média	P < 0,05
	TSE	TSFA	TSU	TAFA		
Lotação, UA . ha^{-1}	9,40a	9,58a	9,09a	9,21a	9,32	0,4358
Lotação, cab . ha^{-1}	13,13a	13,57a	12,60a	12,99a	13,08	0,5047
PVi, kg	242,9a	243,7a	245,8a	242,5a	243,69	0,9208
PVf, kg	391,1a	394,0a	395,8a	381,0a	390,43	0,3609
GPD, kg	0,903a	0,909a	0,868a	0,826a	0,877	0,1277
kg de GPV . ha^{-1}	1772,3a	1846,5a	1631,8a	1629,8a	1720,1	0,1812

na Tabela 3 e mostram o potencial de sistemas intensivos de produção de carne em pastagens tropicais para essa região.

Terminada a etapa de recria em pasto, os animais foram confinados, sendo oferecida a mesma ração para todos os grupos.

Na Tabela 12 são apresentados os dados de desempenho e características da carcaça dos animais terminados em confinamento, de acordo com os tratamentos recebidos na etapa 1 (pasto).

Com base nos dados do presente estudo, pode-se concluir que, para animais mantidos em pastagens de boa qualidade, com teores de PB ao redor de 13,5%, não há vantagem em elevar o teor de proteína bruta do suplemento acima de 11%.

Sistemas intensivos que integrem recria intensiva nas águas e terminação em confinamento resultam em produções elevadas de

Tabela 12. Desempenho e características da carcaça dos animais terminados em confinamento.

Componentes	Tratamentos				EPM	Média	P < 0,05
	TSE	TSFA	TSU	TAFA			
Pvi, kg	391,1a	394,0a	395,8a	381,0a	3,166	390,43	0,3609
PVf, kg	528,9ba	539,1ba	547,8a	509,2b	5,051	531,23	0,0498
GPD, kg/cab	1,521ba	1,610ba	1,670a	1,446b	0,024	1,561	0,0074
PCQ, kg	285,1ba	288,9ba	294,6a	270,6b	2,992	284,73	0,0407
Rendimento,%	54,09a	53,36a	53,79a	53,11a	0,209	53,584	0,3668
CMS, kg	9,94a	10,03a	10,42a	9,05a	0,245	9,860	0,2775
GPD/CMS	0,157a	0,160a	0,162a	0,160a	0,008	0,159	0,9953
EGS, mm	5,2a	5,9a	6,0a	4,9a	0,213	5,47	0,7496

carne por área e podem tornar a atividade pecuária competitiva em relação à agricultura.

EXPERIMENTO 3: **Fontes de suplemento** (Ramalho, 2006)

▶ Metodologia

Durante 137 dias da fase de recria em pastagem, entre os meses de janeiro e maio, foram comparados três tratamentos: 1) CONT: pastagem exclusiva; 2) ENER: suplemento energético com 6,4% de PB (95% de polpa cítrica e 5% de mistura mineral com monensina sódica), fornecido na dose de 0,6% do PV em matéria natural; 3) PROT: suplemento protéico-energético com 19% de PB (58% de polpa cítrica, 37% de farelo de algodão e 5% de mistura mineral com monensina sódica), fornecido na dose de 0,6% do PV em matéria natural.

Foi utilizada área de 22 ha, formada com capim colonião (*Panicum maximum*), dividida em oito piquetes com aproximadamente 2,75 ha cada. As pastagens foram adubadas com 200 kg . ha^{-1} de superfosfato simples e 50 kg . ha^{-1} de FTE BR-12 (mistura de micronutrientes) no início das águas, em novembro. Durante o período experimental foram aplicados 45 kg . ha^{-1} de N após cada pastejo, totalizando 225 kg de N . ha^{-1}.

As pastagens foram manejadas em sistema rotacionado, com período de descanso variável, em média 21 dias, com entrada dos animais no pasto em função da altura deste.

Foram utilizados 75 bezerros desmamados, não castrados, com peso vivo médio inicial de 200,08 kg e 7 a 8 meses de idade. Os animais eram produto de cruzamento industrial entre touro Pardo-suíço e vaca

Angus × Nelore. Animais extras foram utilizados para consumir o excesso de forragem nos períodos de crescimento vigoroso da forrageira. Quando isso ocorria, alguns dos oito piquetes experimentais eram destinados somente a esses animais.

Todos os animais experimentais foram mantidos em grupo único na pastagem. Para o fornecimento do concentrado, eles eram conduzidos às 7 horas da manhã para o centro de manejo, onde eram separados em seus respectivos grupos. Em 40 minutos, consumiam todo o concentrado fornecido.

Após a fase de recria em pasto, teve início a fase de confinamento propriamente dita. Os animais foram separados de acordo com os tratamentos da fase de pasto, formando três lotes, e receberam a mesma ração por 125 dias. A ração de confinamento continha 19% de silagem de milho e 81% de concentrado na MS.

▶ Resultados

A lotação dos pastos (4,35 UA/ha) foi abaixo do esperado. Dois fatores foram determinantes para que isso acontecesse: a presença de grama batatais em aproximadamente 30% da área da pastagem; a precipitação pluviométrica baixa no mês de fevereiro (período 2), que limitou o crescimento dos pastos durante o mês de março (período 3).

Nas Tabelas 13 e 14 são apresentados os dados de composição morfológica e bromatológica das pastagens.

O teor de PB variou de 15,8 a 18,5% nos períodos 1 a 4 e caiu para 11,9% no período 5. O pastejo freqüente (período de descanso

Tabela 13. Caracterização morfológica da forragem pré-pastejo e pós-pastejo (%).

	Períodos					Média
	1	2	3	4	5	
Pré-pastejo						
Material morto, % MS	27	28	29	37	58	35,8
Haste, % MS	33	31	36	31	20	30,2
Folhas, % MS	39	41	35	32	21	33,6
Pós-pastejo						
Material morto, % MS	34	34	37	45	44	38,8
Haste, % MS	42	40	40	38	45	41,0
Folhas, % MS	25	26	23	17	10	20,2

Tabela 14. Composição bromatológica da forragem (pastejo simulado).

Períodos	% MS total	PB % MS	FDN % MS	FDA % MS	Lignina % MS	EE % MS	MM % MS	Dig. *in vitro* % MO
1	15,6	18,5	68,1	33,6	4,1	1,85	9,99	*
2	21,7	15,8	66,5	34,1	2,6	1,52	10,1	58,08
3	22,2	18,1	66,0	31,4	5,0	1,77	9,91	59,47
4	22,0	17,2	64,1	30,4	4,3	1,84	9,10	59,88
5	26,9	11,9	69,2	38,4	4,2	1,34	9,99	64,79

de 21 dias) e a adubação nitrogenada alta foram determinantes para os altos teores de proteína observados. A digestibilidade *in vitro* da MO (DIVMO) dos pastos variou de 58,08 a 64,69%.

Fica evidente que pastagens tropicais manejadas intensivamente nas águas podem apresentar teores altos de proteína bruta com bom valor energético.

Na Tabela 15 estão descritos os desempenhos dos animais durante o período experimental da fase de pasto.

Tabela 15. Pesos e ganhos de peso dos respectivos tratamentos no período de pasto.

	CONT	ENER	PROT	Erro padrão
Peso inicial	212,44	209,92	212,32	4,9226
Peso final	313,43b	333,84a	344,4a	6,1944
GPd[1]	0,74b	0,91a	0,97a	0,02346
GPd[2]	0,86b	1,03a	1,10a	0,02797

[1] Ganho de peso diário dos animais considerando todo o período de pasto.
[2] Ganho de peso diário dos animais excluindo o período 5.
Letras na mesma linha diferem quando $P < 0,05$.

O GPD dos animais mantidos exclusivamente em pastagens (CONT) foi de 0,741 kg . animal^{-1} durante os cinco períodos experimentais. Excluindo o período 5, em que houve restrição de forragem, o GPD foi de 0,860 kg . animal^{-1}. São valores satisfatórios para animais mantidos em pastagem e estão de acordo com os trabalhos revisados (Tabela 4) com pastagens tropicais.

O GPD dos animais suplementados (ENER e PROT) foi em média de 0,94 kg . animal^{-1} durante os cinco períodos experimentais. Excluindo o período 5, o GPD foi de 1,07 kg . animal^{-1}. São valores bons para animais suplementados com doses moderadas de concentrado e estão de acordo com os trabalhos revisados (Tabela 4) com pastagens tropicais.

Houve efeito significativo da suplementação, porém o tipo de suplemento não afetou o desempenho dos animais. O GPD adicional foi de 0,2 kg . animal^{-1}, com a dose média diária de 1,6 kg . animal^{-1} de suplemento.

A ausência de diferença entre suplemento protéico e energético no GPD dos animais está de acordo com os poucos trabalhos realizados em que foi feita essa comparação, apresentados na Tabela 4.

Segundo o NRC (1996), animais mantidos em pastagens com 16 a 18% de PB, como no presente estudo, têm seu desempenho limitado pelo suprimento de energia, e não de proteína. Segundo esse modelo, haveria excesso tanto de proteína degradável como de proteína metabolizável para o animal nas pastagens deste estudo.

Entretanto, é impossível afirmar se as respostas aos suplementos foram devidas a um maior aporte de energia ou de proteína metabolizável ou à combinação de ambos. Isto se deve ao fato de que o fornecimento do suplemento energético, rico em polpa cítrica, pode ter aumentado tanto o aporte de energia como a síntese de proteína microbiana no rúmen, aumentando, assim, o aporte de proteína metabolizável para o intestino do animal.

Com base nos dados do presente estudo, GPD de 1,05 kg/cab, durante os meses de dezembro a abril, e de 0,45 kg/cab, nos meses de novembro e maio, resultaria em ganho de peso total por animal de 185 kg em sete meses de pastejo com suplementação. Sistemas com lotação média de 4,35 UA/ha, peso vivo inicial dos bezerros de 210 kg e ganho de peso total de 185 kg comportariam 6,5 cabeças/ha. O ganho de peso vivo total seria de 1.203 kg/ha no período de sete meses. Este valor é superior aos valores obtidos nos diversos trabalhos apresentados na Tabela 3 e mostra o potencial de sistemas intensivos de produção de carne nos trópicos.

Na Tabela 16 são apresentados os dados de peso vivo e GPD dos animais em cada um dos cinco períodos da fase de pasto.

Os animais suplementados ganharam mais peso que os não suplementados durante os cinco períodos experimentais, de forma consistente. Os efeitos positivos da suplementação ocorreram tanto nos períodos de abundância de forragem de alta qualidade como nos de baixa disponibilidade de forragem com menor qualidade.

Tabela 16. Peso e ganho de peso dos animais nos períodos de pasto.

Pesagem	CONT	ENER	PROT
0	212,44a	209,92a	212,32a
1	235,64a	236,28a	240,08a
2	256,8a	261,96a	268,24a
3	281,85b	289,92ab	300,48a
4	305,92b	321,76ab	333,16a
5	313,43b	333,84a	344,4a
GPD (períodos)			
1	0,9200Ab	1,0544Abab	1,1104Aa
2	0,7623Ab	0,9176Bab	1,0048Aa
3	0,8985Ab	0,9988Abab	1,1516Aa
4	0,8571Ab	1,1376Aa	1,1520Aa
5	0,2671Bb	0,4312Ca	0,4160Ba
Erro padrão	0,04753	0,05779	0,05806

Letras maiúsculas na mesma coluna diferem com P < 0,05.
Letras minúsculas na mesma linha diferem quando P < 0,05.

Tanto a redução no teor de PB no período 5 quanto a alteração da qualidade da proteína, com aumento nos teores de N solúvel e de NNP em relação ao N total, não alteraram as respostas aos diferentes suplementos. Mesmo com redução de 18,5 para 11,9% de PB, houve resposta similar em GPD para os animais suplementados com suplemento energético ou protéico. A resposta em GPD ao suplemento energético foi similar tanto com pastos com 11,9% de PB (período 5) como com 15,8 a 18,5% de PB (períodos 1 a 4). Aparentemente, a redução no teor de PB foi compensada pelo aumento da sua degradabilidade no período 5, o que provavelmente evitou deficiência de proteína degradável no rúmen e possibilitou resposta ao suplemento energético.

Após a fase de pasto, os animais foram confinados com ração com 81% de concentrado, com o objetivo de atingir elevado ganho de peso diário (Tabela 17).

Os animais não suplementados durante a fase de pasto não apresentaram ganho de peso compensatório durante o confinamento. Pelo contrário, apresentaram GPD menor que os animais do tratamento ENER e tendência de ganho menor que os do tratamento PROT.

De modo geral, o peso vivo extra obtido no período de pasto com a suplementação foi ampliado durante a fase de confinamento, em comparação com os animais do tratamento CONT.

Tabela 17. Desempenho dos animais no período de confinamento e características da carcaça.

	CONT	ENER	PROT	Erro padrão
PV inicial, kg	308,73b	328,88a	339,48a	6,1944
PV final, kg	486,58b	519,04a	518,3a	7,2828
Consumo de MS, kg	9,41	9,42	9,01	Não analisado*
GPd, kg	1,38b	1,51a	1,45ab	0,03487
AOL[1], cm^2	73,75b	76,63ab	79,90a	1,6946
EGS[2], mm	5,25a	6,45a	5,2a	0,6185

Letras na mesma linha diferem quando $P < 0,05$.
[1] Área de olho de lombo.
[2] Espessura de gordura.

EXPERIMENTO 4: **Suplementação e altura do resíduo pós-pastejo** (Costa, dados não publicados)

▶ Metodologia

A fase de recria em pastagem teve duração de 150 dias entre os meses de dezembro de 2005 e maio de 2006. Foram comparados quatro tratamentos, os quais consistiam em duas diferentes alturas de resíduo pós-pastejo (15 x 10 cm), com ou sem suplementação com concentrado energético (11% de PB).

O suplemento continha polpa cítrica, farelo de algodão e mistura mineral com monensina sódica e foi fornecido na dose de 0,6% do PV em matéria natural, diariamente, pela manhã.

Foram utilizados 8,5 ha de pastagem de capim *Brachiaria brizantha* cv. Marandu. A área consistia de quatro módulos com oito piquetes cada. A pastagem foi manejada em lotação rotacionada, com período de descanso variável, uma vez que o critério de entrada dos animais nos piquetes era a altura de 25 cm (IL de 95%).

As pastagens foram adubadas com 150 kg . ha^{-1} de cloreto de potássio, 200 kg . ha^{-1} de superfosfato simples e 30 kg . ha^{-1} de FTE-BR12 (micronutrientes) no mês de outubro de 2005, antes do início do período experimental. Durante a fase experimental, foram aplicados 300 kg de N . ha^{-1}, parcelados em seis aplicações, logo após o pastejo de cada piquete.

Foram utilizados 150 garrotes inteiros, filhos de vacas F1 (½ Nelore × ½ Santa Gertrudes ou Angus) e touro Pardo Suíço de corte, com idade média de 8 meses e aproximadamente 220 kg de peso vivo (PV).

Os dados de desempenho foram avaliados em 80 animais, sendo os 70 restantes utilizados apenas para ajuste de carga nas pastagens.

Após a fase de recria em pasto, os animais foram terminados em confinamento, com ração contendo 13% de cana-de-açúcar e bagaço de cana e 87% de concentrado.

▶ Resultados

Os resultados obtidos da fase de recria em pasto são apresentados na Tabela 18. São dados preliminares, ainda não submetidos a análise estatística.

Tabela 18. Desempenho animal nos tratamentos 15 e 10 cm, com ou sem suplementação, durante a fase de pasto.

Tratamento	15 cm + supl.	10 cm + supl.	15 cm	10 cm
Pasto				
Altura pré-pastejo (cm)	25,2	24,3	25,1	24,7
Altura pós-pastejo (cm)	15,4	11,1	14,9	11,5
Proteína bruta (%)	15,3	14,9	15,2	15,5
Animal				
Peso inicial (kg)	225	224,9	224,9	219
Peso final (kg)	369	351	306,4	284,4
GPD (kg/dia)	0,96	0,84	0,54	0,44
Carga animal (UA/ha)	6,1	8,4	5,8	7,0
Carga animal (cab/ha)	9,24	13,12	9,83	12,5

Os animais suplementados ganharam em média 0,4 kg . dia^{-1} a mais que os animais não suplementados, tanto no tratamento com resíduo de 10 como no de 15 cm. Os animais mantidos no tratamento sem suplementação e com resíduo pós-pastejo de 10 cm apresentaram GPD baixo, de apenas 0,44 kg . cab^{-1}. A suplementação destes animais propiciou GPD satisfatório, de 0,84 kg . cab^{-1}.

A suplementação com concentrado aumentou em 20% a lotação das pastagens (UA/ha) manejadas com resíduo de 10 cm de altura.

A maior lotação e a maior produtividade por área (kg de ganho de peso vivo . ha^{-1}) foram obtidas com os animais suplementados, mantidos em pastagens com resíduo de 10 cm de altura.

Apenas os animais suplementados atingiram peso para entrar em confinamento ao final da fase de recria. Os dados de desempenho em confinamento são apresentados na Tabela 19.

Tabela 19. Desempenho animal e de carcaça dos tratamentos suplementados, na fase de confinamento.

Tratamento	15 cm + supl.	10 cm + supl.
Peso inicial (kg)	368,8	351,2
Peso final (kg)	518,5	505,0
GPD (kg/dia)	1,27	1,30
CMS (kg/dia)	10,2	9,5
Eficiência (CMS (kg)/GPD (kg))	8,0	7,3
Peso carcaça (kg)	279,4	270,1
Rendimento carcaça (%)	53,8%	53,4%
EG (mm)	5,0	5,0
AOL (cm^2)	83,1	79,0

3. Considerações finais

Para animais em recria mantidos em pastagens tropicais bem manejadas, com pelo menos 11% de PB, a suplementação com concentrados energéticos, na dose de 0,6% do PV, melhora o ganho de peso, a lotação das pastagens, a produção de carne por área. Animais suplementados durante a recria em pasto têm desempenho superior durante a terminação em confinamento, em comparação com animais não suplementados.

Os estudos de viabilidade econômica mostraram aumento de até 50% no lucro operacional por área com o uso da suplementação.

4. Referências bibliográficas

ANDRADE, A. C.; FONSECA, D. M.; LOPES, R. S.; NASCIMENTO JÚNIOR, D. N.; GOMIDE, J. A.; CECON, P. R.; QUEIROZ, D. S.; PEREIRA, D. H.; CARDOSO, R. C. Disponibilidade de matéria seca e composição química do capim-elefante Napier sob adubação e irrigação. In: REUNIÃO ANUAL DA SOCIEDADE BRASILEIRA DE ZOOTECNIA, 39., 2002, Recife. **Anais...** Recife: SBZ, 2002. (1 CD-ROM).

BELARMINO, M. C. J.; PINTO, J. C.; ROCHA, G. P.; EVANGELISTA, A. R.; MORAIS, A. R.; BOMFIM, E. R. P.; SOARES, K. R. Teores de FDN e FDA na forragem de *Panicum maximum* Jacq. cv. Tanzânia 1 em função da aplicação de doses de fósforo e nitrogênio. In: REUNIÃO ANUAL DA SOCIEDADE BRASILEIRA DE ZOOTECNIA, 38., 2001, Piracicaba. **Anais...** Piracicaba: SBZ, 2001. (1 CD-ROM).

BONDINE, T. N.; PURVIS, H. T. Efects of supplemental energy and/or degradable intake protein on performance, grazing behavior, intake, digestibility, and fecal blood indices by beef steers grazed on dormant native tallgrass prairie. **Journal of Animal Science**, Champaign, v. 81, p. 304-17, 2003.

BUENO, F. O.; SILVA, S. C.; CARNEVALLI, R. A.; UEBELE, M. C.; OLIVEIRA, A. A.; MORAIS, J. P. **Uso do índice de área foliar e interceptação luminosa como critério para determinação do manejo do pastejo para o capim Mombaça (*Panicum maximum* (Jacq.)) – III. Determinação da estrutura do dossel e quantificação do valor nutritivo da forragem produzida**. 70p. Relatório parcial de atividades (apresentado à Fapesp) – Universidade Federal de São Carlos / Centro de Ciências Agrárias, São Carlos, 2002.

CATON, J. S.; DHUYVETTER, D. V. Influence of energy supplementation on grazing ruminants: requirements and responses. **Journal of Animal Science**, Champaign, 75, p. 533-42, 1997.

CAVAGUTI, E.; ZANETTI, M. A.; MORGULIS, S. C. Suplementação protéica para novilhas de corte mantidas a pasto no período das águas. In: REUNIÃO ANUAL DA SOCIEDADE BRASILEIRA DE ZOOTECNIA, 39., 2002, Recife. **Anais...** Recife: SBZ, 2002. (1 CD-ROM).

CLIPES, R. C.; SILVA, J. F. C.; DETMANN, E.; VASQUEZ, H. M.; SCOLFOROS, V. Composição químico-bromatológica da forragem durante o período de ocupação em pastagem de capim-mombaça (*Panicum maximum*, Jacq.) sob manejo rotacionado 1. In: REUNIÃO ANUAL DA SOCIEDADE BRASILEIRA DE ZOOTECNIA, 40., 2003, Santa Maria. **Anais...** Santa Maria, RS: SBZ, 2003. (1 CD-ROM).

CORREIA, P. S. Estratégias de suplementação de bovinos de corte em pastagens durante o período das águas. Piracicaba, 2006. 333p. Dissertação (Doutorado). Escola Superior de Agricultura "Luiz de Queiroz", Universidade de São Paulo.

CORSI, M. Manejo de plantas forrageiras do gênero *Panicum*. In: SIMPÓSIO SOBRE MANEJO DA PASTAGEM, 9., 1988, Piracicaba. **Anais...** Piracicaba, SP: Fealq, 1988, p. 57-75.

CORSI, M. Produção e qualidade de forragens tropicais. In: SOCIEDADE BRASILEIRA DE ZOOTECNIA. Pastagens. Piracicaba, SP: Fealq, 1990, p. 69-88.

CORSI, M. Adubação nitrogenada das pastagens. In: PEIXOTO, A. M. **Pastagens: fundamentos da exploração racional**. Piracicaba, SP: Fealq, 1994, p. 121-53.

CORSI, M.; BALSALOBRE, M. A.; SANTOS, P. M.; SILVA, S. C. Bases para o estabelecimento do manejo de pastagens de braquiária. In: SIMPÓSIO SOBRE MANEJO DA PASTAGEM, 11., 1994, Piracicaba. **Anais...** Piracicaba, SP: Fealq, 1994, p. 249-5.

CRUZ, G. M.; TULLIO, R. R.; RODRIGUES, A. A.; ALENCAR, M. M.; OLIVEIRA, G. P. Desempenho de bezerros nelore e cruzados desmamados recebendo dois níveis de suplementação concentrada em pastagem adubada de *Cynodon dactylon* cv. Coastcross 1. In: REUNIÃO ANUAL DA SOCIEDADE BRASILEIRA DE ZOOTECNIA, 39., 2003, Santa Maria. **Anais...** Santa Maria, RS: SBZ, 2003b. (1 CD-ROM).

DA SILVA, S. C.; PEDREIRA, C. G. S. Princípios de ecologia aplicados ao manejo de pastagem. In: SIMPÓSIO SOBRE ECOSSISTEMA DE PASTAGENS, 3., Jaboticabal, 1997. **Anais...** Jaboticabal, SP: Funep, 1997b, p. 1-62.

ELIZALDE, J. C.; CREMIN JR., J. D.; FAULKNER, D. B.; MERCHEN, N. R. Performance and digestion by steers grazing tall fescue a supplemental with energy and protein. **Journal of Animal Science**, Champaign, v. 76, p. 1691-701, 1998.

EUCLIDES, V. P. B.; MEDEIROS, S. R. Suplementação animal em pastagens e seu impacto na utilização da pastagem. In: SIMPÓSIO SOBRE MANEJO DE PASTAGEM: TEORIA E PRÁTICA DA PRODUÇÃO ANIMAL EM PASTAGENS, 22., 2005, Piracicaba. **Anais...** Piracicaba, SP: Fealq, 2005. p. 33-70.

EUCLIDES, V. P. B.; MEDEIROS, S. R. Suplementação animal em pastagens e seu impacto na utilização da pastagem. In: SIMPÓSIO SOBRE MANEJO DA PASTAGEM: TEORIA E PRÁTICA DA PRODUÇÃO ANIMAL EM PASTAGENS, 22., 2005, Piracicaba. **Anais...** Piracicaba, SP: Fealq, 2005. p. 33-70.

FERLIN, M. B.; EUCLIDES V. P. B.; LEMPP, B.; GONÇALVES, M. C.; TEIXEIRA, M. A. Características químicas das lâminas foliares de *Panicum maximum* cv. Tanzânia 1. In: REUNIÃO ANUAL DA SOCIEDADE BRASILEIRA DE ZOOTECNIA, 40., 2003, Santa Maria. **Anais...** Santa Maria, RS: SBZ, 2003. (1 CD-ROM).

FERNANDES, L. O.; REIS, R. A.; PAES, J. M. V.; LEDIC, I. L. Efeito da suplementação no desempenho de bovinos de corte em pastagem de *Brachiaria brizantha* cv. Marandu 1. In: REUNIÃO ANUAL DA SOCIEDADE BRASILEIRA DE ZOOTECNIA, 39., 2003, Santa Maria. **Anais...** Santa Maria, RS: SBZ, 2003a. (1 CD-ROM).

FNP CONSULTORIA & AGROINFORMATIVOS. **Anualpec 2005**: Anuário da Pecuária Brasileira. São Paulo, 2005. 95p.

FREITAS, K. R.; ROSA, B.; RUGGIERO, J. A.; NASCIMENTO, J. L.; HEINEMANN, A. B.; MACEDO, R. F.; FERREIRA, P. H.; CASTANHEIRA, M. Composição bromatológica do capim mombaça *Panicum maximum* Jacq. submetido a diferentes doses de nitrogênio. In: REUNIÃO ANUAL DA SOCIEDADE BRASILEIRA DE ZOOTECNIA, 41., 2004, Campo Grande. **Anais...** Campo Grande, MS: SBZ, 2004. (1 CD-ROM).

GOMES JÚNIOR, P.; PAULINO, M. F.; DETMNN, E.; VALADARES FILHO, S. C.; ZERVOUDASKIS, J. T. Composição químico-bormatológica da *Brachiaria decumbens* sob pastejo: proteína e carboidratos. In: REUNIÃO ANUAL DA SOCIEDADE BRASILEIRA DE ZOOTECNIA, 38., 2001, Piracicaba. **Anais...** Piracicaba, SP: SBZ, 2001. (1 CD-ROM).

GOMIDE, J. A.; GOMIDE, C. A. M. Utilização e manejo de pastagens. In: SOCIEDADE BRASILEIRA DE ZOOTECNIA. **A produção animal na visão dos brasileiros**. Piracicaba, SP: Fealq, 2001, p. 808-24.

HAFLEY, J. L.; ANDERSON, B. E.; KLOPFENSTEIN, T. J. Supplementation of growing cattle grazing warm-season grass with proteins of various ruminal degradabilities. **Journal of Animal Science**, Champaign, v. 71, p. 522-9, 1993.

HERLING, V. R.; PÁDUA, M. B.; PAIVA, F. A.; LUCHESI, M. M.; BATEMARQUE, V. G.; LUZ, P. H. C.; LEMA, C. G. Valor nutritivo da matéria seca disponível do capim mombaça (*Panicum maximum* Jacq.) sob pastejo. In: REUNIÃO ANUAL DA SOCIEDADE BRASILEIRA DE ZOOTECNIA, 37., 2000, Viçosa. **Anais...** Viçosa: SBZ, 2000. (1 CD-ROM).

HESS, B. W.; KRYSL, L. J.; JUDKINS, M. B.; HOLCOMBE, D. W.; HESS, J. D.; HANKS, D. R.; HUBER, S. A. Supplemental cracked corn or wheat bran for steers grazing endophyte – free fescue pasture: effects on live weight gain, nutrient quality, forage intake, particulate and fluid kinetics, ruminal fermentation, and digestion. **Journal of Animal Science**, Champaign, v. 74, p. 1116-25, 1996.

HODGSON, J. **Grazing management — science into practice.** New York: John Wiley; Longman Scientific & Technical, 1990. 203p.

JOHNSON, C. R.; REILING, B. A.; MISLEVY, P.; HALL, M. B. Effects of nitrogen fertilization and harvest date on yield, digestibility, fiber, and protein fractions of tropical grasses. **Journal of Animal Science**, Champaign, v. 79, p. 2439-48, 2001.

LIMA, G. F. C.; SOLLENBERGER, L. E.; MOORE, J. E. Nitrogen concentration in cell wall of warm-season perennial grasses. In: INTERNATIONAL GRASSLAND CONGRESS, 19., 2001, Piracicaba. **Proceedings...** Piracicaba, SP: Fealq, 2001, p. 376-7.

LIMA, W. D.; REZENDE, C. A. P.; BAIÃO, A. A. F.; BAIÃO, E. A. M.; ANDRADE, I.; SILVA, A. R. P.; PAIVA, P. C. A.; NASCIMENTO, H.; MUNIZ, J. A. Desempenho de novilhos nelore suplementados a pasto durante época das águas. In: REUNIÃO ANUAL DA SOCIEDADE BRASILEIRA DE ZOOTECNIA, 39., 2003, Santa Maria. **Anais...** Santa Maria, RS: SBZ, 2003. (1 CD-ROM).

LIPPKE, H.; FORBES, T. D. A.; ELLIS, W. C. Effect of supplements on growth and forage intake by stocker steers grazing wheat pasture. **Journal of Animal Science**, Champaign, v. 78, p. 1625-35, 2000.

MARCELINO, K. R. A.; LEITE, G. G.; VILELA, L.; GUERRA, A. F.; DIOGO, J. M. S.; PEREIRA, A. M. Influência de nitrogênio e tensões hídricas sobre o valor nutritivo de Marandu (*Brachiaria brizantha*) cultivado no cerrado. In: REUNIÃO ANUAL DA SOCIEDADE BRASILEIRA DE ZOOTECNIA, 39., Recife, 2002. **Anais...** Recife: SBZ, 2002. (1 CD-ROM).

MARCONDES, P. C. F.; ALVES, J. B.; ISEPON, O. J.; BERGAMASCHINE, A. F. Desempenho de bovinos em pastagens de *Brachiaria decumbens* suplementados com proteína e energia no período das águas. In: REUNIÃO ANUAL DA SOCIEDADE BRASILEIRA DE ZOOTECNIA, 38., 2001, Piracicaba. **Anais...** Piracicaba, SP: SBZ, 2001. (1 CD-ROM).

MELLO, S. Q. S.; ALVES, J. B.; BERGAMASCHINE, A. F.; MATSUMOTO, E.; FREITAS, R. V. L.; ISEPON, J.; BELLUZZO, C. E. C. Produção de matéria seca e composição bromatológica de cultivares de *Panicum maximum* Jacq. em diferentes idades de corte. In: REUNIÃO ANUAL DA SOCIEDADE BRASILEIRA DE ZOOTECNIA, 39., 2002, Recife. **Anais...** Recife: SBZ, 2002. (1 CD-ROM).

MINSON, D. J. **Forage in ruminant nutrition**. New York: Academic Press, 1990. 483p.

NATIONAL RESEARCH COUNCIL. **Nutrient riqueriment of beef cattle**. 7th ed. Washington: National Academic Press, 1996. 242p.

OLIVEIRA, L. O. F.; AMARAL, T. B.; SALIBA, E. O. S.; TEIXEIRA, G. L. Desempenho de novilhos nelore suplementados com misturas múltiplas dos 8 aos 26 meses de idade. In: REUNIÃO ANUAL DA SOCIEDADE BRASILEIRA

DE ZOOTECNIA, 39., 2003, Santa Maria. **Anais...** Santa Maria, RS: SBZ, 2003b. (1 CD-ROM).

PARIS, W.; BRANCO, A. F.; PROHMANN, P. E. F.; MOURO, G. F.; ALMEIDA JÚNIOR, J. A.; CECATO, U.; ROSSAS, A. P.; DIS, F. J. Suplementação energética para novilhos mestiços em pastagens de coastcross (*Cynodon dactylon* L. pers) na estação das águas 1. In: REUNIÃO ANUAL DA SOCIEDADE BRASILEIRA DE ZOOTECNIA, 39., 2003, Santa Maria. **Anais...** Santa Maria, RS: SBZ, 2003. (1 CD-ROM).

PARSONS, S. D.; ALLINSON, C. D. Grazing management as it affects nutrition, animal production and economics of beef production. In: MASS, J. (ed.). **Veterinary clinics of North America**. Philadelphia: W. B. Saunders Company, p. 77-97. 1991.

PATERSON, J. A.; BELYEA, R. L.; BOWMAN, J. B.; KERLEY, M. S.; WILLIAMS, J. E. The impact of forage quality and supplementation regimen on ruminant animal intake and performance. In: FAHEY JR., G. C. (ed.). **Forage, quality, evaluation, and utilization**. ASA, CSSA, SSSA. Madison, Wisconsin, 1994. p. 59-114.

PATIÑO, R. M.; FISCHER, V.; BALBINOTTI, M.; MORENO, C. B.; FERREIRA, E. X.; VINHAS, R.; MONKS, P. L. Efeito de níveis crescentes de suplemento energético sobre o desenvolvimento corporal de bezerros de corte em pastejo. In: REUNIÃO ANUAL DA SOCIEDADE BRASILEIRA DE ZOOTECNIA, 38., 2001, Piracicaba. **Anais...** Piracicaba, SP: SBZ, 2001. (1 CD-ROM).

PAULINO, V. T.; COSTA, N. de L.; PAULINO, T. S. Produção de forragem e composição química de *Paspalum secans* em diferentes idades de corte. In: REUNIÃO ANUAL DA SOCIEDADE BRASILEIRA DE ZOOTECNIA, 39., 2002, Recife. **Anais...** Recife: SBZ, 2002. (1 CD-ROM).

PENATI, M. A. **Estudo do desempenho animal e produção do capim Tanzânia (*Panicum maximum* Jacq.) em um sistema rotacionado de pastejo sob irrigação em três níveis de resíduo pós-pastejo.** Piracicaba, SP, 2002. 117p. Tese (Doutorado em Agronomia com área de concentração em Ciência Animal e Pastagens). Escola Superior de Agricultura "Luiz de Queiroz" , Universidade de São Paulo.

POPPI, D. P.; McLENNAN, S. R. Protein and energy utilization by ruminants at pasture. **Journal of Animal Science**, Champaign, v. 73, p. 278-90, 1995.

PORTO, M. O.; PAULINO, M. F.; VALADARES FILHO, S. C.; MORAES, E. H. V. K.; ACEDO, T. S.; FIGUEIREDO, D. M.; SALES, M. F. L.; SOUZA, M. G.; LELIS, G. R. Diferentes fontes de proteína em suplementos múltiplos para novilhos nelore em recria no período das águas 1. In: REUNIÃO ANUAL DA SOCIEDADE BRASILEIRA DE ZOOTECNIA, 40., 2004, Campo Grande. **Anais...** Campo Grande, MS: SBZ, 2004. (1 CD-ROM).

PORDOMINGO, A. J.; WALLACE, J. D.; GREEMAN, A. S.; GALYEAN, M. L. Supplemental corn grain for steers grazing native rangeland during summer. **Journal of Animal Science**, Champaign, v. 69, p. 1678-87, 1991.

PROHMANN, P. E. F.; BRANCO, A. F.; CECATO, U.; JOBIM, C. C.; GUIMARÃES, K. C.; SARTI, L.; HOESCHL, A. R.; CANO, C. P. Efeitos da suplementação energética no verão sobre o desempenho de novilhos precoces. In: REUNIÃO ANUAL DA SOCIEDADE BRASILEIRA DE ZOOTECNIA, 38., 2001, Piracicaba. **Anais...** Piracicaba, SP: SBZ, 2001. (1 CD-ROM).

PROHMANN, P. E. F.; PARIS, W.; BRANCO, A. F.; CECATO, U.; JOBIM, C. C.; ALMEIDA JÚNIOR, J. A. Desempenho de novilhos mestiços submetidos a suplementação energética em pastagens na estação das águas. In: REUNIÃO ANUAL DA SOCIEDADE BRASILEIRA DE ZOOTECNIA, 39., 2002, Recife. **Anais...** Recife: SBZ, 2002. (1 CD-ROM).

RAMALHO, T. R. **Suplementação protéica ou energética para bovinos recriados em pastagens tropicais.** Piracicaba, SP, 2006. 64p. Dissertação (Mestrado). Escola Superior de Agricultura "Luiz de Queiroz", Universidade de São Paulo.

REIS, R. A.; BERTIPAGLIA, L. M. A.; FREITAS, D.; MELO, G. M. P.; BALSALOBRE, M. A. A. Suplementação protéico-energética e mineral em sistemas de produção de gado de corte nas águas e nas secas. In: SIMPÓSIO SOBRE BOVINOCULTURA DE CORTE: PECUÁRIA DE CORTE INTENSIVA NOS TRÓPICOS, 5., 2004, Piracicaba. **Anais...** Piracicaba, SP: Fealq, 2004. p. 171-226.

SANTOS, F. A. P. Suplementação energética de bovinos de corte em confinamento. In: 5º SIMPÓSIO DE BOVINOCULTURA DE CORTE. **Anais...** Piracicaba, SP: Fealq, 2005.

TAMASSIA, L. F. M.; HADDAD, C. M.; SUGUISAWA, L. Composição bromatológica e digestibilidade *in vitro* do capim de Rhodes (*Chloris gayana* Kunth) em diferentes idades. In: REUNIÃO ANUAL DA SOCIEDADE BRASILEIRA DE ZOOTECNIA, 38., 2001, Piracicaba. **Anais...** Piracicaba, SP: SBZ, 2001. (1 CD-ROM).

THIAGO, L. R. L. S.; SILVA, J. M.; TORRES JR., R. A. A. Desempenho de novilhos mestiços, com suplementação em pastagens de *B. brizantha*, durante a época de chuva. In: REUNIÃO ANUAL DA SOCIEDADE BRASILEIRA DE ZOOTECNIA, 39., 2003, Santa Maria. **Anais...** Santa Maria, RS: SBZ, 2003. (1 CD-ROM).

VILLELA, S. D. J.; PAULINO, M. F.; VALADARES FILHO, S. C.; VALADARES FILHO, S. C.; RILENE, F. D.; FIGUEIREDO, D. M.; DEMEU, F. A. Efeito da suplementação com diferentes fontes de proteína para bovinos de corte em pastejo no período das águas. 1 – Desempenho 1. In: REUNIÃO ANUAL DA SOCIEDADE BRASILEIRA DE ZOOTECNIA, 39., 2003, Santa Maria. **Anais...** Santa Maria, RS: SBZ, 2003. (1 CD-ROM).

ZERVOUDASKI, J. T.; PAULINO, M. F.; DETMANN, E.; VALADARES FILHO, S. C.; MORAES, E. H. B. K.; CABRAL, L. S.; FIGUEIREDO, D. N. Associação de diferentes fontes protéicas em suplementos múltiplos de autocontrole de consumo, para recria de novilhos em pastagens durante o período de transição águas-seca. In: REUNIÃO ANUAL DA SOCIEDADE BRASILEIRA DE ZOOTECNIA, 39., 2002. Recife. **Anais...** Recife: SBZ, 2002. (1 CD-ROM).

ZERVOUDASKI, J. T.; PAULINO, M. F.; DETMANN, E.; LANNA, R. P.; VALADARES FILHO, S. C.; CECON, P. R.; QUEIROZ, D. S.; FIGUEIREDO, D. N. Desempenho e características de carcaça de novilhos suplementados no período das águas. In: REUNIÃO ANUAL DA SOCIEDADE BRASILEIRA DE ZOOTECNIA, 38., 2001. Recife. **Anais...** Piracicaba, SP: SBZ, 2001. (1 CD-ROM).

ADAPTAÇÃO DE GADO CONFINADO A DIETAS RICAS EM GRÃOS: DISTÚRBIOS METABÓLICOS E DESEMPENHO

FRED OWENS*

1. Introdução

Imagine que, na idade de 14 anos, você é involuntariamente convocado para o serviço militar. Desarraigado do lar e da família, você é posto em um ônibus com pessoas que nunca viu antes, transportado durante doze horas para um ajuntamento para seleção, submetido a exame físico, recebe identificação, uniforme padrão e várias vacinas. Em seguida, você é reagrupado e espremido em um segundo ônibus velho, caindo aos pedaços e fedendo a fumaça de diesel. Os outros que estão no ônibus são brutos e não demonstram simpatia: empurram-no de um lado a outro e possuem sotaques esquisitos. Todos relembram verbalmente seus passados pacíficos e

* Pioneer Hi-Bred International, Inc. Johnston, IA 50131 USA.

maravilhosos, reclamam de terem sido seqüestrados e temem quanto a seu futuro. Alguns apresentam uma tosse profunda e incessante; outros o banham quando espirram. Você recebe empurrões e cotoveladas por mais doze horas e é descarregado em um quartel fedido para passar a noite. Finalmente, tem acesso a água e comida. Mas a água cheira estranho, e você recebe uma colherada de picadinho com gosto peculiar em uma bandeja de alumínio encardida. Quando tenta beber, comer ou dormir, é molestado pelos outros. Por último, você é alinhado em formação para conhecer o primeiro sargento; ele grita e diz palavrões enquanto você marcha em formação para mais vacinações, mais empurrões e cutucões e longas esperas em fila. Bem mais tarde, é-lhe concedido um breve descanso na parte superior de um beliche desconfortável. Você é despertado às 5 horas da manhã, quando se supõe que já deve ter os sapatos polidos e estar vestido para as tarefas. Neste novo ambiente, muito mais frio ou muito mais quente do que aquele com o qual está familiarizado, espera-se que você obedeça a ordens dadas em voz alta e nunca reclame ou se manifeste por estar doente.

Embora essa seja uma metáfora antropomórfica, a maioria dos bezerros que entram em um confinamento poderiam narrar semelhante e sórdida história sobre o seu estresse e as suas tensões. Será que os funcionários de confinamentos são aqueles sargentos encarregados de transformar recrutas inexperientes, que diferem em tamanho, passado e físico, em máquinas de combate efetivas? Ou será que os confinamentos deveriam prover água e alimentos familiares e cuidados especiais para os indivíduos assustados e amedrontados, que se encontram amontoados em um novo e diferente local, com confusos companheiros de baia?

Embora a adaptação à dieta represente um importante passo na adaptação dos bezerros ao regime de confinamento, diversos outros fatores do passado recente desses animais podem alterar a saúde e o desempenho de bezerros e animais ao sobreano. As primeiras rações deveriam facilitar a adaptação do animal ao novo ambiente, mas até mesmo uma ração totalmente aceita poderia não ser suficiente para manter a saúde e a sobrevivência e, principalmente, para proporcionar ganhos de peso e eficiência alimentar ótimos. Ensaios de pesquisa com gado recém chegado são extremamente difíceis de conduzir e interpretar, devido ao grande número de fatores que afetam a saúde e o desempenho. Além disso, muitos estudos com a recepção de animais somente têm monitorado respostas de curto prazo (14 ou 28 dias) a dietas de adaptação ou cuidados sanitários. Como a saúde e o desempenho do período de recepção são capazes de alterar o desempenho na fase de terminação e as características de carcaça, pecuaristas e pesquisadores precisam avaliar as respostas de longo prazo às dietas e aos cuidados sanitários do período de chegada ao confinamento. Tal visão de longo prazo poderia produzir benefício econômico substancial, devido à melhora na saúde e status nutricional, que seria esperada de programas de pré-condicionamento envolvendo administração de vacinas pré-ingresso, menor remanejo de lotes e tempo de transporte e adaptação a rações que contêm concentrado. Infelizmente, como nos confinamentos não se pode ter certeza de que determinado lote foi pré-condicionado de maneira satisfatória, quase todos os animais recém chegados são submetidos a um programa de adaptação à dieta e cuidados sanitários padronizados.

2. Considerações econômicas de dietas

As dietas para bovinos em confinamento nos Estados Unidos costumam conter cerca de 80% de grãos (Loy, 1997). A razão disso é que o custo por megacaloria de energia normalmente é menor para grãos de cereais, em comparação com os volumosos. Além disso, a taxa e a eficiência de crescimento dos animais confinados são melhoradas quando o conteúdo de energia metabolizável (EM) da dieta é maior do que 2,70 e 3,45 Mcal/kg, respectivamente (Krehbiel et al., 2006), concentrações consideravelmente maiores do que as obtidas com dietas baseadas em volumosos. No entanto, o nível ideal de grãos na dieta depende de diversos fatores econômicos. Dependendo dos custos relativos do volumoso ou da forragem, dos custos fixos (incluindo depreciação da infra-estrutura e juros sobre o dinheiro emprestado) e dos preços relativos de venda da carne de animais alimentados com alto grão, as rações que contêm maiores proporções de volumoso podem, em alguns casos, resultar em menor custo de produção total em relação às rações de alto concentrado. De fato, por muitos anos os produtores de aves formularam dietas para produção a custo mínimo, e não simplesmente rações de custo mínimo. Com a crescente disponibilidade de subprodutos agrícolas (por exemplo: resíduos da fermentação para a produção de etanol de milho), alguns consultores de confinamento no cinturão do milho dos Estados Unidos estão agora incluindo altos níveis de subprodutos de baixo custo nas rações, de tal maneira que a taxa de ganho de peso e a eficiência alimentar ficam abaixo do ponto ótimo. É necessária uma análise econômica completa do confinamento para selecionar o nível ideal de grãos na dieta. Em circunstâncias em que dietas de alto concentrado sejam economicamente ideais, faz-se necessária a adaptação gradual dos bezerros, previamente acostumados a rações de alto teor de volumoso ou dietas de pastagem, para dietas ricas em concentrado. Essa transição deve ser gradual, para evitar diversos distúrbios metabólicos (empanzinamento, acidose, abscessos de fígado e laminite) que podem ser fatais ou ter efeitos adversos de longo prazo no desempenho e nas características de carcaça. Para ruminantes, essa transição não só envolve o rúmen e seus microorganismos, mas também o animal hospedeiro, como demonstrado por Brown et al. (2006).

3. Adaptação ruminal

Os trabalhos iniciais com culturas de microorganismos e com ovinos submetidos a mudança de dieta com alto teor de volumoso para dieta com alto teor de concentrado, com nível fixo de consumo de alimento, indicaram que a população de bactérias do rúmen alterou-se satisfatoriamente em dez dias e permaneceu estável depois desse tempo (Warner, 1962). Trabalhos mais recentes (Figura 1) com ovinos alimentados de modo restrito, com substituição repentina de 60% de uma dieta de feno de gramínea (*Dactylis glomerata*) por milho quebrado, indicaram que a contagem total de bactérias mudou abruptamente em três dias, mas a estabilidade foi atingida em sete dias. As concentrações de bactérias celulolíticas mantiveram-se relativamente inalteradas e se apresentaram estáveis após três dias, mas a concentração de protozoários triplicou em cinco dias e se manteve estável após esse período. O volume ruminal e a taxa de diluição foram reduzidos quando o feno foi substituído por grãos

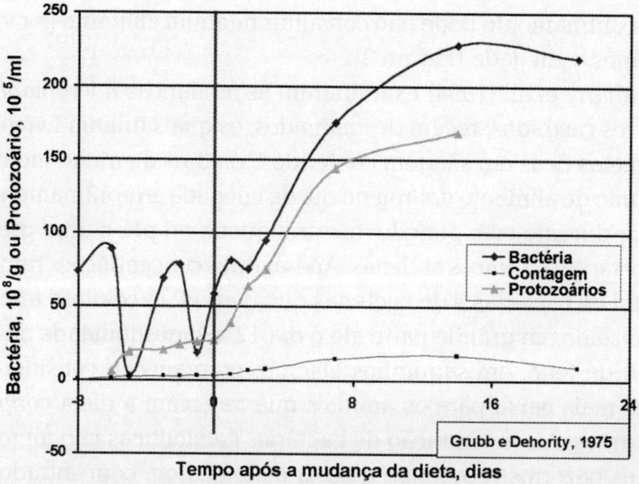

Figura 1. Mudanças nas concentrações de microorganismos no fluido ruminal em ovinos com consumo limitado, com a substituição de 40% do feno de Orchard grass (*Dactylis glomerata*) por grão de milho quebrado. (Adaptado de Grubb e Dehority, 1975).

na dieta. Esses dados indicam que os microorganismos ruminais podem se adaptar de modo relativamente rápido a uma alteração do substrato suprido se o consumo de alimento for fixo. Essas descobertas contrastam com o conceito de que ovinos e bovinos exigem até um mês para se adaptar plenamente a dietas de alto teor de concentrado. Observe-se que, nos estudos com microorganismos citados, o consumo de alimentos foi fixo. Na adaptação de animais em confinamento a dietas de concentrado, o consumo de alimento e energia é geralmente crescente; o aumento para determinados indivíduos pode ser abrupto e intermitente. Portanto, ao se permitir livre acesso ao alimento, variações no consumo se combinam e se confundem com a mudança da população microbiana para novos substratos; portanto, o tempo de adaptação dos microorganismos pode ser significativamente estendido (Brown et al., 2006). Apesar de a concentração de energia poder ser cuidadosa e consistentemente aumentada, muitas vezes o consumo individual de alimento é bastante variável. Uma proporção substancial dos bezerros que chegam a um confinamento pode não consumir nenhum alimento por vários dias após a chegada (Figura 2).

Fluharty et al. (1994) examinaram as mudanças microbianas de bezerros castrados, recém desmamados, os quais tinham livre acesso a dietas ricas em silagem contendo 5 ou 33% de milho moído. O consumo de alimento dobrou do dia da chegada ao confinamento ao dia 15; durante este período, ocorreu queda no pH e uma gradual recuperação em ambas as dietas. Apesar de as concentrações ruminais do total de bactérias e de bactérias que degradam celulose terem se estabilizado em grande parte até o dia 12, a digestibilidade da fibra (FDN) de feno, em saquinhos Dacron, permaneceu consideravelmente mais baixa para os animais que recebiam a dieta contendo mais grãos. A concentração de bactérias celulolíticas não foi menor para os bezerros recebendo a dieta mais rica em concentrado, porém, em comparação com a população total, a fração de bactérias celulolíticas foi menor. Esse dado dá suporte à revisão de Van Gylswyk e Schwartz (1983), os quais concluíram que a diminuição na digestão de celulose e hemicelulose, quando utilizadas dietas ricas em concentrado, normalmente não se deve a um declínio no número de bactérias celulolíticas no rúmen. Em vez disso, a diminuição na

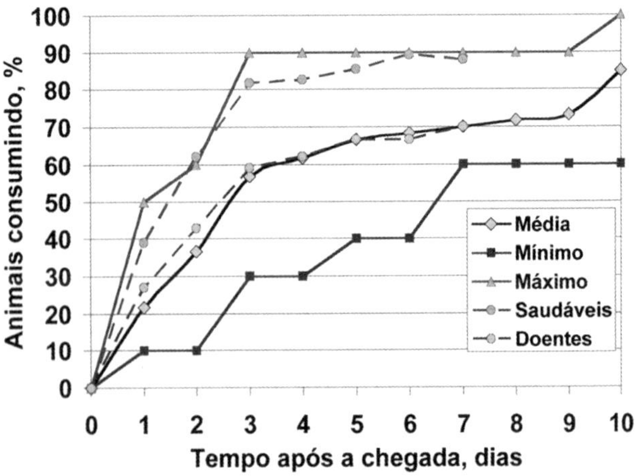

Figura 2. Porcentagem de animais consumindo após a chegada em confinamento. (Adaptado de Hutcheson e Cole, 1986, e Wagner et al., 1991).

digestibilidade da fibra deve ser decorrência de uma diminuição na atividade microbiana, acarretada por um pH ruminal mais baixo (Russel e Wilson, 1996), ou de uma menor aderência das bactérias celulolíticas às partículas de fibra (Miron et al., 2001). Levando em conta a ampla flutuação em consumo e composição de alimentos, que altera as condições ruminais, surpreende que distúrbios metabólicos não sejam ainda mais comuns em animais confinados recebendo dietas ricas em concentrado entre o 21º e o 28º dia da chegada ao confinamento.

O acúmulo de ácido e substâncias com alta osmolalidade no rúmen constitui o fator mais preocupante durante a adaptação da dieta. Com a queda no pH até cerca de 5,5, essas substâncias causam acidose subclínica. Com esta, há uma redução temporária no consumo de alimento, mas normalmente os animais se recuperam em 24 a 48 horas. Porém, uma vez acometidos, podem nunca mais voltar ao consumo de alimento inicial. Quando o pH ruminal cai para valores inferiores a 5,2, ocorre a condição classificada como acidose clínica, que normalmente é fatal. Até mesmo com acidose subclínica o tecido epitelial da parede ruminal pode ser danificado, causando sepsia (presença de microorganismos patogênicos, ou suas toxinas), que pode resultar em abscessos no fígado. Embora a acidose lática normalmente esteja correlacionada com baixo pH ruminal e tenha sido assunto de extensa pesquisa, o ácido láctico geralmente não é encontrado nos conteúdos ruminais que possuem pH abaixo de 5,0. Isso indica que outros ácidos e outras substâncias além do ácido láctico (exemplos: metilglioxal, bacteriocinas) podem estar envolvidos com o desenvolvimento do quadro de acidose no rúmen e ser os responsáveis pela inativação e estagnação ruminal.

Aspectos relevantes relativos à acidose são as bactérias que produzem ácido láctico, as bactérias que utilizam este ácido, os protozoários que engolfam partículas de alimento e atenuam a fermentação e os protozoários que hidrolisam a amilase liberada no meio, a qual pode aumentar as concentrações de glicose no rúmen. *Streptococcus bovis*, uma bactéria ruminal oportunista que se prolifera em condições de glicose disponível no meio, foi considerada por décadas a principal causa da acidose láctica. Porém, muitas outras cepas de microorganismos produzem D(–) e L(+) lactato no rúmen. No entanto, antibióticos específicos que inibem a proliferação de *S. bovis* (thiopeptina, virginiamicina) têm se mostrado úteis na prevenção do acúmulo de ácido láctico. Outros aditivos e alterações na dieta que reduzem a incidência de acidose láctica têm sido mencionados (Owens et al., 1998). Em resumo, aumentar a utilização do ácido láctico tem se mostrado eficaz. Para melhorar o emprego desse ácido, a inoculação de cepas de microorganismos que promovam a sua catabolização (*Megasphera elsdenii* e algumas *Propionibacteria*) é vendida comercialmente. Alguns ionóforos, ou por afetarem diretamente os microorganismos no rúmen, ou através da redução no consumo de alimento, também têm sido associados à redução da incidência de acidose ruminal.

4. Sistemas de alimentação para adaptação do gado a dietas com alto teor de concentrado

Diferentes sistemas têm sido empregados para promover a adaptação do gado a dietas com alto teor de concentrado. Cada um deles utiliza alguns procedimentos para prevenir o consumo excessivo de amido prontamente fermentável dos grãos da dieta (Tabela 1). As concentrações de nutrientes (proteínas, minerais, vitaminas e outros aditivos) em dietas iniciais de adaptação deveriam ser maiores do que o requerido para animais já adaptados, devido ao baixo consumo de alimento durante as duas a quatro primeiras semanas em confinamento, como já observado anteriormente. Nutrientes específicos serão discutidos mais adiante.

4.1. Redução gradativa do teor de volumoso da dieta

O procedimento para dieta de adaptação mais comum é a diluição da ração com o volumoso. Este procedimento reduz as taxas de consumo de alimento e consumo total de amido rapidamente fermentável. Além disso, o volumoso aumenta a mastigação, o processo de mistura no rúmen e a ruminação, e com isso amplia a entrada no rúmen de tampões de bicarbonato oriundos da saliva. Em geral, a porcentagem de volumoso na dieta é gradualmente diminuída em três a cinco etapas cada uma, durando de cinco a sete dias. As freqüências nas mudanças da dieta variam de acordo com o histórico e a voracidade dos animais.

Tabela 1. Amostras de procedimentos de adaptação testados.

Referência	Ponto inicial	Dieta final	Concentrado nas etapas, %	Duração das etapas
Burrin et al., 1988	Silagem de milho	95%	75%	6 dias
Níveis graduais de monensina				
Bartle e Preston, 1992	Desconhecido	90%	65, 75, 85%	7 dias
Suprimento igual de ELm em todas etapas				
Bartle e Preston, 1992	Desconhecido	90%	65, 75, 85%	7 dias
Limitando o CMS em 2,1, 2,3, 2,5 e 2,7 × ELm				
Bartle e Preston, 1992	Desconhecido	90%	65, 75, 85%	7 dias
Limitando o CMS em 2,3, 2,5, 2,7 e 2,9 × ELm				
Bierman e Pritchard, 1996	Desconhecido	92%	45, 65, 75, 82%	11 dias
Limitando inicialmente o consumo da dieta final em 1,7% PV não foi bem sucedido				
Choat et al., 2002	Desconhecido	90%	70, 75, 80, 85%	
Limitando inicialmente o consumo em 1,5% PV com incremento de 0,45 kg/dia				
Choat et al., 2002	Desconhecido	93%	65, 75, 85%	7 dias
Limitando inicialmente o consumo em 2% PV com incremento de 0,45 kg/dia				
Weichenthal et al., 1999	Desconhecido	95%	65, 75, 82, 90%	6 dias
Weichenthal et al., 1999	Desconhecido	95%	95%	Consumo limitado
Limitando inicialmente o consumo em 1,77% PV com incremento de 0,23 a 0,45 kg/dia por 24 dias				

CMS = consumo de matéria seca; ELm = energia líquida de manutenção; PV = peso vivo.

Desse modo, o nível de concentrado é aumentado de 55% na matéria seca, no início, a um máximo normalmente próximo de 90%. Durante a transição de uma etapa a outra, as duas dietas podem e deveriam ser misturadas. No dia da introdução de uma nova dieta com teor mais alto de concentrado, deve-se evitar que os animais fiquem com muita fome devido à oferta inadequada de alimento no dia anterior. Como alternativa para o preparo de grande número de dietas que diferem levemente quanto ao teor de volumoso, alguns confinamentos formulam uma ração fortificada com nutrientes específicos para uma dieta alta em volumoso (55% de volumoso) e misturam essa ração com outra formulada para o nível mais alto de concentrado, para utilizar nas diferentes etapas do programa sucessivo de aumento de concentrado. Tal método de mistura de rações normalmente é mais simples de administrar do que o preparo de múltiplas dietas e permite que o encarregado pelo confinamento possa introduzir dietas e etapas adicionais ao seu programa de adaptação.

4.2. Consumo restrito de energia

Inicialmente proposto pelo doutor Rod Preston (Bartle e Preston, 1992; Preston, 1995), esse método restringe a quantia de cada nova ração utilizada durante a fase de adaptação. A restrição da quantia da nova ração visa suprir a mesma quantidade de energia (com base em EM ou energia líquida de manutenção — ELm) proporcionada aos animais pelo consumo da dieta anterior. Tal restrição de energia auxilia na prevenção do excesso de alimento, e o amido estaria sendo fornecido na mesma quantidade na dieta mais rica em concentrado. Uma alternativa adicional nesse método é limitar a quantidade total de alimento para suprir quantidade específica de ELm ou a uma proporção específica do peso corpóreo. Conseqüentemente, o suprimento total de alimento é restrito durante o período de adaptação. A escolha do nível ótimo de restrição energética a ser adotado dependerá do histórico e da voracidade dos animais na baia.

4.3. Arraçoamento programado

Além da limitação do consumo de energia durante a fase de adaptação, alguns confinamentos restringem o suprimento de energia de tal forma que os bezerros ficam limitados a determinadas taxas de ganho de peso, particularmente durante o primeiro ou até o segundo mês de arraçoamento. Um método utilizado por Choat et al. (2002) não envolvia dietas de adaptação; a dieta final foi fornecida de forma restrita no início, e o fornecimento foi sendo aumentado gradativamente durante o período de adaptação. Como já discutido por Sainz (1995), a limitação ou o arraçoamento programado podem reduzir as taxas de ganho e em geral melhoram a eficiência alimentar (ganho de peso/consumo de MS).

4.4. Uso de aditivos para a restrição de consumo

Alguns aditivos (por exemplo: sal, monensina, HCl, certos minerais, incluindo MgO, e certos ácidos graxos) inibem o consumo de alimento e diminuem o tamanho das refeições. Tais componentes podem ser incorporados em altos níveis no início e retirados gradualmente para que o consumo de alimento aumente. Isto ajuda a evitar consumo excessivo de grãos e a ocorrência de acidose. Porém, alguns componentes para limitação de consumo provocam efeitos adversos em digestibilidade, e a sensibilidade a esses componentes pode diferir entre animais com diferentes históricos. Em razão disso, atenção especial deve ser tomada quando esse método é utilizado na adaptação dos animais. Ainda assim, alguns confinamentos nos Estados Unidos atualmente utilizam um suplemento (Intake Modifying Technology, ou Cattle Limiter), comercializado pela Land O'Lakes-Purina Feeds para limitar o consumo, de tal forma que dietas contendo teores muito baixos, ou até mesmo sem volumosos, possam ser utilizadas durante todo o período de terminação. Ainda não se testou em larga escala se esse sistema comercial pode ser utilizado para gado em adaptação a dietas ricas em concentrado.

4.5. Compostos controladores da acidose

Ao adicionar o antibiótico virginiamicina na dieta, Zorrilla-Rios et al. (1991) transferiram ruminantes de uma dieta contendo apenas volumoso para uma dieta rica em concentrado em apenas 24 horas, sem a ocorrência de efeitos colaterais. Ao se inibir as bactérias envolvidas com a produção de ácidos a partir de amido, agentes antimicrobianos altamente específicos (thiopeptina) e de maior espectro (virginiamicina, clorotetraciclinas, ionóforos) proporcionam proteção contra a acidose e apresentam potencial para acelerar a adaptação a dietas ricas em concentrado. Uma mistura com anticorpos altamente específicos também pode se mostrar benéfica (DiLorenzo et al., 2006). A inclusão de probióticos e leveduras, muito difundida em dietas comerciais para gado de leite, assim como evidências baseadas em observações sugerem que esses materiais podem auxiliar na redução da incidência de acidose subclínica e, portanto, podem ser benéficos para a adaptação de bovinos a dietas ricas em concentrado. A inoculação de bactérias que metabolizam ácidos e a transferência de fluido ruminal de gado adaptado para animais não adaptados têm sido pesquisadas há várias décadas. A substituição de métodos rotineiros de adaptação a dietas com altos teores de concentrado pelo uso de compostos controladores da acidose ainda não atingiu o estágio de utilização comercial. Considerando-se a diversidade da população microbiana no rúmen, das dietas utilizadas, entre os históricos dos animais, e os possíveis efeitos metabólicos do concentrado nelas, além da ocorrência de acidose, a substituição completa dos métodos rotineiros de adaptação por tais procedimentos tecnológicos deve aguardar novas pesquisas e testes. Entretanto, compostos para o controle da acidose e probióticos disponíveis atualmente devem se mostrar eficientes na complementação dos sistemas de adaptação discutidos.

5. Cuidados adicionais com dietas de adaptação

Como os bovinos que entram em confinamento não estão acostumados com alguns ingredientes e componentes (como silagens, uréia), estes materiais normalmente são evitados em dietas iniciais de adaptação. Feno longo de gramíneas é ofertado inicialmente ao gado, pois os animais devem estar familiarizados com este ingrediente durante o período prévio em que se encontravam em pasto ou receberam suplementos. O feno de leguminosas geralmente é evitado, devido à possibilidade de provocar timpanismo nos animais. Comparado com o volumoso processado finamente, o feno longo, ou pouco processado, apresenta mais fibra efetiva e é preferido por proporcionar enchimento ruminal e estimular maior mastigação, maior mistura do conteúdo ruminal e ruminação. Para iniciar o fornecimento de concentrados aos animais, a porção destes na dieta normalmente é posta por cima do feno e fornecida aos bovinos recém chegados, de forma que estes se alimentem primeiro da camada de concentrado para então alcançar o feno a que estão habituados. Para evitar estresses adicionais no sistema respiratório, deve-se evitar o pó na dieta, através da adição de melaço ou água na dieta de recepção. O incremento na umidade também reduz a possibilidade de separação e deposição no fundo do cocho de partículas finas, que podem levar a acidose.

6. Teores de nutrientes em rações de adaptação

Considerando que o consumo de alimento dos animais nos primeiros catorze dias após a chegada ao confinamento é em média somente 65% do consumo normal, a concentração de nutrientes deveria ser aumentada para 155% (100/65), de tal forma que as quantidades de nutrientes requeridas fossem consumidas. Atenção especial deve ser dada a nutrientes que apresentam perda acelerada pelo estresse, ou àqueles cuja presença irá aumentar a atividade do sistema imunológico (exemplos: potássio, zinco e provavelmente cromo). Exceções a essa regra são os nutrientes pelos quais os requerimentos decrescem (exemplo: proteína, devido à limitada retenção de N durante esse período) ou que as reservas corporais já possuem em quantidades adequadas (exemplo: vitamina A). Com base nesses conceitos, as concentrações de minerais recomendadas para dietas de adaptação foram revisadas e calculadas, sendo propostas por Hutcheson (1990) e pelo NRC (1996), conforme apresentado na Tabela 2.

Tabela 2. Concentrações de minerais sugeridas para dietas normais e de adaptação.

Mineral	Alteração em requerimento pelo animal	Suprimento dieta	Reserva animal	NRC 1996 Dieta normal % da MS	Hutcheson 1990	NRC 1996 Adaptação % da MS	Múltiplo
Cálcio	Estável	Baixo	Adequado	0,4	0,6-0,8	0,6-0,8	150-200%
Fósforo	Estável	Baixo	Adequado	0,35	0,4-0,5	0,4-0,5	130-140%
Potássio	**Aumento**	**Baixo**	**Limitado**	**0,6**	**0,8-1,4**	**1,2-1,4**	**200-230%**
Magnésio	Estável	Baixo	Adequado	0,1	0,2-0,3	0,2-0,3	200-300%
Sódio	Aumento	Baixo	Limitado	0,08	0,2-0,3	0,2-0,3	250-375%
				ppm			
Cobre	Aumento	Baixo	Limitado?	10	10-15	10-15	100-150%
Ferro	Estável	Baixo	Adequado	50	100-200	100-200	200-400%
Manganês	?	Baixo	Adequado	20	20-40	40-70	200-350%
Zinco	**Aumento**	**Baixo**	**Limitado**	**30**	**75-100**	**75-100**	**250-333%**
Cobalto	Estável	Baixo	Adequado	0,1	0,1-0,2	0,1-0,2	100-200%
Selênio	Aumento	Baixo	Adequado	0,1	0,1-0,2	0,1-0,2	100-200%
Iodo	Aumento	Baixo	Adequado	0,5	0,3-0,6	0,3-0,6	60-120%
Cromo	Aumento	Baixo	Desconhecido	0.3-1.5	0	0	

Diversos experimentos foram conduzidos, avaliando-se os requerimentos protéicos para bovinos em adaptação a dietas de terminação. Recomendações de várias fontes aparecem listadas na Tabela 3. Certamente, uma quantidade mínima de proteína é necessária para a manutenção da digestão ruminal. Embora a retenção de nitrogênio seja limitada pelo suprimento de energia disponível

Tabela 3. Níveis e fontes protéicas recomendadas para dietas de adaptação.

Referência	Proteína, % da MS	Fontes protéicas preferenciais
Steen et al., 1979	20 até 24%	
Lofgreen, 1988	15 até 16%	
Fluharty e Loerch, 1991	14%	Farinha de sangue
Wagner et al., 1993	12,5 até 14,5%	
Hutcheson et al., 1993	12,5 até 14,5%	
Muirhead, 1993	14%	
Zinn e Owens, 1993	13,4%	Farinha de carne e de penas
NRC, 1996	12,5 até 14,5%	

durante a adaptação, requerimentos por aminoácidos para síntese de imunoproteínas pelo sistema imunológico mostram-se elevados durante esse período. Conseqüentemente, é preferível a utilização de proteína *bypass* ou fontes de aminoácidos, em vez de uréia. Em geral, a uréia não se mostra tão eficiente quanto fontes de proteínas para dietas iniciais, talvez devido ao gosto amargo ou liberação de amônia no cocho.

7. Referências bibliográficas

BARTLE, S. J.; PRESTON, R. L. Roughage level and limited maximum intake regimens for feedlot steers. **J. Anim. Sci.** 70: 3293-303, 1992.

BIERMAN, S. J.; PRITCHARD, R. H. **Effect of feed delivery management on yearling steer performance**. South Dakota Beef Cattle Report 96-5, South Dakota State University, Brookings, 1996.

BROWN, M. S.; PONCE, C. H.; PULIKANTI, R. Adaptation of beef cattle to high-concentrate diets: performance and ruminal metabolism. **J. Anim. Sci.** 84 (Suppl. E): E25-E33, 2006.

CHESTER-JONES, H.; DICOSTANZO, A. **A perspective on nutrition and management of incoming feedlot cattle**. 1994 Minnesota Cattle Feeder Report B-414. http://www.extension.umn.edu/beef/components/publications/cfr01.pdf.

CHOAT, W. T.; KREHBIEL, C. R.; BROWN, M. S.; DUFF, G. C.; WALKER, D. A.; GILL, D. R. Effects of restricted versus conventional dietary adaptation on feedlot performance, carcass characteristics, site and extent of digestion, digesta kinetics, and ruminal metabolism. **J. Anim. Sci.** 80: 2726-39, 2002.

COLE, N. A.; HUTCHESON, D. P. Influence of dietary protein concentrations on performance and nitrogen and repletion in stressed calves. **J. Anim. Sci.** 68: 3488-97, 1990.

DILORENZO, N.; DIEZ-GONZALEZ, F.; DICOSTANZO, A. Effects of feeding polyclonal antibody preparations on ruminal bacterial populations and ruminal pH of steers fed high-grain diets. **J. Anim. Sci.** 84: 2178-85, 2006.

FLUHARTY, F. L.; LOERCH, S. C. **Effects of fat level, protein and protein source on performance of newly arrived feedlot steers**. Ohio Beef Cattle Res. and Industry Report, 1991. p. 1-13.

FLUHARTY, F. L.; LOERCH, S. C.; DEHORITY, B. A. Ruminal characteristics, microbial populations, and digestive capability of newly weaned, stressed calves. **J. Anim. Sci.** 72: 2969-79, 1994.

GRUBB, J. A.; DEHORITY, B. A. Effects of an abrupt change in ration from all roughage to high-concentrate upon microbial numbers in sheep. **Appl. Microbiol.** 30: 404-12, 1975.

HUTCHESON, J. P.; STANTON, T. L.; NOCKELS, C. F.; ROBERTSON, O. **The effect of three protein sources on feedlot performance of receiving calves.** Colorado State Univ. Beef Prog. Report 1993: 67.

HUTCHESON, D. P. Minerals for feedlot cattle. **Agri-Practice** 8: 3-6, 1987.

HUTCHESON, D. P. **Effect of nutrition and stress of ruminants**. Liquid Feed Symposium. Minneapolis Minnesota. 1990: 20.

HUTCHESON, D. P.; COLE, N. A. Management of transit-stress syndrome in cattle: nutritional and environmental effects. **J. Anim. Sci.** 62: 555-60, 1986.

KREHBIEL, C. R.; CRANSTON, J. J.; MCCURDY; M. P. An upper limit for caloric density of finishing diets. **J. Anim. Sci.** 84 (Suppl. E): E34-E45, http://jas.fass.org/cgi/reprint/84/13_suppl/E34.

KREHBIEL, C. R.; BRITTON, R. A.; HARMON, D. L.; WESTER, T. J.; STOCK, R. A. The effects of ruminal acidosis on volatile fatty acid absorption and plasma activities of pancreatic enzymes in lambs. **J. Anim. Sci.** 73: 3111-21, 1995.

LOFGREEN, G. P. Nutrition and management of stressed beef calves. Vet. Clinics of North America. **Food Anim. Pract.** 4: 509, 1988.

MIRON, J.; BEN-GHEDALIA, D.; MORRISON, M. Invited review: adhesion mechanisms of rumen cellulolytic bacteria. **J. Dairy Sci.** 84: 1294-309, 2001.

MUIRHEAD, S. **Supplemental protein sources for newly received cattle compared**. Feedstuffs Aug. 16, 1993, p. 11.

NRC, 1996. **Nutrient requirements of feedlot cattle**. National Academy Press, Washington, D.C.

OWENS, F. N.; SECRIST, D. S.; HILL, W. J.; GILL, D. R. Acidosis in cattle: a review. **J. Anim. Sci.** 76: 275-86, 1998.

PRESTON, R. L. **Mechanically programmed feeding systems and application: step-up programs.** Intake by Feedlot Cattle, Oklahoma Agric. Exp. Sta., Misc. Pub. MP-942: 185-90, 1995.

PRITCHARD, R. H.; BRUNS, K. W. Controlling variation in feed intake through bunk management. **J. Anim. Sci.** 80 (Suppl. E): E133-E138, 2003.

RUSSELL, J. B.; WILSON, D. B. Why are ruminal cellulolytic bacteria unable to digest cellulose at low pH? **J. Dairy Sci.** 79: 1503-9, 1996.

SAINZ, R. D. **Why does feed restriction improve efficiency?** Intake by Feedlot Cattle, Oklahoma Agric. Exp. Sta., Misc. Pub. MP-942: 175-80, 1995.

STEEN, W. W.; FARLIN, S. D.; BRITTON, R. A. High protein level and rapid adaptation to high concentrate rations. **J. Anim. Sci.** Abstract 101, 1979.

WAGNER, J. J.; THOMPSON, J. U.; HANSON, R. **Feeding programs for newly arrived calves.** Great Plains Beef Cattle Handbook. GPE-1608. p. 1608.1-1608.6. South Dakota State Univ., Brookings, 1991.

WARNER, A. C. I. Some factors influencing the rumen microbial population. **J. Gen. Microbiol.** 28: 129-46, 1962.

WEICHENTHAL, B.; RUSH, I.; VAN PELT, B. **Dietary management for starting finishing yearling steers on feed**. Beef Cattle Report MP-71. Univ. Nebraska, Lincoln, 1999.

ZINN R. A.; OWENS, F. N. Ruminal escape protein for lightweight calves. **J. Anim. Sci.** 71: 1677, 1993.

ZORRILLO-RIOS, J. P.; MAY, J.; JONES, W.; ROWE, J. B. Rapid introduction of cattle to grain diets using virginiamycin. In: FARRELL, D. J. (ed.). **Recent advances in animal nutrition in Australia**. University of New England, Armidale, NSW, Australia, 1991, p. 10A.

OTIMIZAÇÃO DO USO DE AMIDO EM RAÇÕES COM ALTO TEOR DE CONCENTRADO PARA BOVINOS EM TERMINAÇÃO*

R. A. ZINN**
F. N. OWENS**
R. A. WARE**

1. Introdução

Embora se saiba que a floculação aumenta o valor alimentar do milho acima dos valores do milho grão inteiro ou laminado a seco, a magnitude dessa melhora raramente é reconhecida pelas tabelas de composição de alimentos. Efeitos da substituição do milho inteiro ou milho laminado a seco por milho floculado, em diversos estudos, aparecem resumidos na Tabela 1. Valores de energia líquida para cada dieta foram calculados a partir de estimativas de energia de

* Tradução: Diogo Fleury Azevedo Costa e Flávio Augusto Portela Santos.

**Universidade da Califórnia, Centro de Pesquisas e Extensão do Deserto, El Centro 92243.

Tabela 1. Desempenho e vantagens em energia líquida (%) do grão de milho floculado em relação ao grão de milho processado a seco.

Item	Milho	GPD, %	CMS, %	GPD/CMS	Milho floculado, Mcal/kg		Melhora en relação ao milho processado a seco, %	
					EL_m	EL_g	EL_m	EL_g
Matsushima e Montgomery (1967)	Moído	6,7	–5,0	12,2	2,41	1,70	12,2	17,3
Lee et al. (1982) – Experiência 1	Inteiro	–11,0	–12,5	1,7	2,53	1,81	6,4	8,4
Lee et al. (1982) – Experiência 2	Inteiro	15,1	2,0	12,8	2,35	1,65	12,4	17,1
Ramirez et al. (1985)	Inteiro	6,4	–4,3	11,2	2,42	1,71	14,1	18,8
Zinn (1987)	Laminado	1,7	–5,3	7,4	2,47	1,75	11,7	15,9
Barajas e Zinn (1998) – Uréia	Laminado	7,6	–10,1	19,6	2,42	1,71	20,2	27,2
Barajas e Zinn (1998) – Caroço de algodão	Laminado	10,1	–6,6	17,9	2,56	1,84	19,2	25,9
Ward et al. (2000)	Laminado	7,0	–7,0	15,0	2,54	1,82	15,6	20,0
Média dos experimentos		5,4	–6,1	12,2	2,46	1,75	14,0	18,8
NRC (1984) para gado de corte	Grão				2,38	1,67	6,2	7,7
NRC (1996) para gado de corte	Quebrado				2,33	1,62	4,0	4,5
NRC (2000) para leite com 3X man.	Quebrado				2,24	1,55	9,3	11,5

ganho (EG, Mcal/dia), com base no desempenho de ganho [NRC, 1984; $EG_{\text{macho castrado de sobreano tamanho médio}} = (0{,}0493\ PV^{0{,}75}) \times GPD^{1{,}097}$, onde PV é o peso vivo médio em jejum (peso total × 0,96)] e a energia de mantença utilizada (Mcal/dia, EMant; $EMant = 0{,}077\ PV^{0{,}75}$, NRC, 1984). Os valores de EL da dieta para manutenção e ganho podem ser estimados a partir do desempenho e consumo de alimento usando-se uma fórmula quadrática (Zinn e Shen, 1998). Os valores de energia metabolizável (EM) da dieta foram calculados usando-se a equação EM = (ELm + 0,696)/0,91 (derivada do NRC, 1996). Os valores de EM para o milho floculado foram estimados usando-se a técnica da substituição: EM para o milho floculado = (EM da dieta teste – EM da dieta controle)/% milho nas dietas + 3,25. Este valor é a estimativa do NRC (1996) para a concentração de EM do milho quebrado. Conseqüentemente, os valores de ELm e ELg para o milho floculado foram calculados a partir da EM. Com base nesses cálculos, o milho floculado apresentou em média 14% mais ELm e 19% mais ELg do que o milho laminado a seco ou grão inteiro. Estes aumentos em energia líquida são mais que o triplo dos benefícios propostos para a floculação (4 e 4,5% para ELm e ELg, respectivamente) do que os valores propostos para bovinos de corte pelo NRC (1996) e consideravelmente maiores que os aumentos (9,3 e 11,5% para ELm e ELg, respectivamente) propostos para gado de leite pelo NRC (2000). O objetivo desta revisão é salientar alguns dos diversos fatores mecânicos que podem influenciar o processo de floculação, discutir por que os valores alimentares observados para o milho floculado normalmente ultrapassam os valores de tabela e examinar as várias técnicas e medidas que podem ser usadas para avaliar a eficiência da floculação e consistência dos flóculos.

2. Histórico e discussão

O processo de floculação aumenta a disponibilidade de energia do grão de milho de forma consistente. Entretanto, será que os valores de EL de manutenção (ELm) e de ganho (ELg) para o milho floculado (2,46 e 1,75 Mcal/kg, respectivamente), estimados com a técnica de substituição, são mais altos do que os valores reais? Uma limitação na utilização da técnica de substituição é que os valores de energia líquida estimados do alimento em questão dependem de valores corretos de EL dos demais ingredientes da dieta. Os efeitos da interação associativa de ingredientes alimentares sobre o valor de EL da dieta podem diferir levemente, dependendo do processamento do grão, mas ainda são indefinidos. Contudo, os valores tabulares de EL para o milho laminado provavelmente têm sido superestimados. Se os valores de ELm para o milho floculado forem, realmente, 2,47 Mcal/kg, os valores correspondentes de energia digestível (ED) para o milho floculado seriam 4,25 Mcal/kg (ED = [0,6612 + ELm]/0,7364; NRC, 1984), 95% do valor de energia bruta (EB) do milho.

O valor de EL de um ingrediente pode ser estimado subtraindo-se o valor tabular (NRC, 1996) de EM dos demais ingredientes da dieta do valor de EM da dieta completa, estimado com base no desempenho em ganho de peso animal. Um sumário de estimativas de EL para milho laminado a seco e milho floculado foi elaborado por Owens et al. (1997) e é apresentado na Tabela 2. Avaliando-se 183 ensaios de desempenho em que o milho laminado a seco compunha mais de 70% da matéria seca (MS) da dieta, os valores estimados para ELm e ELg para o grão laminado a seco foram em média 2,24 e 1,56 Mcal/kg, respectivamente. Essas estimativas são 2,8 e 4,0% maiores que os atuais valores tabulares para o milho grão seco ou moído (2,18 e 1,50 Mcal/kg, respectivamente; NRC, 1996), porém são semelhantes aos valores de tabela para o milho quebrado (2,24 e 1,55 Mcal/kg, respectivamente; NRC, 1996).

Tabela 2. Sumário de literatura sobre milho laminado a seco e milho floculado por Owens et al. (1997).

Item	**Experimentos**	EM Mcal/kg	Desvio padrão	EL, Mcal/kg	
				Manutenção	Ganho
Processamento do grão					
Laminado	183	3,26	0,21	2,24	1,56
Floculado	53	3,73	0,38	2,62	1,88
Vantagem, %		12,6		14,2	17,3

A partir de 53 experimentos em que o milho floculado compreendia mais de 70% da MS da dieta, os valores de ELm e ELg estimados para esse milho foram 2,62 e 1,88 Mcal/kg, respectivamente. Essas estimativas são 12,4 e 16% maiores do que os valores atuais de tabela (2,33 e 1,62 Mcal/kg, respectivamente; NRC, 1996). Com base nessa revisão, a floculação do milho resultou em um grão contendo 14,2 e 17,3 mais ELm e ELg do que o milho laminado a seco. Note-se que, apesar de os valores absolutos diferirem levemente pelos dois métodos de cálculo, a melhoria associada ao processo de floculação do grão de milho foi muito similar entre eles.

3. Por que o milho floculado apresenta maiores valores de EL do que as tabelas indicam?

A maioria dos valores de tabela têm sido calculados a partir de valores de nutrientes digestíveis totais (NDT) (ELm = 0,0305 NDT – 0,5058) ou da digestibilidade estimada de componentes individuais (NRC, 1996, 2000). De acordo com o NRC (1996), a floculação aumenta o valor do NDT do milho em 5,7% (93 vs. 88%). Esta melhora parece basear-se na suposição de que todo aumento no valor energético do milho com a floculação deve-se somente ao aumento na digestão do amido. A concentração de amido do grão de milho para 46 cultivares modernos de milho híbrido amarelo dentado, obtida em ensaios conduzidos em várias localidades dos Estados Unidos foi em média 71,0±0,4% da MS (variando de 70,3 até 71,9% para os diferentes híbridos da Pioneer produzidos em 2000; Owens, comunicação pessoal). Embora White e Pollak (1995), ao avaliarem amostras individuais de grãos de milho ao longo do Centro-Oeste dos Estados Unidos tenham observado um valor médio similar (71,7%) ao mencionado, a variação nos teores de amido foi muito maior (61 a 78%). O teor de amido de um híbrido de milho decresce à medida que os teores de proteína ou de óleo aumentam (Figura 1), em parte pela substituição do endosperma pelo gérmen. Híbridos mais tardios geralmente possuem maior rendimento de grãos na MS (r^2 = 0,82 entre 46 híbridos Pioneer) e, potencialmente, maior relação endosperma:gérmen (Sauber e Owens, 2001).

Em uma revisão de trabalhos publicados em nove anos com milho grão revisados, Huntington (1995) relatou que a floculação aumentou a digestão do amido em média 7 unidades percentuais (99 vs. 92%).

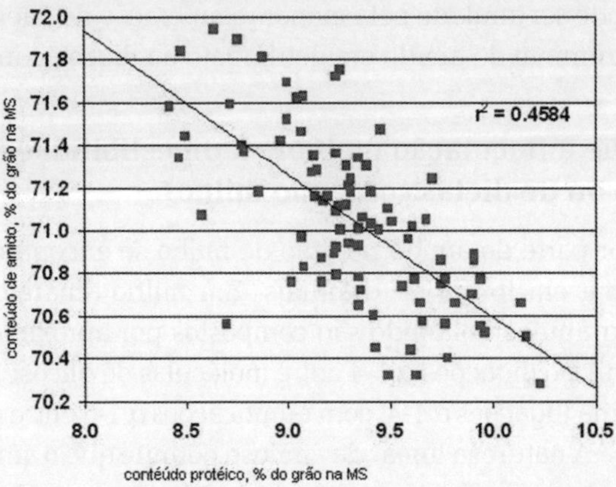

Figura 1. Relação entre concentrações de proteína e amido do milho.

Conseqüentemente, se toda a melhora em NDT com a floculação fosse devida somente ao aumento na digestão do amido, então o aumento esperado em NDT seria de 5,7% [(0,99 – 0,92)0,714/0,88, onde 0,714 é a porcentagem de amido e 0,88 é o valor de NDT (NRC,1996) para o grão de milho seco], precisamente o valor indicado pelo NRC (1996). Entretanto, a floculação também aumenta a exposição de outros constituintes do grão, por exemplo, a proteína, e por isso deve aumentar a digestibilidade desses outros constituintes. Zinn et al. (1995) observaram que a floculação aumentou a digestão do amido em 10% (99 vs. 90%), o que representa um aumento na digestão da MO de 6,4 unidades percentuais, mas o aumento na digestão total da MO foi de 8,6 unidades percentuais (92,6 vs. 84%). Isto significa que a digestibilidade da porção não amilácea da MO foi aumentada de 73% para 80,6% pela floculação do milho. Dessa forma, a digestibilidade da porção não amilácea da MO foi aumentada na mesma proporção (10%) que a digestibilidade do amido. Esta melhora na digestibilidade da porção não amilácea proporcionaria ao milho floculado um NDT de 95,5%, correspondendo a valores de ELm e ELg de 2,41 e 1,70 Mcal/kg, respectivamente.

Além do aumento da digestibilidade do milho, a floculação também reduz perdas de energia na forma de metano em até 30% (Johnson et al., 1968; Zinn, 1987; Zinn et al., 1995). Contudo, este efeito favorável proporcionado pela floculação em menores perdas de energia por metano pode ser anulado pela menor recuperação de energia com a degração ruminal do amido em detrimento da digestão intestinal.

4. Por que a floculação melhora a digestibilidade do milho ou de dietas contendo milho?

A maior parte do amido no grão de milho se encontra unida ao endosperma em forma de grânulos. Em milho amarelo dentado típico, os grânulos de amido são compostos por aproximadamente 27% de amilose (ligações α 1-4 entre moléculas de glicose) e 73% de amilopectina (ligações α 1-4, com ramificações α 1-6 entre moléculas de glicose). A natureza linear da amilose permite que o amido forme um agregado de moléculas compacto e cristalino quando seco. Em contraste, a estrutura ramificada da amilopectina restringe o ligamento entre moléculas e não permite que se forme um agregado compacto delas. Em comparação com o diâmetro de grânulos de amido de milho que não sofreram nenhum tipo de processamento (1 a 30 micrômetros, tendo em média 8 micrômetros; Campbell et al., 1996), as moléculas individuais de amido são bem pequenas (0,03 a 0,12 micrômetros; Fishman et al., 1995).

Fortes ligações intermoleculares entre moléculas de amido em conjunto com a natureza compacta do grânulo de amido impedem a rápida penetração de umidade nele (reidratação), mas em condições normais de atmosfera o amido de milho irá absorver de 10 a 17% de umidade. Os primeiros 8 a 11 pontos percentuais são fortemente ligados e considerados água de constituição. Em condições de saturação e temperaturas abaixo de 60ºC, os grânulos de amido não processados irão absorver até no máximo 40% de água, resultando em um inchaço reversível deles em cerca de 9% (Leach, 1965).

Gelatinização refere-se à condição de inchaço irreversível do grânulo de amido. Na prática, é definida pela metodologia pela qual é medida: perda de birrefringência (refração dupla); poder de inchaço; solubilidade; reatividade enzimática. O amido em sua forma natural (não processado) exibe birrefringência na forma de cruz-de-malta quando observado microscopicamente com luz plana polarizada. Devido às diferenças entre os grânulos de amido quanto ao grau de associação das micelas de amido, grânulos individuais incham e se liquefazem dentro de uma faixa estreita de temperatura, mas todos perderão sua polarização em cruz dentro de uma variação de 7 a 10ºC, chamada de faixa de temperatura de gelatinização (FTG; Tabela 3). No ponto baixo dessa faixa a perda se inicia, sendo que no ápice do FTG, o ponto final de temperatura de birrefringência (PFTB), 98% dos grânulos perderam birrefringência.

A FTG varia de acordo com o genótipo do milho (Tabela 3) e fatores ambientais relacionados com a produção. A FTG do amido de híbridos de milho convencionais é de 62 a 72ºC, entretanto pode haver pequenas variações, dependendo do método de mensuração. A 62ºC a absorção de umidade pelos grânulos de amido não ultrapassa 1:2 (33% de umidade). Quando atinge o PFTB (72ºC), pode atingir 10:1 (91% de umidade). Deste modo, a absorção de umidade no grânulo de amido pode ser vinte vezes maior quando atinge o

Tabela 3. Tipos de amido que afetam a gelatinização (Leach, 1965).

Item	FTG*	Incubação consecutiva em água a 95°C por 30 min.	
		Poder de inchaço, g/g**	Solubilidade %
Espécies de milho			
Normal	62-72	24	25
Ceroso	63-72	64	23
Rico em amilose		6	12

* Amplitude térmica de gelatinização.
** Absorção de água, g/g amido.

PFTB no menor ponto da FTG. Se o amido de milho continuar a ser aquecido em vapor saturado a 95°C, o grânulo continuará a inchar até uma concentração de umidade de 24:1 (96% de umidade; Leach, 1965). Apesar de híbridos de milho cerosos conterem muito menos amilose do que o milho convencional, apresentam FTG e solubilidade do amido a 95°C similares. Contudo, o poder de inchaço (g água absorvida/g amido a 95°C por 30 min.) do amido de milhos cerosos é 267% maior do que o de amido de milho convencional. Durante a gelatinização, os grânulos de amilopectina (dos híbridos cerosos) irão inchar até 200%, enquanto grânulos ricos em amilose (de híbridos contendo altas concentrações de amilose) podem até mesmo não inchar quando expostos ao calor úmido (Atkin et al., 1998).

Amido de milho rico em amilose não possui uma FTG característica. Mesmo após o aquecimento com vapor saturado a 95°C por 30 minutos, a absorção de umidade pelo amido rico em amilose é somente 6 g/g amido, um valor que representa somente 25% do observado com amidos de milho típicos (Tabela 3). Um exemplo típico que ilustra o desafio em gelatinizar fontes de amido rico em amilose é a incapacidade de cozinhar feijões secos. O amido presente em grãos como ervilhas e feijões possui como característica grande quantidade de amilose e, por essa razão, eles resistem ao inchaço, até mesmo após longo tempo em água fervente.

Além da variedade do milho, fatores ambientais podem modificar a gelatinização do amido. Freeman et al. (1968) relataram que a PFTB foi 3°C (78 vs. 75°C) mais alta para milhos cerosos cultivados no Texas do que para os mesmos híbridos cultivados em Illinois. A PFTB também foi 4°C superior para um milho convencional cultivado na costa do Texas do que para o mesmo híbrido cultivado nas

Altas Planícies (High Plains). As características do amido podem ser afetadas por temperatura ambiental, tipo de solo, data de plantio, ano e localização, conforme sumarizado por Krieger et al. (1998). Por exemplo, as espigas expostas a altas temperaturas durante o enchimento de grãos apresentarão grânulos de amido menores e com menos amilose, embora as moléculas de amilose sejam mais longas (Lu et al., 1996).

Apesar de os índices de gelatinização terem recebido ênfase inicialmente na avaliação qualitativa do milho floculado, a extensão da digestão do amido não depende apenas da gelatinização. Esta constitui um método para aumentar a solubilidade do amido em água. Além do mais, digestibilidade e solubilidade parecem não estar relacionadas. Por exemplo, apesar de o amido de milho industrial (99% amido, com menos de 0,25% de proteína) possuir solubilidade muito baixa (menos de 30%), tem extensão de degradação no rúmen muito alta (> 90%) (derivado de Zinn e Owens, 1986). Osman et al. (1970) observaram que a degradação do amido pela pancreatina foi similar para sorgo não processado, vaporizado (mas não floculado) e grão de sorgo floculado grosseiramente (17,8, 12,9 e 16,0%, respectivamente). Entretanto, quando o sorgo vaporizado foi floculado para se obter um floco de espessura média ou fina, a degradação enzimática do amido aumentava significativamente (221 e 293% em relação ao sorgo não processado, respectivamente). Esse efeito não foi obtido pela moagem; todos os tratamentos foram finamente moídos antes das análises de reação enzimática do amido. Com resultados semelhantes, Trei et al. (1966) verificaram que a vaporização ou cozimento com pressão do grão de sorgo sem floculação teve muito pouco impacto na produção de gás *in vitro* (decréscimo de 26% a um aumento de 4%), enquanto o calor úmido, combinado com a floculação, aumentou a produção de gás *in vitro* a 3 horas em 30 a 87% em relação ao grão não tratado. Sendo assim, somente a exposição do grão ao vapor, embora influencie a absorção de água e o inchaço do grânulo de amido, é insuficiente para aumentar de forma significativa a digestibilidade do amido. De maneira alternativa, apenas a redução do tamanho de partícula, sem a adição de vapor e calor, é insuficiente, pois a moagem fina do sorgo aumentou a digestibilidade *in vivo* da MS (DIVMS) e a energia do sorgo laminado em somente 2,5%, comparado com um aumento de 10,5% com a floculação a vapor (Mehen et al., 1966). Para melhorar a taxa de digestão do amido, calor úmido deve ser combinado com a quebra ou ruptura dos grânulos de amido. Talvez a quebra envolvida com a floculação permita que maior proporção dos grânulos de amido seja exposta ao tratamento com vapor. De fato, a perda de birrefringência é muito maior quanto mais planos e finos são os flóculos (Trei et al., 1966).

Poucos experimentos foram publicados em relação à interação do grau da absorção de umidade e pressão da floculação sobre o grau de ruptura do amido e sua utilização pelos bovinos. Zinn (1990a) observou que, quando o milho foi floculado por um tempo constante (34 min. a 105ºC), aumentando-se a pressão dos rolos para produzir densidades de flóculos de 0,41, 0,36 e 0,31 kg/L, a extensão de digestão do amido aumentou linearmente, tanto no rúmen quanto no trato digestivo total. Em contraste, apesar de a utilização do dobro do tempo de vaporização (67 vs. 34 min.) a 105ºC antes da floculação a uma densidade de 0,31 kg/L ter aumentado a umidade do grão (18%) e a reação enzimática ao amido (225%), não houve aumento na digestibilidade do amido tanto no rúmen quanto no trato digestivo total, a qual foi, em média, 85,4 e 99,6%, respectivamente (Zinn, 1990b). Contudo, a floculação aumentou a digestão ruminal e do trato total do amido em 25 e 9%, respectivamente, em comparação com os valores do milho laminado, corroborando os valores sumarizados (Huntington, 1995). A absorção de umidade durante 34 minutos de vaporização foi de somente 5 unidades percentuais, mas esse valor foi adequado para otimizar o valor alimentar do milho quando floculado a uma densidade de 0,31 kg/L. Como a gelatinização aumenta com a intensificação da umidade do grão, os resultados anteriores dão suporte ao conceito de que a extensão de gelatinização não limitou o valor alimentar do grão.

Não se sabe se a concentração de umidade do grão durante a floculação altera a pressão ideal dos rolos (e o peso do flóculo). Um tempo de vaporização maior pode reduzir a pressão do rolo necessária para se obter a ótima ruptura dos grânulos. Isto significa que a digestibilidade do amido de milho vaporizado por 34 minutos e floculado a uma densidade de 0,31 kg/L pode ser semelhante à digestibilidade do amido de milho vaporizado por 68 minutos, porém floculado a uma densidade de 0,36 kg/L. Em um estudo recente (Zinn et al., 2000), milho floculado normal e milho floculado temperado foram comparados em duas diferentes densidades do flóculo (0,31 vs. 0,39 kg/L). Em todos os casos, o milho foi vaporizado por 34 minutos antes da floculação. O milho temperado consistia da adição de 7,5% de água com um surfactante, aproximadamente 1,5 horas antes da vaporização. As concentrações de umidade (imediatamente após a floculação) do milho floculado normal e do temperado foram em média 17,3 e 21,0%, respectivamente. Não houve interações entre concentração de umidade do grão e densidade do flóculo no valor de EL do milho floculado. Consistente com os dados de Zinn (1990b), a concentração de umidade do milho floculado não influenciou o desempenho animal, nem o valor de EL do milho. Entretanto, a densidade do flóculo permaneceu importante: a diminuição na densidade do flóculo de 0,39 para 0,31 kg/L aumentou o ganho de peso diário (GPD) em 4,5%; a eficiência alimentar, em 3,0%; os valores de ELm e ELg do milho floculado, em 3,4 e 4,2%, respectivamente. A magnitude desses aumentos no valor de EL do milho, com o decréscimo da densidade do flóculo, está de acordo com a relatada por Zinn (1990a). Aparentemente, a digestibilidade do amido é menos dependente da concentração de umidade durante a floculação do que da densidade do flóculo.

Devido à natureza compacta das moléculas de amido contidas nos grânulos de amido, particularmente na porção dura do endosperma do grão, a penetração de enzimas amilolíticas relativamente grandes é restrita (McAllister et al., 1990). Embora tenha sido proposto que a digestão dos grânulos de amido do milho deve acontecer de fora para dentro (French, 1973), grânulos de amido parcialmente digeridos parecem ocos (McAllister et al., 1990). De fato, os grânulos de amido do endosperma córneo, de grãos moles ou farináceos, possuem poros em sua superfície semelhantes a casca de laranja; em contraste, as esferas compactas de amido do endosperma vítreo ou duro, além de serem densamente agregadas e coladas por zeínas solúveis em álcool, não possuem poros para a entrada de enzimas (Dombrink-Kurtzman e Knutson, 1997) e, por isso, são resistentes à digestão. Como se acredita que o tempo para penetração nos grânulos de amido do endosperma duro de grãos de milho é muito lento para uma utilização ótima do amido, a maioria dos esforços para a melhoria da digestão do amido têm sido focados no aumento da sua solubilidade. Entretanto, como já mencionado, a barreira primária para a digestão do amido de milho nativo parece ser a matriz protéica que encapsula os grânulos. Com trigo, a matriz protéica consiste em grande parte de gluteínas, as quais são solúveis em ácidos fracos e bases e prontamente degradadas no rúmen. Conseqüentemente, a extensão da degradação ruminal do amido do trigo é alta (> 80%) e não é aumentada pela floculação (Zinn, 1994). Já a matriz protéica que envolve o grânulo de amido de milho é composta principalmente de prolamina e zeína. Diversos tipos de zeínas (alfa, beta, gama e delta) são encontrados no grão de milho. Apesar de as zeínas serem solúveis em álcool, são insolúveis no ambiente ruminal. Por isso, estas proteínas são lentamente fermentáveis no rúmen (NRC, 1985). O rompimento da matriz protéica é essencial para otimizar a digestão do amido. A facilidade de rompimento da matriz protéica varia de acordo com a quantidade de proteína associada ao grânulo de amido. Alguns grânulos são envoltos por uma matriz protéica grossa. Compõem o endosperma vítreo ou córneo, assim chamado por sua natureza dura (*flinty*). O endosperma vítreo é encontrado nas laterais dos grãos de milho dentado (*Zea mays indentata*). Em contraste, o endosperma mais farináceo (*floury)* possui grânulos de amido envoltos por uma matriz protéica mais fina. Grânulos de amido presentes em endospermas farináceos são mais unidos de forma menos coesa, o que lhes dá uma aparência farinácea opaca.

A forte associação do endosperma vítreo, rico em proteínas, com a superfície mais externa do grão é positiva para o processamento. Por estar próximo à superfície do grão, o amido duro (vítreo) do endosperma fica diretamente exposto às forças de ruptura durante a floculação do grão de milho. Aumentar a solubilidade do amido em somente 5 a 10 unidades percentuais (13% vs. 20%) fará com que a digestibilidade dele no trato total aumente de 90 para 99% (Zinn et al., 1998).

Aumentos na digestão do amido no trato total com a floculação a vapor são resultado do aumento da digestibilidade ruminal e pós-ruminal do amido, o que será discutido posteriormente. O último parece ter maior importância econômica. O rompimento, em particular do endosperma córneo, rico em proteínas, irá expor maior fração da proteína do milho ao processo proteolítico pós-ruminal, o que, por sua vez, aumenta a exposição do amido às enzimas amilolíticas. Conseqüentemente, uma relação entre a digestibilidade pós-ruminal da proteína e do amido seria esperada. De fato, uma maior digestibilidade da proteína pós-ruminal é um efeito consistente da floculação do milho (Zinn, 1990a; Zinn et al., 1998; Barajas e Zinn, 1998).

O marcante aumento observado na digestibilidade pós-ruminal do amido em razão da floculação do milho (53 vs. 26%) está associado com o aumento significativo (13 vs. 6%) na digestibilidade pós-ruminal do N.

A floculação a vapor do milho também pode exercer um efeito associativo positivo com a fibra fermentável, através do aumento do potencial para a fermentação pós-ruminal da fibra. Geralmente, o pH das fezes é inversamente correlacionado com a concentração fecal de amido, embora outros fatores (tamponantes e proteínas da dieta) possam influenciá-lo. O amido que atinge o intestino grosso reduz consideravelmente o pH abaixo do ponto ótimo para a fermentação bacteriana da celulose. Por diminui a quantidade de amido que atinge o intestino grosso para ser fermentado, a floculação do milho auxilia na manutenção do pH do ceco, o qual é alto o suficiente para ser satisfatório para a adequada fermentação microbiana do FDN e FDA. Em conseqüência, uma das vantagens da floculação do grão é aumentar a digestibilidade da fibra, tanto do FDN do próprio grão (6 a 10% da MS) quanto do FDN digestível do volumoso incluso na dieta. Uma digestão compensatória da fibra no intestino grosso não será totalmente realizada quando o substrato (volumoso de digestibilidade muito baixa) ou o tempo de retenção (altas quantias de volumoso) possam limitar a fermentação no intestino grosso.

5. Retrogradação

Se a ruptura do grânulo é o principal fator que afeta a disponibilidade do amido, então quão importante é a retrogradação do amido que ocorre quando o milho floculado seca? A retrogradação refere-se à reassociação de moléculas de amido dispersas. A estabilidade do amido gelatinizado é diretamente proporcional ao grau de dispersão das suas moléculas, mas inversamente proporcional à concentração de amilose. A retrogradação causa um endurecimento (efeito cola) das porções de amido afetadas, o que diminui a porosidade da matriz interna do amido e limita a reidratação e penetração enzimática. Ward e Galyean (1999) observaram que a disponibilidade enzimática do amido foi 40% menor para o milho floculado amostrado após armazenagem em reservatório do que para o mesmo milho amostrado diretamente na saída do floculador. As atividades enzimáticas foram 33 vs. 55%, respectivamente. Todavia, a digestão *in vitro* (medida em intervalos de quatro horas) não diferiu entre as amostras frescas e as armazenadas em reservatórios.

Permitir que o milho floculado seque não significa que haverá retrogradação. Zinn e Barajas (1997) observaram que a solubilidade do amido, uma medida correlacionada com gelatinização do amido, foi semelhante (26,0 vs. 26,6) para milho floculado recém preparado versus milho floculado que tinha secado ao ar por cinco dias em terraço de concreto. Além disso, não foram observadas diferenças em digestibilidade do amido ruminal ou no trato total entre os dois materiais.

6. Otimizando a qualidade do flóculo

A Figura 2 mostra um floculador. Cinco fatores críticos que influenciam a qualidade do milho floculado a vapor são: 1) temperatura da câmara de vapor; 2) tempo de vaporização; 3) corrugação dos rolos compressores; 4) espaços entre os rolos; 5) tensão dos rolos compressores. Para a eliminação de possíveis sementes de plantas daninhas, legislações locais podem exigir que os grãos na câmara de vapor fiquem expostos a temperatura superior a 96ºC por no mínimo 3,75 minutos (CDFA, 1984).

Poucos trabalhos de pesquisa avaliaram o tempo mínimo de vaporização necessário para se produzir um flóculo ótimo. Zinn (1990b) demonstrou que mais de 30 minutos de vaporização não fizeram aumentar a digestibilidade do amido (que já era superior a 99%) ou o valor de EL do milho floculado a uma densidade de 0,31 kg/L. Tipicamente, o tempo mínimo de vaporização é uma função da capacidade máxima de trabalho do rolo compressor a determi-

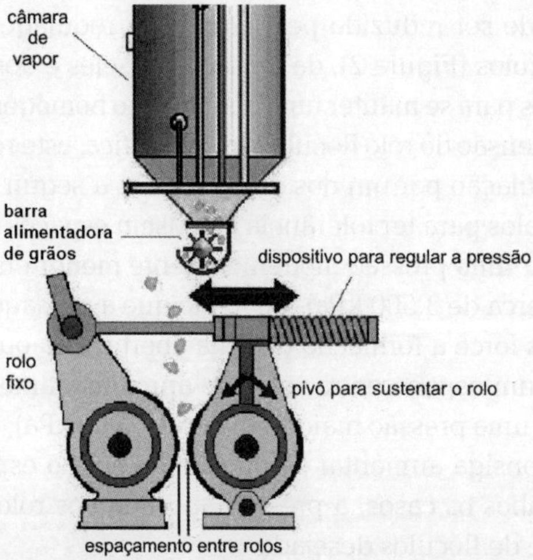

Figura 2. Ilustração dos componentes do floculador.

nada densidade do flóculo e do tamanho da câmara de vaporização. Como os equipamentos de floculação normalmente operam em sua capacidade máxima ou próxima desta, as câmaras de vapor deveriam ser projetadas de modo que sua capacidade fosse suficiente para permitir uma vaporização de no mínimo 30 minutos quando o moinho estivesse funcionando em sua velocidade máxima para produzir um flóculo de densidade de 0,31 kg/L.

O tempo de vaporização é regulado por um alimentador de grãos, a barra de alimentação na base da câmara de vaporização (Figura 2). Pequenas modificações na velocidade da alimentação de grãos podem causar diferença dramática na aparência do flóculo. O efeito é devido em parte a alterações no tempo de vaporização, pois a aparência dos flóculos muda imediatamente quando a velocidade de abastecimento do alimentador é alterada. Isto pode ser resultado de uma alteração no espaço entre os rolos compressores. A taxa de alimentação e distribuição dos grãos ao longo dos rolos também pode alterar o espaço entre os rolos compressores.

Uma alimentação não uniforme dos grãos ao longo dos rolos pode alargar os espaços entre eles, e o espaço excessivo pode permitir que mais grão inteiro ou pouco processado passe entre os rolos. Este problema pode ser reduzido pela adequada regulagem do espaço inicial entre rolos (Figura 2), da tensão entre eles e dos dispositivos alimentadores para se manter uma distribuição homogênea dos grãos por toda a extensão do rolo floculador. Na prática, este rolo é ajustado antes da floculação por um dos dois métodos a seguir. Um método é ajustar os rolos para ter tolerância zero (sem espaços iniciais entre eles) e aplicar uma pressão moderadamente menor entre eles (normalmente, cerca de 3.500 kPa), de modo que a passagem dos grãos entre os rolos force a formação de uma abertura. O outro método é ajustar para um espaço entre rolos de aproximadamente 0,8 a 1,0 mm e aplicar uma pressão maior (em geral, 6.000 kPa), de modo que o grão não consiga aumentar significativamente o espaço entre os rolos. Em ambos os casos, a pressão aplicada aos rolos dependerá da densidade de flóculos desejada.

Uma vantagem de ajustar os rolos com tolerância zero e menor pressão é que isso permite que uma pedra ou parafuso passem produzindo um mínimo de estrago entre os rolos compressores. Entretanto, com tolerância zero, os rolos floculadores podem sofrer um desgaste, pelo atrito entre eles, caso o fluxo de grãos pare ou seja interrompido. Além disso, com o ajuste para um espaço mínimo (0,8 a 1,0 mm) com alta pressão, os flóculos produzidos apresentarão espessura mais uniforme e consistente.

A influência do espaço inicial entre rolos (tolerância zero vs. 1 mm) na excreção de amido fecal de novilhos alimentados com milho floculado, com densidades de 0,26 até 0,41 kg/L, é apresentada na Tabela 4. As diferentes densidades dos flóculos foram obtidas alterando-se a pressão entre os rolos. Em todas as densidades de floculação testadas, o amido fecal foi menor para o milho floculado através dos rolos ajustados com espaço inicial de 1 mm, provavelmente porque este ajuste permitiu que menos grãos pouco processados passassem através dos rolos. Na densidade do flóculo mais alta (0,41), a porcentagem de amido fecal foi 25% menor para o ajuste inicial com 1 mm de abertura, em comparação com 0 mm de espaço inicial (tolerância zero).

Como esforço para economizar vapor, algumas fábricas de ração reduzem ou param por completo o fluxo de vapor para a seção mais inferior da câmara. Entretanto, para melhor efeito na ruptura dos

Tabela 4. Influência do espaçamento entre rolos e densidade dos flóculos na porcentagem de amido fecal.

Item	Densidade do flóculo, kg/L			
	0,26	0,31	0,36	0,41
	Amido fecal, %			
Espaçamento entre rolos, mm				
0	1,40	3,49	5,09	10,89
1	1,36	3,35	4,82	8,73
Diferença, %	–2,9	–4,3	–5,5	–24,7

grãos, é importante que os rolos estejam quentes e que os grãos não esfriem antes da floculação. Caso a câmara de vapor não possua um termômetro em sua parte inferior, a linha de vapor na seção mais baixa da câmara deveria ser aberta para injetar 80% do mínimo de vapor requerido para empurrar o grão pela barra alimentadora de grãos.

7. Checando a adequação do processo

Padrões de qualidade para o milho floculado a vapor normalmente são baseados em algumas medidas físicas, tais como espessura do floco (mm; medida pela média de 10 flóculos selecionados ao acaso), densidade do flóculo (kg/L), solubilidade do amido (amido solubilizado pela amiloglucosidase) e reatividade enzimática (amido solubilizado pela pancreatina-amilase suína). Uma das vantagens de utilizar a espessura do flóculo como medida de qualidade é que a medida independe de tempo, condições ou local (por exemplo: no reservatório, no cocho, em uma amostra da dieta já misturada). Outras medidas, como a densidade do flóculo, serão alteradas com o tempo de pós-processamento do grão, tamanho do recipiente de pesagem, perda de umidade e abrasão durante o manuseio do grão, mas a espessura do flóculo permanecerá constante. A correlação entre espessura do flóculo (EF, mm) e sua densidade (DF, kg/L) foi moderadamente alta (r^2 = 0,74; DF = ,042 + 0,14EF), mas a densidade pode variar com o grau de partículas finas presentes na amostra (Zinn, 1990b).

A densidade do flóculo é o padrão de qualidade mais utilizado para o milho floculado a vapor. Pelo fato de poder ser medida diretamente após os rolos na saída do milho, o processo de floculação pode ser ajustado imediatamente, com base na densidade do flóculo. Além disso, esta densidade está altamente correlacionada com mudanças na solubilidade do amido (r^2 = 0,87) e atividade enzimática (r^2 = 0,79). Infelizmente, porém, a densidade é pouco confiável como um indicador de digestibilidade do amido *in vivo*. Em um sumário de 64 experimentos envolvendo milho floculado (Figuras 3 e 4), a densidade do flóculo explicou somente 22% da variação na degradação ruminal do amido e 52% da variação na digestão do amido no trato total. Com o passar do tempo também ocorrem alterações no valor de densidade do flóculo, uma vez que os flóculos quentes, quando esfriam, se assentam rapidamente. A medida da densidade do flóculo deveria ser padronizada ou para alguns segundos após o grão ser floculado, ou após o esfriamento da amostra. Medidas com a utilização de recipiente maior do que o normalmente empregado para a determinação de densidade do milho inteiro são mais consistentes e confiáveis, devido à redução na fricção dos flóculos com as laterais do recipiente. Medidas em animais vivos são os indicadores ideais da adequação do processo de floculação. Tais medidas incluem porcentagem de amido fecal e pH fecal. No sumário de 64 experimentos mencionado anteriormente, mudanças na densidade do flóculo explicaram 63% da variação em amido fecal (AF = –12,6 + 47,3DF). Entretanto,

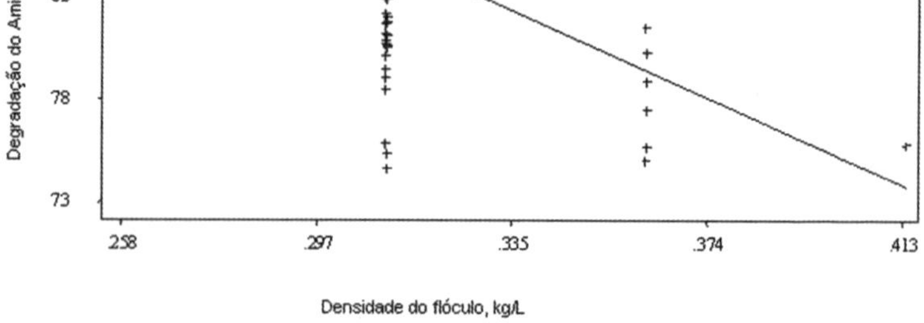

Figura 3. Relação entre densidade do flóculo e degradação ruminal do amido (sumário de 64 experimentos).

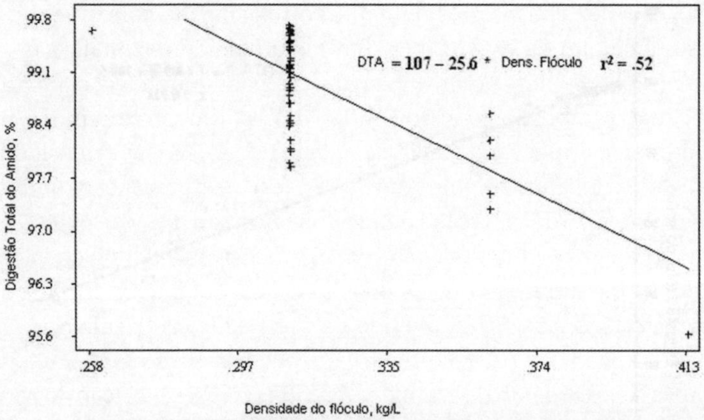

Figura 4. Relação entre densidade do flóculo e digestão do amido no trato total (sumário de 64 experimentos).

determinações diretas de amido fecal explicaram 68% da variação na degradação ruminal do amido e 91% da variação na digestão do amido no trato total (DATT; Figura 5). Devido a uma correlação alta e direta entre amido fecal e digestão do amido e ao fato de a digestão do amido por si só explicar a maioria das variações no valor de EL do milho (ELm milho = –0,70 + 0,032DATT; r^2 = 0,88), a análise do amido fecal pode ser usada para determinação direta do valor de EL do milho: ELm = 2,50 – 0,021AF, ELg = 0,877, ELm = 0,41.

A produção de ácidos no ceco e intestino grosso aumenta com a maior fermentação pós-ruminal do amido. Por isso, o pH fecal e o amido fecal são inversamente correlacionados (Zinn e Owens, 1980). Barajas e Zinn (1998) observaram que, em animais consumindo dietas de terminação à base de milho laminado a seco e floculado, o pH fecal (pHF) explicou 26% das variações em amido fecal (AF = 114,2 – 17,0 pHF; n = 80). A equação de regressão para o milho laminado a seco foi: amido fecal = 100 – 13,4 pH fecal (n = 40; r^2 = 0,34); a equação de regressão para o milho laminado a vapor foi: amido fecal = 28,1 – 3,88 pH fecal (n = 40; r^2 = 0,15). Esta associação limitada entre o pH fecal e a porcentagem de amido fecal sugere que outros fatores, como tamponantes da dieta, podem limitar o uso prático do pH fecal como medida de avaliação da eficiência do processamento do milho.

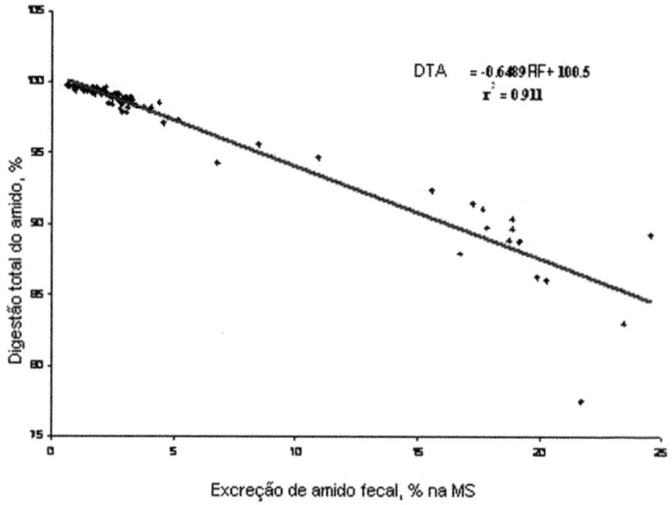

Figura 5. Relação entre concentração de amido fecal e digestão do amido no trato total (sumário de 64 experimentos).

8. A floculação, para aumentar a extensão da degradação ruminal do amido, reduz a quantidade de amido de milho que é digerida no intestino delgado?

Tem sido sugerido que o fornecimento de uma combinação de milho laminado a seco (ou milho inteiro) com milho floculado aumente a digestão do amido ruminal e pós-ruminal. Esta especulação se deve, em parte, ao conceito de que um tempo de retenção pequeno das partículas de amido no intestino delgado (inferior a 4 horas), em conjunto com insuficiências enzimáticas, poderia limitar a quantidade de amido que pode ser digerida pós-ruminalmente (Karr et al., 1966). Pode-se especular que a floculação da maior parte do milho da dieta iria reduzir o fluxo de amido ao intestino e permitir que maior quantidade de amido oriundo do milho laminado fosse digerida no pós-rúmen. A primeira falha nessa teoria tempo de retenção-limitação da capacidade enzimática é que a digestão pós-ruminal do amido é muito mais baixa para o milho laminado do que para o milho floculado a vapor; além disso, a digestibilidade pós-ruminal aumenta com a intensificação do fluxo de amido para o intestino (Figura 6).

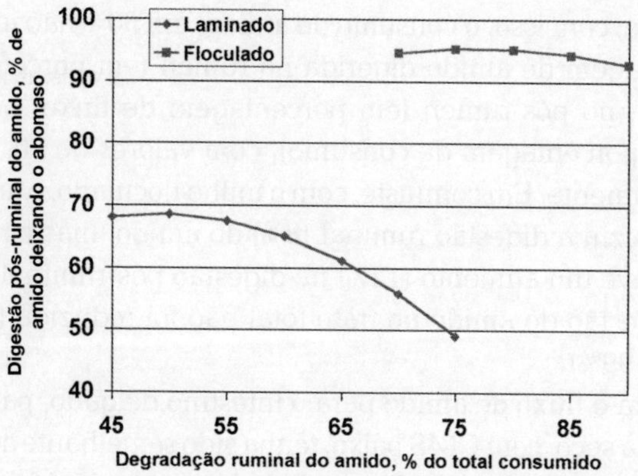

Figura 6. Relação entre degradação ruminal e digestão pós-ruminal do amido de milho laminado a seco e floculado (sumário de 64 experimentos).

No caso do milho laminado a seco, a degradação ruminal do amido, em porcentagem de amido consumido (DRA, 59 ±12%), e a digestão pós-ruminal do amido, em porcentagem do amido que chega ao intestino delgado (ADP, 63 ±10%), são inversamente correlacionadas (ADP, % RSD = 280 – 2,86ADR; r^2 = 0,76; Zinn, 1990b; Zinn et al., 1995; Barajas e Zinn, 1998; Zinn et al., 1998). Da mesma forma, com milho floculado a vapor, a degradação ruminal do amido (80 ± 6%) e a digestão pós-ruminal dele (95 ± 2%) também são inversamente correlacionadas (ADP, % ADR = 247 – 1,60ADR; r^2 = 0,94; Zinn, 1990a,b; Zinn et al., 1995; Barajas e Zinn, 1998; Zinn et al., 1998). Isso dá suporte à idéia de que a maioria do amido prontamente fermentável será degradado no rúmen, ficando a fração menos digestível para o intestino delgado. Entretanto, tanto a degradação ruminal quanto a digestão pós-ruminal são maiores para o milho floculado do que para o milho laminado a seco, e a diminuição na digestibilidade pós-ruminal com a maior degradação ruminal é consideravelmente menor para o milho floculado do que para o milho laminado a seco.

Para testar diretamente a teoria tempo de retenção-limitação da capacidade enzimática, Zinn et al. (1995) forneceram para novilhos dietas com milho laminado a seco e milho floculado em dois níveis de CMS (1,6 vs. 2,4% do PV). Com o milho laminado a seco, o aumento do CMS (e, com isso, o consumo de amido) em 50% não influenciou a porcentagem de amido digerida no rúmen (em porcentagem de consumo), no pós-rúmen (em porcentagem de fluxo) ou no trato total (em porcentagem de consumo), com valores de 70, 64 e 90%, respectivamente. Em contraste, com o milho floculado, o aumento do CMS reduziu a digestão ruminal (8%) do amido, mas em compensação houve um aumento (12%) na digestão pós-ruminal, de forma que a digestão do amido no trato total não foi reduzida (sendo em média de 99%).

Embora o fluxo de amido para o intestino delgado, para o milho laminado a seco, com CMS baixo, tenha sido semelhante ao do milho floculado com CMS alto, a digestibilidade pós-ruminal foi 46% maior para o milho floculado do que para o milho laminado a seco (96 vs. 66% do fluxo, respectivamente).

Aumentos na digestibilidade pós-ruminal devido à floculação têm variado de 16 (Cole et al., 1976b) a 77% (Zinn, 1990b). Desse modo, mesmo que o suprimento de amido para o intestino seja maior para o milho laminado a seco e inteiro, a quantidade de amido desaparecida nos intestinos (g/d) pode ser maior para o milho floculado (Zinn, 1990a; Zinn et al., 1995; Barajas e Zinn, 1998). Isto deve ser resultado do efeito da floculação na digestibilidade pós-ruminal das zeínas.

Além de aumentar a digestibilidade pós-ruminal do amido, a floculação também aumenta a digestibilidade pós-ruminal da proteína. Por exemplo, Barajas e Zinn (1998) observaram que floculação de milho aumentou a digestibilidade pós-ruminal do amido e de proteína em 41 e 17%, respectivamente. O aumento significativo da digestibilidade pós-ruminal do amido com a floculação a vapor do milho pode ser devido aos efeitos da ruptura da proteína e, conseqüentemente, da disponibilidade do amido, particularmente aquele contido na fração do endosperma vítreo do grão.

9. A suplementação protéica pode aumentar a digestão pós-ruminal do amido?

Walker e Harmon (1995) observaram que a infusão abomasal de um hidrolisado de amido em novilhos fez com que diminuísse o pH, a concentração de amilase do suco pancreático e a secreção de amilase pelo pâncreas. Magee (1961) formulou a hipótese de que, aumentando o suprimento de proteína intestinal, seria possível aumentar a utilização do amido, porque melhora a secreção enzimática. Em seus estudos, a quantidade e a atividade da amilase pancreática aumentaram quando hidrolisado de caseína foi introduzido no duodeno de ovinos. Taniguchi et al. (1995) observaram um suave aumento (3%) em digestibilidade do amido quando caseína foi infundida no abomaso, em vez do rúmen. Confirmando essa teoria, Veira et al. (1980) observaram uma relação inversa entre proteína bruta (PB) da dieta (9,9 a 16,2%) e amido fecal (28,4 a 22,1%), apesar de teores baixos de PB na dieta poderem limitar o suprimento de amônia necessário para a fermentação do amido no rúmen ou intestino grosso. Em estudos de desempenho com bovinos de crescimento e terminação, assim como em ensaios de metabolismo, Barajas e Zinn (1998) avaliaram a interação da suplementação de proteína não degradável no rúmen (PNDR) (uréia vs. farelo de algodão) e o processamento do milho na utilização do amido. O aumento do fluxo de proteína ao intestino delgado em 13% não alterou o valor de EL do milho laminado a seco ou floculado a vapor, como determinado em experimento de desempenho, nem influenciou o local e a extensão de digestão do amido. Esses resultados são consistentes com as conclusões de Owens et al. (1986) e Zinn et al. (1995) de que a forma físico-química do ingrediente contendo amido é o fator principal que limita o processo de digestão amilolítica, em vez da quantidade ou atividade das enzimas. A digestão pós-ruminal parece limitada pelo acesso das enzimas à molécula de amido.

10. Floculação e produção ruminal de ácidos — O grão pode ser processado excessivamente?

Durante as quatro primeiras horas após o consumo do alimento, o pH ruminal normalmente é menor para bovinos alimentados com dietas contendo milho floculado a vapor do que para animais alimentados com dietas contendo milho laminado a seco ou inteiro (Lee et al., 1982; Zinn et al., 1995; Barajas e Zinn, 1998).

A extensão da queda no pH ruminal é afetada pela densidade do flóculo (Zinn, 1990). Com a diminuição da densidade do milho, a solubilidade do amido aumenta (Zinn, 1990a; Theurer et al., 1999). A solubilidade por si só explica 67% das variações na extensão de digestão ruminal do amido. Por isso, a extensão da degradação ruminal dele também aumenta com o grau de processamento. Contudo, como indicado anteriormente, a digestibilidade do amido no trato total é função de uma curva Kappa do grau de processamento, atingindo um máximo com uma densidade do flóculo de 0,31 kg/L. Se o grão é floculado a vapor além desse ponto, a taxa e a extensão da digestão ruminal podem ser excessivas, causando redução no CMS, aumento na variação de GPD entre animais dentro da baia e predispondo-os à acidose e ao timpanismo (Zinn, 1990a). Pelo fato de muitos fatores estarem envolvidos, estudos definitivos sobre a solubilidade ótima do amido são limitados. Até o presente, parece prudente otimizar o processamento com base em dados da análise do amido fecal (ótimo = 2 a 3% de amido fecal).

A floculação a vapor diminui a relação acetato:propionato (Lee et al., 1982; Zinn, 1987; Barajas e Zinn, 1998). Esta redução reflete uma diminuição em perdas de energia por metano durante a fermentação ruminal (Wolin, 1960). A conversão de energia pode acentuar o efeito benéfico da floculação no valor de EL do milho. Contudo, um processamento mais intenso não provocou efeitos benéficos nas proporções de ácidos graxos voláteis (AGV) (Zinn, 1990a). Por isso, diminuir a espessura do flóculo além de certo valor pode não resultar em efeitos positivos adicionais na redução de perdas de energia por metano e aumentos relacionados ao valor de EL do milho.

A floculação correta aumenta os valores de Elm e ELg dos híbridos convencionais de milho amarelo em 15 e 18%, respectivamente. Padrões atuais de alimentação como o NRC (1996) subestimam o valor de ELg do milho floculado em 3,8% e superestimam o valor de ELg do milho laminado a seco em 5,5%. O aumento na digestibilidade depende da ruptura da matriz protéica que envolve os grânulos de amido, em vez do aumento da solubilidade dele. A floculação do milho aumenta a extensão da digestão do amido tanto no rúmen quanto no intestino delgado, o que pode explicar, em grande parte, o aumento no valor de energia líquida do milho. Embora a disponibilidade de amido possa ser estimada por várias medidas de gelatinização (densidade e espessura do flóculo, solubilidade do amido e liberação de nutrientes durante incubação com amilase), a adequação da floculação pode ser prevista de forma mais confiável e prática medindo-se a concentração de amido nas fezes.

11. Referências bibliográficas

ATKIN, N. J.; ABEYSEKERA, R. M.; ROBARDS, A. W. The events leading to the formation of ghost remnants from the starch granule surface and the contribution of the granule surface to the gelatinization enotherm. **Carbohydrate Polymers** 36: 193-204, 1998.

BARAJAS, R.; ZINN, R. A. The feeding value of dry-rolled and steam-flaked corn in finishing diets for feedlot cattle: influence of protein supplementation. **J. Anim. Sci.** 76: 1744-52, 1998.

CAMPBELL, M. R.; LI, J.; BERKE, T. G.; GLOVER, D. V. Variation of starch granule size in tropical maize germ plasm. **Cereal Chem.** 73: 536-8, 1996.

CDFA. **Approval of feed and grain mills and storage facilities.** State of California, Dept. Food and Agric., Division of Plant Industry, Pest Exclusion. Sacramento, CA., Quality Control Circular n. 206, 1984.

COLE, N. A.; JOHNSON, R. R.; OWENS, F. N. Influence of roughage level and corn processing method on site and extent of digestion by beef steers. **J. Anim. Sci.** 43: 490-6, 1976.

DOMBRINK-KURTZMAN, M. A.; KNUTSON, C. A. A study of maize endosperm harness in relation to amylose content and susceptibility to damage. **Cereal Chem.** 74: 776-80, 1997.

FISHMAN, M. L.; COOKE, P.; WHITE, B.; DAMERT, W. Size distributions of amylose and amylopectin solubilized from corn starch granules. **Carbohydrate Polymers** 26: 245-53, 1995.

FREEMAN, J. E.; KRAMER, N. W.; WATSON, S. A. Gelatinization of starches from corn (*Zea mays* L.) and sorghum (*Sorghum bicolor* (L.) Moench): effects of genetic and environmental factors. **Crop Sci.** 8: 409-13, 1968.

FRENCH, D. Chemical and physical properties of starch. **J. Anim. Sci.** 1048-61, 1973.

HUNTINGTON, G. Starch utilization by ruminants: from basics to the bunk. **J. Anim. Sci.** 75: 852-67, 1995.

JOHNSON, D. E.; MATSUSHIMA, J. K.; KNOX, K. L. Utilization of flaked vs. cracked corn by steers with observations on starch modification. **J. Anim. Sci.** 27: 1431-7, 1968.

KARR, M. R.; LITTLE, C. O.; MITCHELL JR., G. E. Starch disappearance from different segments of the digestive tract of steers. **J. Anim. Sci.** 25: 652-4, 1966.

KRIEGER, K. M.; POLLAK, L. M.; BRUMM, T. J.; WHITE, P. J. Effects of pollination method and growing location on starch thermal properties of corn hybrids. **Cereal Chem.** 75: 656-9, 1998.

LEACH, H. W. Gelatinization of starch. In: WHISTLER, R. L.; PASCHALL, E. F. (eds.). **Starch: chemistry and technology. v. 1. Fundamental aspects.** Academic Press, NY, 1965. p. 289-308.

LEE, R. W.; GAYLEAN, M. L.; LOFGREEN, G. P. Effects of mixing whole shelled and steam flaked corn in finishing diets on feedlot performance and site and extent of digestion in beef steers. **J. Anim. Sci.** 55: 475-85, 1982.

LU, T. J.; JANE, J. L.; KEELING, P. L.; SINGLETARY, G. W. Maize starch fine structures affected by ear developmental temperature. **Carbohydrate Res.** 282: 157-70, 1996.

MAGEE, D. F. An investigation into the external secretion of the pancreas in sheep. **J. Physiol.** 158: 132-43, 1961.

MATSUSHIMA, J. K.; MONTGOMERY, R. L. The thick and thin of flaked corn. **Colorado Farm Home Res**. 17: 4, 1967.

McALLISTER, T. A.; CHENG, C.-J.; RODE, L. M. Digestion of barley, maize, and wheat by selected species of ruminal bacteria. **Appl. Environ. Microbiol.** 56: 3146-53.

MEHEN, S.; HALE, W. H.; THEURER, B.; LITTLE, O. M. **Digestibility of dry-rolled, fine-ground, steam-processed and pressure-cooked milo by steers.** Ariz. Cattle Feeders Day, 1966. p. 43-6.

NRC. **Nutrient requirements for beef cattle**. 6th rev. ed. National Academy Press, Washington, DC, 1984.

NRC. **Ruminal nitrogen usage.** National Academy Press, Washington, DC, 1985.

NRC. **Nutrient requirements for beef cattle**. 7th rev. ed. National Academy Press, Washington, DC, 1996.

NRC. **Nutrient requirements for dairy cattle**. 7th rev. ed. National Academy Press, Washington, DC, 2000.

OSMAN, H. F.; THEURER, B.; HALE, W. H.; MEHEN, S. M. Influence of grain processing on in vitro enzymatic starch digestion of barley and sorghum grain. **J. Nutr.** 100: 1133-9, 1970.

OWENS, F. N.; SECTIST, D. S.; HILL, W. J.; GILL; D. R. The effect of grain source and grain processing on performance of feedlot cattle: a review. **J. Anim. Sci.** 75: 868-79, 1997.

OWENS, F. N.; ZINN, R. A.; KIM, Y. K. Limits to starch digestion in the ruminant small intestine. **J. Anim. Sci.** 63: 1634-48, 1986.

RAMIREZ, R. G.; KIESLING, H. E.; GAYLEAN, M. L.; LOFGREEN, G. P.; ELLIOT, J. K. Influence of steam-flaked, steam-whole or whole shelled corn on performance and digestion of beef steers. **J. Anim. Sci.** 61: 1-8, 1985.

SAUBER, T. E.; OWENS, F. N. Cereal grains and by-products for swine. In: LEWIS, A. J.; SOUTHERN, L. L. (eds.). **Swine nutrition**. 2nd ed., CRC Press, Boca Raton, FL, 2001. p. 785-802.

TANIGUCHI, K.; HUNTINGTON, G. B.; GLENN, B. P. Net nutrient flux by visceral tissues of beef steers given abomasal and ruminal infusions of casein and starch. **J. Anim. Sci.** 73: 236-49, 1995.

THEURER, C. B.; LOZANO, O.; ALIO, A.; DELGADO-ELORDUY, A.; SADIK, M.; HUBER, J. T.; ZINN, R. A. Steam-processed corn and sorghum grain flaked at different densities alter ruminal, small intestinal, and total tract digestibility of starch by steers. **J. Anim. Sci.** 77: 2824-31, 1999.

TREI, J.; HALE, W. H.; THEURER, B. **Influence of grain processing factors on the *in vitro* fermentation rate**. Ariz. Cattle Feeders Day, 1966. p. 349.

VEIRA, D. M.; MACLEOD, G. K.; BURTON, J. H.; STONE, J. B. Nutrition of the weaned Holstein calf. II. Effect of dietary protein level on nitrogen balance, digestibility and feed intake. **J. Anim. Sci.** 50: 945-51, 1980.

WALKER, J. A.; HARMON, D. L. Influence of ruminal or abomasal starch hydrolyzate infusion on pancreatic exocrine secretion and blood glucose and insulin concentration in steers. **J. Anim. Sci.** 73: 3766-74, 1980.

WARD, C. F.; GALYEAN, M. L. **The relationship between retrograde starch as measured by starch availability estimates and *in vitro* dry matter disappearance of steam-flaked corn**. Burnett Ctr. Internet Prog. Rpt. (http://www.asft.ttu.edu/burnett_center/progress_reports/). Texas Tech. Univ., Lubbock. p. 1-2, 1999.

WARD, C. F.; GALYEAN, M. L.; DEFOOR, P. J.; NUNNERY, G. A.; SALYER, G. B.; DERINGTON, H. M.; PARSONS, C. H. **Effects of SarStart DSC on performance and carcass characteristics of finishing beef steers fed dry rolled or steam-flaked corn diets**. Burnett Ctr. Internet Prog. Rpt. (http://www.asft.ttu.edu/burnett_center/progress_reports/) n. 5. Texas Tech. Univ., Lubbock, p. 1-12, 2000.

WHITE, P. J.; POLLAK, L. M. Corn as a food source in the United States; Part II. Processes, products, composition, and nutritive values. **Cereal Foods World** 40: 756-62, 1995.

WOLIN, M. J. A theoretical rumen fermentation balance. **J. Dairy Sci.** 43: 1452-9, 1960.

ZINN, R. A. Influence of lasalocid and monensin plus tylosin on comparative feeding value of steam-flaked versus dry-rolled corn in diets for feedlot cattle. **J. Anim. Sci.** 65: 256-66, 1987.

ZINN, R. A. Influence of flake density on the comparative feeding value of steam-flaked corn for feedlot cattle. **J. Anim. Sci.** 68: 767-75, 1990a.

ZINN, R. A. Influence of steaming time on site of digestion of flaked corn in steers. **J. Anim. Sci.** 68: 776-81, 1990b.

ZINN, R. A. Influence of flake thickness on the feeding value of steam-rolled wheat for feedlot cattle. **J. Anim. Sci.** 72: 21-8, 1994.

ZINN, R. A.; BARAJAS, R. Comparative ruminal and total tract digestion of a finishing diet containing fresh vs. air-dry steam-flaked corn. **J. Anim. Sci.** 75: 1704-7, 1997.

ZINN, R. A.; ADAMS, C. F.; TAMAYO, M. S. Interaction of feed intake level on comparative ruminal and total tract digestion of dry-rolled and steam-flaked corn. **J. Anim. Sci.** 73: 1239-45, 1995.

ZINN, R. A.; ALVAREZ, E. G.; MONTAÑO, M. F.; PLASCENCIA, A.; RAMIREZ, J. E. Influence of tempering on the feeding value of rolled corn in finishing diets for feedlot cattle. **J. Anim. Sci.** 76: 2239-46, 1998.

ZINN, R. A.; ALVAREZ, E. G.; MONTANO, M. F.; RODRIGUEZ, S. A.; WARE, R. A. Interaction of flake density and tempering on the comparative feeding value of steam-flaked corn for feedlot cattle. **Proc. Western Sec. Amer. Soc. Anim. Sci.** 51: 503-4, 2000.

ZINN, R. A.; OWENS, F. N. **Expanding our concept of starch digestion in the ruminant.** 41st Minnesota Nutrition Conference. University of Minnesota, St. Paul, p. 69-77, 1980.

ZINN, R. A.; OWENS, F. N. A rapid procedure for purine measurements and its use for estimating net ruminal protein synthesis. **Can. J. Anim. Sci.** 66: 157-66, 1986.

ZINN, R. A.; SHEN, Y. An evaluation of ruminally degradable intake protein and metabolizable amino acid requirements of feedlot calves. **J. Anim. Sci.** 76: 1280-9, 1998.

Manejo de cocho em confinamentos*

Fred Owens**

1. Introdução

O objetivo, na alimentação do gado, é converter eficientemente os recursos alimentares em vendas de produtos de origem animal para atender aos anseios e preferências das pessoas por alimentos. Com bovinos de corte em confinamento, a meta é converter grãos e forragem em carne suculenta, macia e saborosa. Para atingir ganhos mais rápidos e eficientes em confinamento, confinadores tradicionalmente procuraram maximizar o consumo de alimento dos bovinos. Quando se esforçam para máximo consumo de dietas de alto concentrado, problemas digestivos (acidose, abscessos de fígado e laminite) geralmente ocorrem. Neste texto, serão sumarizados alguns dos passos envolvidos no manejo de cochos que podem ajudar a maximizar o consumo de energia e, ao mesmo tempo, minimizar a incidência de desordens digestivas. Oferecer a ração correta na quantidade corre-

* Tradução: Ricardo Cazerta D. Goulart e Flávio Augusto Portela Santos.

**Pioneer Hi-Bred International, Inc. Johnston, IA 50131 EUA.

ta para os animais corretos pode, supostamente, melhorar a taxa e eficiência de ganho e reduzir a incidência de desordens digestivas e metabólicas. No entanto, existem mais evidências para suportar a primeira afirmação do que para a segunda. Referências adicionais pertinentes, relacionadas com a mistura dos alimentos e o manejo de cochos, são citadas, para aqueles que desejam mais detalhes.

2. Energética e desempenho de animais

Por motivos econômicos, tanto os bovinos de confinamentos comerciais como de pesquisa normalmente são alimentados em grupos. Em confinamentos comerciais, as baias normalmente contêm de 30 a 1.000 animais, enquanto nos confinamentos experimentais em geral abrigam de 4 a 20 animais.

Quando a alimentação é em grupo, o tipo de gado, o peso e até mesmo o sexo de animais individuais podem diferir, dependendo da apartação dos animais no início ou em algum ponto durante a terminação. Apesar dessa variação entre indivíduos, em geral considera-se a média do grupo quando se formula e se oferece a ração e quando se avalia o desempenho. Essa premissa não é ilógica, porque as exigências de nutrientes de animais tipicamente são determinadas com animais alimentados em grupo; o desempenho médio do grupo será reduzido se qualquer componente dele sofrer de uma deficiência de nutrientes. Entretanto, médias podem ser enganosas. O fato de os animais de uma baia comerem a mesma quantia de alimentos todos os dias não significa que todos os indivíduos da baia estão comendo a mesma quantidade de alimento todo dia. Também não significa que cada animal, dentro do grupo, está comendo sua fração proporcional da ração total oferecida. Quanto maior o número de animais em uma baia, mais se dilui a variação entre dias no consumo de alimentos. Em conseqüência, quando o desaparecimento de alimentos em uma baia com grande número de animais ou o consumo por múltiplas baias em um confinamento variam, essa mudança provavelmente reflete o impacto de alguns fatores externos (exemplos: alteração no processamento de alimentos, disponibilidade ou aceitabilidade de água, clima ou manejo) que estão alterando o comportamento de todo o grupo de modo uniforme.

Com base em registros de animais de confinamentos comerciais alimentados em baias com dietas de alto teor de concentrado, mais de 90% da variação entre baias, no ganho de peso de animais alimentados por mais de 90 dias, pode ser prevista a partir do consumo de alimento, peso médio, concentração de energia líquida (mantença e ganho) da matéria seca da dieta e matéria seca de alimentos fornecidos. O sistema de energia líquida funciona. A energética do crescimento pode ser predita com confiabilidade para grupos de animais. Quando o consumo de energia aumenta, a retenção de energia e a taxa de ganho aumentam. Em conseqüência, pesquisadores acreditavam que a maximização do consumo de energia aumentaria a taxa e a eficiência de ganho proporcionalmente. Contudo, em ensaios de pesquisa em que o consumo alimentar é restrito a 90 a 95% do consumo máximo, a relação ganho de peso : consumo de alimento normalmente é aumentada de 0 a 8% (Sainz, 1995).

Apesar de a restrição leve no suprimento de alimento aumentar de forma consistente a eficiência energética aparente, as razões para essa melhora ainda são pouco claras. Algumas sugestões: 1) redução no desperdício de alimento (que geralmente pode atingir 5%); 2) aumento da digestibilidade da dieta (menos provável com dietas que contêm grãos processados ou com o tempo de mastigação reduzido devido ao consumo muito rápido de alimentos); 3) reduzida perda de metano durante a fermentação ruminal (pouco provável quando se considera que uma redução no consumo pode aumentar o tempo de permanência para digestão no rúmen); 4) composição corporal alterada (relação entre água/gordura e proteína/gordura levemente aumentada); 5) reduzida incidência de desordens digestivas ou metabólicas que poderão ocorrer se alimento em excesso estiver disponível; 6) alimento mais fresco; 7) suprimento mais consistente tanto de nutrientes (com menor classificação e seleção) como de energia (prevenção contra amplas oscilações no consumo diário de calorias). Todavia, a melhor relação ganho de peso : consumo de alimento observada com restrição leve do suprimento de alimento levou a maioria dos confinamentos comerciais a adotar um regime de arraçoamento de cocho liso, no qual se permite que os cochos permaneçam vazios por curto período de tempo, uma vez por dia ou várias vezes durante a semana. Esse sistema de arraçoamento será discutido adiante.

3. Variação

Distúrbios metabólicos e digestivos do gado normalmente são comparados à equivalente antropomórfica "síndrome do jantar de feriado", que causa desconforto digestivo nas pessoas. Sem dúvida, o excesso de alimentos ricos em nutrientes aumenta o estresse no sistema digestivo; o controle do apetite é uma experiência aprendida que é facilmente ignorada, pelo menos em humanos. A taxa de ganho de peso de animais consumindo forragem pastejada ou fornecida no cocho normalmente é limitada tanto pela capacidade deles de colher ou consumir como pela capacidade do trato digestivo; no entanto, com pastagens de altíssima qualidade, o consumo de calorias pode limitar o consumo de alimento. Quando as dietas têm digestibilidade da matéria seca (MS) maior do que 67%, o consumo calórico costuma ser maximizado; quando se trocam dietas ricas em forragem por outras ricas em concentrado, os animais têm de aprender a sentir os sinais calóricos, em vez de sinais de enchimento. Desordens digestivas associadas com consumo excessivo de amido (exemplo: acidose clínica ou subclínica e laminite) predominam durante essa transição. De maneira similar, mudanças abruptas na dieta devido a erros na formulação, na mistura ou no fornecimento podem resultar em desordens digestivas. Isso levou ao conceito de que o oferecimento do alimento correto para os animais corretos na quantidade correta poderia não só reduzir a incidência de desordens digestivas, mas também maximizar o desempenho deles.

4. Respostas ao incremento no consumo de alimento

A quantidade de MS que desaparece do cocho (MS oferecido menos MS da sobra) será chamada neste texto de consumo de matéria seca (CMS), apesar da imprecisão dessa premissa. Foram reunidos os registros de CMS de quatro grupos de 78 novilhos, uniformes quanto ao tipo e histórico, alimentados individualmente em Calan Gates (American Calan, Northwood, NH) com rações com alto teor de concentrado por pelo menos 90 dias. A taxa de ganho de peso de novilhos individuais foi proporcional ao desaparecimento de matéria seca (Figura 1). Sustentando o conceito de eficiência energética discutido anteriormente, a taxa de ganho foi maior para bovinos que consumiram mais alimento. Entretanto, variações no consumo de matéria seca explicaram apenas 44 a 66% da variação observada dentro de cada ensaio e 54% da variação geral do ganho de peso diário observado. Supostamente, isso reflete diferenças entre animais individuais quanto à eficiência de utilização do alimento, como foi sugerido por outros estudos (Hickman et al., 2002, por exemplo). Na média, com essas rações com altos teores de concentrado, para cada kg de aumento no CMS, o ganho de peso diário aumentou 0,18 kg (P < 0,0001).

Como o consumo de matéria seca influencia a eficiência alimentar? Com base em equações de energia líquida, a eficiência alimentar (ganho de peso/CMS) deveria aumentar com o maior consumo de matéria seca, porque uma maior proporção da energia consumida da dieta fica acima da mantença e disponível para ganho. Para os mesmos novilhos alimentados individualmente, testou-se a correlação entre a eficiência alimentar (ganho de peso/CMS) e o CMS (Figura

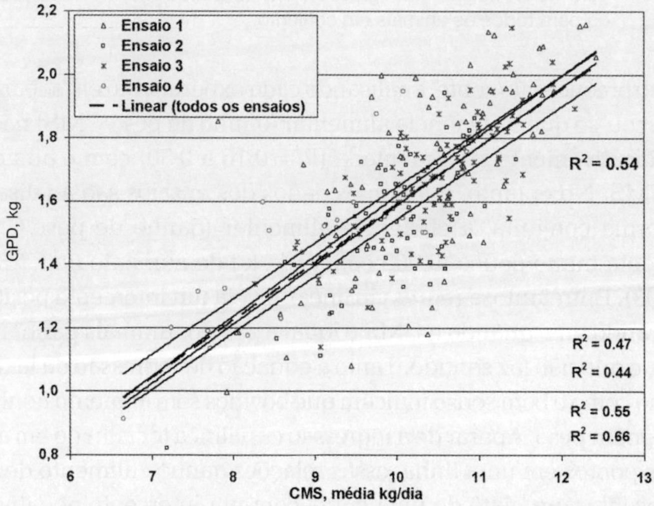

Figura 1. Relação do ganho diário com o desaparecimento de matéria seca de alimento (CMS) para quatro grupos de 78 novilhos de tipo e histórico similares, alimentados individualmente por pelo menos 90 dias. As regressões são para cada ensaio individualmente ou para todos os animais em conjunto.

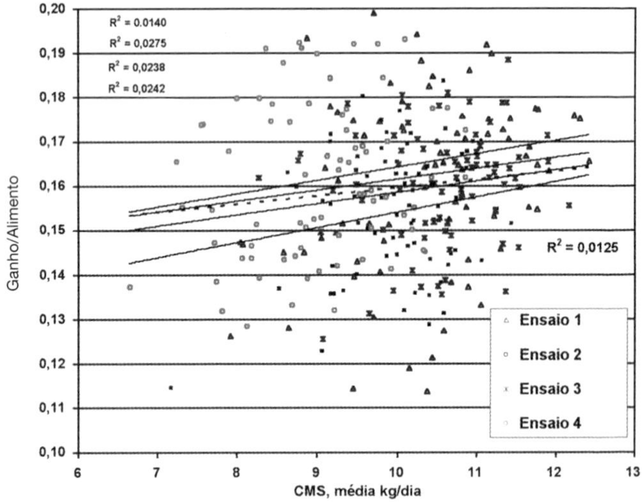

Figura 2. Relação da variável eficiência alimentar (ganho de peso/CMS) com o desaparecimento de matéria seca de alimento (CMS) para quatro grupos de 78 novilhos de tipo e histórico similares, alimentados individualmente por pelo menos 90 dias. As regressões são para cada ensaio individualmente ou para todos os animais em conjunto.

2). Surpreendentemente, analisando cada experimento em separado, verificou-se que a eficiência alimentar (ganho de peso/CMS) não foi significativamente incrementada (P = 0,16 a 0,30) com o aumento do CMS. No entanto, quando os dados dos ensaios são analisados de forma conjunta, a eficiência alimentar (ganho de peso/CMS) aumenta muito pouco (0,002 com cada kg de aumento no CMS; P < 0,03). Entretanto, a regressão linear revela um intercepto positivo, indicando que, quando o CMS é igual a zero, os animais ganhariam peso, o que não faz sentido. Tanto a equação de regressão da taxa de ganho como o bom senso indicam que bovinos sem alimento nenhum perderiam peso. Apesar de a regressão curvilínea ter falhado em ajustar os pontos em uma linha, essas relações ganho : alimento devem representar um platô de uma curva com um intercepto negativo, e não positivo. Portanto, a eficiência alimentar (ganho de peso/CMS) parece aumentar de forma branda, mas a uma taxa decrescente, com o aumento do CMS. A interpretação desses dados sugere que, em bovinos ganhando mais do que 1 kg/dia, aumentos no CMS devem incrementar a taxa de ganho de peso, mas provavelmente não será detectada nenhuma resposta na eficiência do ganho.

5. Diferenças no consumo de alimentos de animal para animal

A maioria das estimativas de consumo (Hicks et al., 1990; NRC, 1996) baseiam-se nos dados da quantidade de alimento oferecida a grupos de animais em baias durante vários meses, e não no desaparecimento de matéria seca de alimento do cocho de animais individuais. Não obstante, diferenças no consumo pelo sexo, idade (bezerros versus sobreano) e raça (Holandês versus raças de corte) foram detectadas em animais alimentados em baias. Como a taxa de ganho de peso de bovinos individuais em uma baia de confinamento varia, é de se esperar que o consumo entre indivíduos também varie. Para examinar essa idéia mais diretamente, o conjunto de dados anteriores (quatro grupos de 78 novilhos alimentados individualmente com dieta de alto concentrado por no mínimo 90 dias) foi usado para desenvolver distribuições de freqüência para CMS (Figura 3).

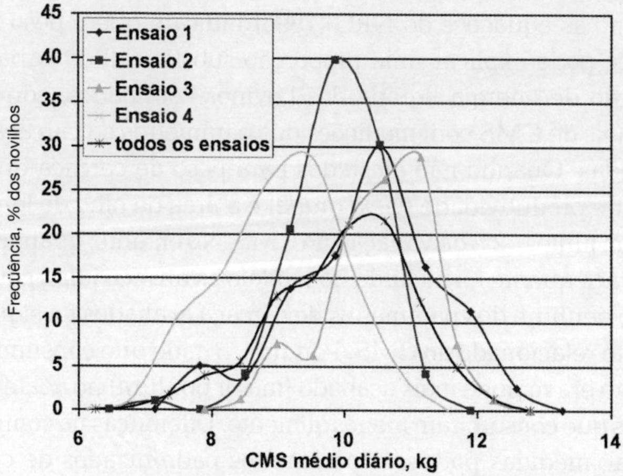

Figura 3. Distribuição de freqüência do consumo de matéria seca de grupos de novilhos de tamanho e histórico uniformes em quatro ensaios alimentados com dietas de concentrado por um mínimo de 90 dias.

O coeficiente de variação entre novilhos, em cada ensaio, variou de 7 a 10%. Isso significa que, em um grupo de 78 novilhos, o animal com maior consumo ingeriu 1,5 a 1,6 vezes mais alimento do que o animal com menor consumo de alimento. Como as diferenças entre indivíduos de confinamentos comerciais em uma baia, devido a diferenças em genética e histórico, seriam ainda maiores do que as detectadas nos novilhos desse experimento, isso indica que o consumo médio varia imensamente entre novilhos individuais. Entre os animais vivos e as medidas de carcaça deles, o peso final no confinamento pôde explicar 38 a 53% ($P < 0,001$) da variação no CMS nesses quatro ensaios; o peso inicial explicou mais 2 a 15% da variação ($P = 0,001$ a 0,07 entre ensaios). As diferenças em peso final são ditadas parcialmente por variações no CMS. Das medições feitas *a priori* (antes do início do confinamento), a quantidade de variação dentro de cada ensaio que pôde ser atribuída ao peso inicial foi apenas de 18% da variação total no CMS. Isso indica que um ou mais fatores adicionais devem estar envolvidos com o controle do consumo de alimentos por animais individuais. Hicks et al. (1990) apontaram que o consumo total de alimento para uma baia de animais para todo o período de trato (120 a 150 dias) pôde ser predita com razoável precisão a partir do consumo de alimento da baia durante os primeiros 28 a 42 dias de confinamento.

Como as equações do NRC (1996) indicam que o peso na maturidade pode explicar uma proporção substancial da variação na utilização de energia líquida dos bovinos confinados, correlações adicionais de CMS com medições dos parâmetros da carcaça foram calculadas. Quando não ajustados para peso de carcaça quente, o escore de produtividade (*yield grade*) e a área de olho de lombo explicaram juntos 32% da variação no CMS. No entanto, quando o peso de carcaça quente foi incluído no modelo estatístico junto com esses fatores, nenhum dos parâmetros de carcaça avaliados foi significativamente relacionado ao CMS. Portanto, o gado que consumiu mais alimento era maior e mais acabado (maior gordura) no abate do que animais que consumiram menos alimento. Diferenças na composição corporal, medidas por esses parâmetros padronizados de carcaça, foram resultado do maior peso de carcaça e, presumivelmente, não foram diretamente responsáveis pelas diferenças no consumo de alimentos entre bovinos individuais.

6. Variação diária no consumo de alimento

Apesar de Hicks et al. (1989) terem observado que alguns bovinos individualmente, dentro de um grupo, com acesso irrestrito ao alimento durante todas as horas do dia (cochos automáticos), não eram detectados no cocho por certos intervalos de 24 horas, todos os bovinos sadios em um confinamento comercial parecem visitar o cocho diariamente (Hickman et al., 2002). No entanto, a freqüência e a duração das refeições diferiram entre dias para animais individuais e entre animais dentro de um mesmo dia; os autores verificaram que a taxa de ganho foi surpreendentemente maior para animais individuais que tiveram maior variabilidade entre dias no consumo. A freqüência de consumo apresentou pico no início e no fim do dia, em um padrão similar aos picos de pastejo de animais em pastagens. No entanto, em clima frio, a maioria das refeições aconteceu durante o dia, com pouca atividade à noite. Em contraste, em clima quente, as refeições normalmente aconteciam à noite. Portanto, quando bovinos de confinamento são alimentados várias vezes ao dia, para manter o alimento mais fresco, maior proporção de alimento deveria ser fornecida a partir do anoitecer em clima quente, enquanto em clima frio deveria ser oferecida de manhã. No entanto, alguns estudos indicam que o arraçoamento noturno é preferível tanto em clima quente quanto frio (Prichard e Bruns, 2003). Apesar de o arraçoamento noturno poder ser melhor para o incremento calórico pós-refeição tanto para a dissipação (em clima quente) quanto para a utilização (em clima frio), a retenção ruminal também pode ser diferente entre refeições matutinas e vespertinas.

Thompson et al. (1984) observaram padrões diurnos do tempo de retenção ruminal em estudos de pastejo. Quanto maior o enchimento ruminal, maior tempo de retenção ruminal e maior ruminação foram observados com as refeições noturnas, em comparação com as diurnas. Essas diferenças poderiam mudar o local e a extensão da digestão, como foi sugerido por Kennedy e Murphy (1988), e levar a maior digestão da fibra com o consumo noturno. Do contrário, a inclusão de amido e proteína com refeições fornecidas pela manhã poderia aumentar o escape ruminal dessas substâncias.

Os horários de pico de consumo parecem coincidir com o nascer e o pôr-do-sol, e não com horários de relógio, apesar de muitos confinamentos terem metas de fornecimento de alimento com base neste (dentro de 10 minutos por baia, por dia). O ideal seria que os horários de arraçoamento precedessem os horários de pico de consumo. Além desses fatores relativos ao animal, fatores relacionados ao ambiente influenciarão o apetite e a disponibilidade de alimento. A instabilidade do clima aumenta a incidência de desordens digestivas. O consumo de alimento normalmente aumenta antes de tempestades, diminui enquanto ocorrem e recupera-se depois que passam. Chuva, chuva de granizo, gelo e neve podem estragar a ração e exigir limpeza do cocho. Uma preocupação ainda maior, o barro no confinamento e o comprometimento da solidez do piso próximo ao cocho de ração ou água reduzirá a mobilidade do gado e, por reduzir a freqüência de consumo de ração e água, poderá reduzir o consumo de energia e a taxa de ganho de peso.

7. Importância do consumo consistente de alimento

Apesar de desordens digestivas poderem ser induzidas com facilidade em animais individuais por oscilações no consumo ou composição da dieta, são surpreendentemente escassas as evidências de pesquisa que demonstrem que oscilações no consumo de alimento diminuem o ganho ou eficiência de lotes de animais adaptados em confinamento. Resultados de vários ensaios de pesquisa em que o fornecimento diário ou semanal de alimento oscilou intencionalmente aparecem listados na Tabela 1. Foi surpresa o fato de terem sido detectados poucos efeitos adversos da variação intencional diária, a cada três dias ou semana do suprimento de alimento. De fato, nenhuma depressão no desempenho pela oscilação semanal no oferecimento de ração foi detectada. Entretanto, a programação ou manejo do fornecimento de alimento para evitar excesso que possa causar acidose e subseqüente redução de consumo geralmente tem reduzido o CMS de maneira branda; evitar o excesso de alimento tem aumentado a eficiência alimentar de forma consistente. Em alguns ensaios, a alteração diária do suprimento de alimento diminuiu o consumo e a eficiência alimentar, mas a resposta parece ter dependido da condição de acesso irrestrito ao cocho no tratamento controle, da presença de grãos processados na dieta e da adaptação prévia dos animais à dieta de terminação antes da aplicação dos tratamentos.

Tabela 1. Influência da oscilação do fornecimento de alimento no desempenho de gado confinado.

Autor/fonte/tratamento	CMS, kg/d	GPD, kg	CMS/GPD
Zinn (1994)			
Programado para 1,1 kg GMD	7,51	1,09	7,51
+/– 20% por dia	7,57	1,12	7,57
Bierman e Pritchard (1996)			
Livre acesso ao alimento	11,97	1,75	6,9
Acesso manejado ao alimento	10,69 (P < 0,10)	1,74	6,17 (P < 0,05)
Cooper et al. (1998)			
Livre escolha	10,76	1,70	6,29
+/– 16% por dia	10,94 (P < 0,05)	1,74	6,29
Cooper et al. (1998)			
Livre escolha	11,12	1,84	6,06
+/– 16% por dia	11,03	1,8	6,13
Soto-Navarro et al. (2000)			
Programado para 1,25 kg GMD	7,82	1,47	5,32
+/– 10% por dia	7,82	1,37 (P < 0,10)	5,71 (P < 0,10)
+/– 10% por semana	7,82	1,45	5,41
Soto-Navarro et al. (2000)			
Programado para 0,9 kg GMD	4,7	0,79	5,95
+/– 10% por dia	4,73	0,83	5,71
Soto-Navarro et al. (2000)			
Programado para 1,25 kg GMD	5,88	1,18	4,98
+/– 10% por dia	5,85	1,17	5,00
Pritchard e Bruns (2003)			

Considerando a sua adaptabilidade, pode ser que bovinos confinados consigam adequar-se à oscilação no oferecimento de alimento. Caso isso seja verdade, o gado manejado com oferta mais uniforme de alimento poderá ser mais sensível a uma alteração no suprimento de alimento do que o gado adaptado ao fornecimento oscilante de alimento.

Considerando a variabilidade inerente ao consumo de alimento entre dias e entre animais, animais alimentados em baias provavelmente estão acostumados à oscilação de consumo. De fato, muitos estudos de acidose têm sido conduzidos com animais individuais, e não com grupos alimentados em baias, e uma vez que o animal experimente a acidose, fica muito difícil induzi-la uma segunda vez. Entretanto, o fato de que o consumo oscilante de alimento tem reduzido efeito na taxa de ganho, mas efeitos detectáveis na eficiência alimentar, surpreende, uma vez que o ganho, e não a eficiência, deveria ser alterado por um menor consumo, com base em estudos com animais individuais. Isso pode indicar que, quando se nota redução no desempenho pela oscilação no consumo de alimento, as respostas podem explicar-se pela redução da digestibilidade da dieta (apesar de este fato não ter sido detectado com grão floculado no estudo de Zinn em 1994) ou por uma maior exigência de mantença.

Com ratos e suínos alimentados forçadamente, a temperatura corporal e a produção de calor são aumentadas, presumivelmente como uma forma de dissipação do excesso de calorias. Também efeitos de longo prazo de um surto de acidose na taxa de passagem ruminal e na absorção de AGV foram notados com ovinos (Krehbiel et al., 1990), e relatos empíricos indicam que lotes de bovinos de confinamentos que exibem padrão de consumo oscilante têm desempenho sub-ótimo. Registros de confinamento indicam que a taxa de ganho e a eficiência alimentar são piores para lotes de bovinos que têm o fornecimento de alimento mais variável (Hicks, 2006).

Apesar do insucesso em diminuir o desempenho de crescimento com as oscilações no consumo nesses experimentos, animais confinados comercialmente, alimentados em grupos maiores, podem ser mais sensíveis às oscilações no fornecimento e composição da ração do que animais em lotes pequenos nos experimentos. De fato, prover uma quantidade constante de ração apropriadamente formulada e bem misturada continua a ser objetivo prioritário para a maioria dos confinamentos.

8. Formulação da ração e mistura

Toda ração de confinamento tem quatro composições diferentes: a ração formulada no papel, a ração misturada para ser fornecida, a ração oferecida para o gado e a ração real consumida pelos animais. A imprecisão humana na junção, mistura e fornecimento dos ingredientes é em grande parte responsável pelas diferenças entre as três primeiras; o quarto fator, seleção de alimento, varia de acordo com a capacidade de separação de partículas de alimentos no cocho e de seleção pelo gado, mas também a separação de partículas no cocho pode ser reduzida pela formulação e manejo apropriados.

A ração formulada geralmente é baseada em especificações de exigência de nutrientes de determinado sistema ou modelo (exemplo:

NRC, 1996), com ajustes baseados no suprimento e em diferenças de composição locais de alimentos e na experiência do formulador. As exigências de nutrientes, apesar de geralmente especificadas como uma quantidade específica (peso) por animal por dia, tipicamente são convertidas a uma porcentagem da MS da dieta. Depois as proporções são convertidas para matéria original, para a confecção da ração. Os ingredientes, principalmente o conteúdo de umidade de alimentos e silagens, variam com o tempo e diferentes remessas. Até mesmo pequenos erros na MS podem alterar de modo acentuado o conteúdo de nutrientes e volumosos das rações. Assim como a diluição é a solução para a poluição, quanto mais ingredientes são usados em uma ração, menor a variação da composição de nutrientes dessa ração. Também, quanto mais vezes a ração é confeccionada e fornecida durante o dia, menor a variação envolvida, com pequenos erros de pesagem inerentes ao fornecimento do alimento.

Para obter uniformidade em rações misturadas, os ingredientes de menor quantidade (minerais, vitaminas, aditivos) deveriam ser juntados e diluídos em uma pré-mistura, para reduzir os erros de pesagem e mistura. A ordem de adição de ingredientes em um vagão misturador pode influenciar tanto a eficiência de mistura quanto o grau de redução de tamanho de partícula durante a mistura. A adição de ingredientes úmidos (silagens, subprodutos úmidos) ou fluidos (água, óleo, melaço) irá reduzir a segregação de partículas pequenas durante o processo de mistura e no cocho. O tempo de mistura é crítico; a mistura incompleta resulta em oferecimento de alimento que difere em composição de nutrientes e energia, enquanto a mistura excessiva também pode causar segregação de partículas, por reduzir o tamanho de partículas de volumosos e grãos. Deve-se seguir as recomendações dos fabricantes para o processo de mistura, de modo a evitar tanto a mistura insuficiente como a excessiva.

Para verificar a eficiência de mistura, a composição da ração (exemplo: proteína, sal) pode ser checada ao longo do cocho, particularmente para a primeira e a última porção da batida fornecida. Para avaliação visual, pequenos *marshmallows* podem ser adicionados à ração no vagão ou caminhão misturador para posterior averiguação da distribuição desses ingredientes ao longo do cocho. Partículas muito pequenas, geralmente ricas em amido e proteína, quando separadas de partículas maiores durante a mistura e fornecimento ou quando selecionadas pelo gado no cocho, podem não só diminuir o desempenho, mas também resultar em distúrbios digestivos e morte.

Animais com livre acesso aos alimentos geralmente separam os ingredientes por tamanho e densidade de partícula e consomem os componentes preferidos. A amostragem da sobra pode ajudar a determinar o grau de separação ou seleção de ingredientes pelo lote. Caso a composição (particularmente fibra, proteína, amido e cinza) das sobras difira notadamente da composição da ração oferecida, a separação é evidente. No entanto, dentro de uma baia, alguns animais individuais preferem volumosos, e outros, concentrado. Em conseqüência, a análise das sobras, apesar de útil, não é um índice completo para avaliar seleção; a observação visual de animais individuais durante o trato e a averiguação de o quanto o alimento no cocho fica esburacado durante as refeições servirá como avaliação adicional da seleção por animais individuais. Quanto maior a diversidade em tamanho e densidade de partículas, maior o potencial para a seleção de componentes da ração. A adição de umidade, a peletização de microingredientes, o fornecimento de ingredientes do tamanho de partícula uniforme e a restrição leve do consumo podem ajudar a reduzir a seleção. Contudo, normalmente é impossível eliminar o comportamento de seleção por um grupo de animais uma vez que se inicie.

9. Fornecimento do alimento

Será que os bovinos comem no mesmo local do cocho em cada refeição, ou eles se movem como no pastejo? Embora cultivem hábitos, a maioria das pesquisas indica que os bovinos confinados irão se alimentar ao longo do cocho quando lhes for dada a oportunidade. Portanto, ração bem misturada, com composição uniforme, deve ser fornecida ao longo de todo o cocho, de tal modo que os animais tenham igual acesso a todos os nutrientes essenciais e energia em todos os locais do cocho. A base dos cochos de ração deve ser circular, para evitar cantos onde o alimento pode acumular e deteriorar; a manutenção de uma altura de cocho pouco acima do nível do chão parece melhorar o fluxo de saliva que irá ajudar a tamponar os ácidos ruminais. Na maioria dos confinamentos, a ração é fornecida nos cochos duas vezes por dia, mas, com alimentos secos e estáveis, o arraçoamento uma vez ao dia parece adequado (Pritchard e Bruns, 2003). Para manter a ração fresca, alimentos úmidos em geral são fornecidos com mais freqüência; com alimentos que fazem muito volume e subprodutos, a capacidade do cocho pode exigir maior parcelamento do fornecimento por dia. O fornecimento de ração em um mesmo horário a cada dia ajuda a manter um padrão de consumo regular, mas lotes sem sobra (cochos lisos) que estiveram sem alimento por um tempo prolongado devem ser alimentados primeiro diariamente. A quantidade de alimento fornecida para um lote de gado costuma ser determinada por um inspetor de cochos que os checa freqüentemente para determinar o quanto de ração deve ser fornecido na próxima refeição ou nas próximas 24 horas.

10. Quantidade de alimento fornecida

Vários sistemas para arraçoamento de gado, baseados no fornecimento de alimento, têm sido usados com sucesso e subtipos adicionais têm sido testados. Isso inclui os sistemas à vontade e cocho liso, nos quais o fornecimento de alimento é reconsiderado diariamente, dependendo da quantidade de alimento que sobra no cocho em vários horários após o arraçoamento prévio. A alimentação programada parece útil para a adaptação do gado a dietas de confinamento; a auto-alimentação também pode ser usada com sucesso.

10.1. Inspeção de cochos

A maioria do gado confinado na América do Norte é arraçoado ou por livre acesso (acesso *ad lib*) aos cochos de ração ou por um sistema de cochos lisos. Para esses dois métodos, a quantidade de alimento fornecida é determinada por: 1) estimativa da quantidade de alimento comestível que sobra no cocho em períodos de tempo específicos após o arraçoamento do gado, 2) avaliação da voracidade do gado e 3) registro histórico do fornecimento e consumo de ração. Como um método padrão de escore, pode servir como exemplo o sistema de escala do Dr. Robbie Pritchard (South Dakota State University), mostrado na Tabela 2. Quando se pretende fornecer

Tabela 2. Sistema de escore para cochos do Dr. Pritchard.

Escore	Descrição
0	Sem alimento remanescente no cocho.
½	Comida deteriorada presente. A maior parte do fundo do cocho está exposta.
1	Camada fina e uniforme de alimento no fundo do cocho. Profundidade característica equivalente a 1 grão.
2	25 a 50% do alimento prévio remanescente.
3	Superfície do alimento completamente revolvida. Mais de 50% do alimento remanescente.
4	Alimento praticamente intocado. Superfície do alimento continua visível.

livre acesso ao alimento para animais alimentados uma vez por dia durante a manhã, um escore de 2 durante a noite e de 1 ou ½ pela manhã é desejado; os fornecimentos diários de ração são ajustados para manter esses níveis, com aumentos de no máximo 10% do trato prévio. Os decréscimos diários no fornecimento de ração podem exceder 10%. Para restringir o consumo de forma branda e empregar um sistema de cocho liso, um escore de 1 a 2 à noite e de 0 pela manhã, imediatamente antes do trato, é preferível. Se o escore do cocho é 0, mas os animais não estão procurando com voracidade o alimento, a quantidade fornecida não precisa ser aumentada. Mas com consecutivos escores 0 por vários dias e animais vorazes, a quantidade fornecida deve ser aumentada. Com esse sistema, a quantidade de alimento sobrando antes do próximo trato é a medida mais crítica. Se a ração é fornecida duas vezes por dia, aumentos no suprimento de alimento e mudanças de ração devem ser feitos sempre à noite e com animais que não estão com fome ou vorazes.

Para registrar as inspeções de cocho, pode ser usada uma planilha muito simples (Loy, 1997). Caso as dietas contenham alimentos úmidos, as inspeções de cocho devem ser feitas com base em matéria seca, para evitar mudanças abruptas no fornecimento dela associadas a alterações no teor de umidade de alimentos úmidos. O fornecimento de alimento úmido é calculado a partir do conteúdo de matéria seca da ração total. As informações disponíveis para o inspetor de cocho para que as decisões sejam corretas devem incluir: 1) o número da baia, 2) o número atualizado de animais na baia, 3) o número da ração, 4) o número de dias que uma baia foi alimentada com determinada ração, 5) energia metabolizável (EM) ou energia líquida de ganho (ELg) estimada da ração, 6) leituras de cocho para os últimos cinco dias ou mais, 7) quantidade de alimento fornecida em relação às quantidades inspecionadas nos últimos cinco dias, 8) peso estimado atualizado do gado da baia. Também, os consumos esperados para animais de um mesmo peso e tempo no confinamento, com base na experiência e em equações padrão (Hicks et al., 1990; NRC, 1996), podem ser úteis. Finalmente, o inspetor de cochos se depara com três decisões. Primeiro, a ração deve ser mudada? Quando são trazidos animais recém chegados para o trato ou quando se muda para uma ração de tempestade, a quantidade da nova ração deve prover uma quantidade similar de energia (Mcal ou EM, ELm ou ELg) por animal àquela provida pela ração prévia. Segundo, o cocho tem comida deteriorada? Se tiver, ele deverá ser limpo. Terceiro, a quantidade de alimento deve ser aumentada e, se deve, em que quantidade? Se os cochos tiveram nota 0 por vários dias e os animais parecem ativos, o fornecimento de alimento deve ser aumentado em não mais do que 10%. Se os escores foram superiores a 2 por vários dias, o fornecimento de alimento deve ser reduzido.

A maioria dos pacotes de computador para confinamento (exemplo: Lextron) atualmente comercializam softwares que fornecem a maioria dessas informações em um computador portátil para o inspetor de cochos. Enquanto as inspeções estão sendo feitas, as informações podem ser transmitidas imediatamente para a fábrica de ração; dados da inspeção de cochos e do fornecimento são posteriormente adicionados aos registros das baias individuais. Com tais sistemas, as menores mudanças feitas pelos inspetores de cocho constituem um aumento ou redução de 0,24 kg por animal por dia. Em uma baia de 100 cabeças, 0,24 kg por animal é igual a 24 kg. Em comparação com os 1.000 kg fornecidos a cada dia para essa baia, essa mudança é muito pequena, particularmente quando comparada com a variação envolvida com a medição de % MS dos ingredientes e com os erros inerentes na pesagem dos ingredientes na fábrica de ração ou nos caminhões de mistura. Em muitos sistemas computadorizados, a quantidade fornecida é calculada em relação ao fornecimento real de alimento do dia anterior, e não em relação ao que foi recomendado pela inspeção de cochos prévia; esse pode ser ou pode não ser o método ideal para o cálculo, porque a precisão das inspeções de cochos se confunde com erros do fornecimento de ração.

10.2. Alimentação programada

A restrição do consumo de alimentos em até 10% normalmente melhora a eficiência alimentar sem reduzir a taxa de ganho (Sainz, 1995). O truque, nesse sistema, é saber quanto um grupo de animais consumiria se lhes fosse concedido livre acesso ao alimento. A subestimativa do consumo potencial pode restringir a taxa de ganho. Uma alternativa para predizer o consumo potencial é limitar o suprimento de alimento de tal forma que se obtenha uma taxa específica de ganho. As equações de energia líquida podem ser usadas para calcular precisamente o quanto de alimento é necessário. Quando o volumoso é caro ou não se encontra disponível, muitos bezerros são alimentados com uma quantidade restrita de uma dieta de concentrado, de forma a se obter uma taxa de ganho específica. Em ensaios de pesquisa, concede-se livre acesso ao alimento para um grupo de animais, para determinar o quanto eles irão consumir (essa prática não é viável em um confinamento comercial). Então as baias de animais alimentados de maneira restrita recebem uma porcentagem especificada (geralmente, 95%) da quantidade consumida pelos animais alimentados com livre acesso ao alimento. Note-se que a alimentação programada em geral resulta em maior estabilidade no suprimento diário de alimento; isso reduz os excessos e o desperdício de alimento.

Os animais costumam se adaptar à alimentação restrita ou programada em sete ou dez dias e não ficam ansiosos por mais alimento, mas, quando ele é fornecido, o consumo é muito rápido. Consumo rápido faz decrescer o tempo de mastigação e, portanto, pode diminuir a digestibilidade de grãos grosseiros e forragens. Caso o espaço de cocho não seja suficiente para todos os animais se alimentarem ao mesmo tempo, dois tratos espaçados em aproximadamente uma hora permitirão que os animais mais agressivos se alimentem primeiro e, em seguida, os animais menos agressivos. Um sistema mecânico também pode ser usado para evitar o consumo excessivo de alimentos, pela restrição da quantidade de tempo em que ele fica disponível. Portões nas baias ou cochos podem ser programados para limitar o acesso ao cocho por número de horas especificado a cada dia. Com tempos de restrição de 1,5 a 9 horas por dia, Prawl et al. (1997) notaram que os consumos de alimento e as taxas e eficiências de ganho foram melhores quando o acesso ao alimento foi restrito por 9 horas por dia; tempos curtos de exposição ao alimento (1,5 a 3 horas por dia) reduziram tanto o consumo de alimento (10 e 11%) como a taxa de ganho.

10.3. Alimentadores automáticos

Para propiciar acesso irrestrito ao alimento, alimentadores automáticos ou cochos cheios podem ser usados. Apesar de úteis para alimentos secos, aqueles com alta umidade não permanecem frescos em alimentadores automáticos, e a seleção de alimentos e separação de partículas pequenas podem apresentar problemas. Surpreendentemente, a restrição leve do suprimento de alimento, como em um sistema de cocho liso ou de acesso limitado por tempo, resultou em maiores consumos diários do que de lotes alimentados com acesso irrestrito ao alimento. Certamente, vantagens da limitação leve do suprimento, em termos de redução dos restos de alimentos, limpeza de cochos menos freqüente e oferecimento de alimento mais fresco, são rapidamente aparentes em confinamentos comerciais.

Apesar de poucos dados de pesquisa, o fornecimento com acesso livre ao volumoso separado do concentrado foi testado em ensaios no Kansas, EUA, e na África do Sul. Vacas em lactação alimentadas em livre acesso a feno ou péletes de alfafa consumiram mais feno após um surto de acidose induzida pela suplementação da dieta com trigo ou cevada (Keunen et al., 2002); talvez a recuperação da acidose seja melhorada pelo provimento de livre acesso a volumosos longos. O fornecimento de grandes fardos de feno para novilhos confinados pode reduzir a incidência de acidose, com base em trabalho não publicado de John Brethour. No estudo da África do Sul, foi oferecido aos animais o acesso livre, porém separado para volumoso ou concentrado. As dietas selecionadas pelos novilhos do confinamento inicialmente eram ricas em volumosos, mas a proporção de grãos nelas aumentou com o tempo em confinamento. Dar para os animais a chance de selecionar por si mesmos a forragem é extremamente raro, porque o conceito é insultante: sugere que o conhecimento de nutrição de nutricionistas ou tratadores experientes de gado não é muito superior ao discernimento nutricional dos animais manejados. Em resumo, pecuaristas inteligentes proporcionam ao seu gado a quantidade ideal e constante de uma ração nutritiva para otimizar o desempenho e a saúde desses animais.

11. Referências bibliográficas

BOLSEN, K. K.; POLLARD, G. V. Feed bunk management to maximize feed intake. In: **Advances in dairy technology**, v. 16, p. 227-38, 2004. http://www.wcds.afns.ualberta.ca/Proceedings/2004/Manuscripts/227Bolsen.pdf.

COOPER, R.; KLOPFENSTEIN, T.; STOCK, R.; PARROTT, C.; HEROLD, D. **Effects of feed intake variation on acidosis and performance of finishing steers**. Nebraska Beef Report, p. 71-5, 1998.

HICKMAN, D. D.; MCALLISTER, T. A.; SCHWARTZKOPF-GENSWEIN, K. S.; CREWS JR., D. H.; KREHBIEL, C. R.; SILASI, R. Relationship between feeding behavior and performance of feedlot steers. **J. Anim. Sci.** 80 (Suppl. 1): 15, 2002.

HICKS, B. R.; OWENS, F. N.; GILL, D. R. **Behavioral patterns of feedlot steers**. Oklahoma State Misc. Publ. MP-127: 94-105, 1989.

HICKS, R. B. **Effects of feed delivery fluctuations on ruminal acidosis and performance of feedlot cattle**. OSU Beef Cattle Research Update, April 2006. http://oaes.pss.okstate.edu/goodwell/Publications/Animal%20Science/OSU%20Beef%20Cattle%20Research%20Update%20April%202006.pdf.

HICKS, R. B.; OWENS, F. N.; GILL, D. R.; OLTJEN, J. W.; LAKE, R. P. Dry matter intake by feedlot beef steers: influence of initial weight, time on feed and season of year received in yard. **J. Anim. Sci.** 68: 254-65, 1990.

KENNEDY, P. M.; MURPHY, M. R. The nutritional implications of differential passage of particles through the ruminant alimentary tract. **Nutr. Research Reviews** 1: 189-208, 1988.

KREHBIEL, C. R.; BRITTON, R. A.; HARMON, D. L.; WESTER, T. J.; STOCK, R. A. The effects of ruminal acidosis on volatile fatty acid absorption and plasma activities of pancreatic enzymes in lambs. **J. Anim. Sci.** 73: 3111-21, 1995.

KEUNEN, J. E.; PLAIZIER, J. C.; KYRIAZAKIS, L.; DUFFIELD, T. F.; WIDOWSKI, T. M.; LINDIGESR, M. I.; MCBRIDE, B. W. Effects of a subacute ruminal acidosis model on the diet selection of dairy cows. **J. Dairy Sci.** 85: 3304-13, 2002.

LOY, D. Feedbunk management. http://www.iowabeefcenter.org/Publications/feedbunk.pdf, 1997.

NRC. **Nutrient requirements of beef cattle**. National Academic Press, Washington, D.C., 1996.

PRITCHARD, R. H. **Bunk management – Observations from research**. Plains Nutr. Council Spring Conf. Texas A&M Res. And Ext. Publ. AREC 98-24, p. 68, 1998.

PRITCHARD, R. H.; BRUNS, K. W. Controlling variation in feed intake through bunk management. **J. Anim. Sci.** 81 (Suppl. 2): E133-8, 2003.

SAINZ, R. D. **Why does feed restriction improve efficiency?** Oklahoma State Univ. Misc. Publ. MP-942: 175-80, 1995.

SOTO-NAVARRO, S. A.; DUFF, G. C.; KREHBIEL, C. R.; GALYEAN, M. L.; MALCOLM-CALLIS, K. J. Influence of feed intake fluctuation, feeding frequency, time of feeding, and rate of gain on performance by limit-fed steers. **Prof. Anim. Scientist** 16: 13-20, 2000.

THOMPSON, B. C.; CRUICKSHANK, G. J.; POPPI, D. P.; SYKES, A. R. Diurnal patterns of rumen fill in grazing sheep. **Proc. New Zealand Society of Animal Production** 45: 117-20, 1984.

ZINN, R. A. **Influence of fluctuating feed intake on feedlot cattle growth-performance and digestive function**. http://animalscience.ucdavis.edu/drec/07.pdf, 1994.

OTIMIZAÇÃO DA PROTEÍNA EM DIETAS DE CONFINAMENTO: AJUSTE DA PROTEÍNA

R. A. ZINN*

1. Introdução

Em 1996, o Subcomitê em Nutrição de Bovinos de Corte do Conselho Nacional de Pesquisa dos Estados Unidos (NRC) lançou a sétima edição revisada das **Exigências de nutrientes de bovinos de corte — *Nutrient requirements of beef cattle*** (NRC, 1996). Dentre as mais marcantes mudanças dessa revisão, pode ser citada a melhor caracterização dos alimentos, com relação à composição e à taxa de degradação das frações de N e carboidratos, com a intenção audaciosa de separar essas frações para definir uma estimativa de suprimento de proteína metabolizável para o intestino delgado. Por muitos anos, aceitou-se que o suprimento líquido de proteína metabolizável para o intestino delgado é uma função do conteúdo de proteína não de-

* Universidade da California, Davis

gradável no rúmen (PNDR) na dieta e da síntese de proteína pelos microorganismos ruminais. No entanto, na época em que a sexta edição revisada foi lançada (NRC, 1984), os fatores envolvidos na predição do suprimento de proteína eram pouco compreendidos, e as manipulações matemáticas eram suficientemente complicadas para inviabilizar os cálculos pela maioria dos nutricionistas. Avanços subseqüentes na nutrição protéica de ruminantes e tecnologias de computação conduziram à primeira tentativa (NRC, 1996) de expressar as exigências como proteína metabolizável e o suprimento de aminoácidos. Estimativas do suprimento são consideradas em dois níveis de detalhamento. O nível 1 (N1) combina medidas tabulares da PNDR com estimativas de produção de nitrogênio (N) microbiano, baseada no valor de nutrientes digestíveis totais (NDT) da dieta (20,8 g/kg NDT), ajustado para FDN efetivo [N microbiano = (0,0208NDT) * (1 – ((20 – FDNe) * 0,025), com NDT expresso em kg/dia e FDNe (FDN efetivo), em porcentagem de consumo de matéria seca. O nível 2 (N2), por outro lado, combina estimativas das taxas de degradação e de passagem das frações de carboidratos e proteínas para calcular PNDR e proteína metabolizável.

2. Exigências de proteína metabolizável e aminoácidos (NRC, 1996)

A exigência em proteína metabolizável é baseada na exigência de mantença (3,8 $PV^{0,75}$) + ganho × [ganho de proteína/(0,83 – (0,00114PV) quando o peso vivo é menor do que 300 kg, caso contrário usa-se ganho de proteína/0,49], onde: ganho de proteína = (GMD × (268 – (29,4 × (energia retida/GMD))) e energia retida = 0,0557 × (PV × (478/peso na maturidade))^{0,75} × $GMD^{1,097}$. As exigências em aminoácidos metabolizáveis são então estimadas com base na composição média de aminoácidos do tecido bovino (exigência de proteína metabolizável × respectivo conteúdo de aminoácido do tecido bovino padrão). Zinn (1988) e Zinn e Shen (1998) observaram que o GMD e a eficiência alimentar de bezerros confinados podem ser preditos a partir do balanço entre exigência e suprimento dos aminoácidos metabolizáveis. As exigências de aminoácidos metabolizáveis foram obtidas com o uso de dietas nas quais a metionina era limitante (exigência de metionina metabolizável = 1,565 + 0,0234GMD(268 – (29,4 × 0,0557$PV^{0,75}$ × $GMD^{1,097}$)/GMD) + 0,0896$PV^{0,75}$). Exigências para os outros aminoácidos essenciais foram depois estimadas com base na relação entre esses aminoácidos e metionina em uma proteína padrão de referência (proteína do músculo bovino). Estimativas de exigências de aminoácidos baseadas em Zinn (1988) e Zinn e Shen (1998) foram muito próximas das estimativas do método mais fatorializado do NRC (1996), dando suporte ao conceito de aminoácido metabolizável.

3. Proteína metabolizável e suprimento de aminoácidos

3.1. N microbiano

Em uma avaliação de trinta e cinco ensaios, Zinn (1997) observou uma forte associação (R^2 = 0,87) entre o nível 1 (N1) e o nível 2 (N2) do NRC (1996) quanto às estimativas de fluxo líquido de N microbiano para o intestino delgado. O método do N1 explicou apenas 46% das variações no fluxo líquido de N microbiano observado, contudo, os valores estimados foram similares em magnitude aos valores observados. Por outro lado, o N2 explicou 57% das variações do fluxo líquido de N microbiano para o intestino delgado, mas as predições foram superestimadas de maneira consistente. Esse erro do N2 pode ser devido a uma superestimativa sistemática da matéria orgânica (MO) digestível no rúmen. Dietas para bovinos de corte em crescimento e terminação normalmente contêm altos teores de amido. O método do N2 não é sensível a diferenças na digestibilidade do amido. Outra causa dessa superestimativa pode ser o coeficiente selecionado no N2 para calcular o N microbiano a partir da produção de matéria seca (MS) microbiana. No caso do sumário com trinta e cinco ensaios, isolados da microbiota ruminal de novilhos consumindo dietas experimentais apresentaram, em média, 8% de N, enquanto o NRC (1996) assume que a MS microbiana contém 9,92% N.

Um aspecto muito difícil da predição do fluxo de N microbiano para o intestino é a estimativa de eficiência de crescimento microbiano no rúmen (g N mic/kg MO verdadeiramente fermentada). Tanto o N1 quanto o N2 do NRC (1996) falharam em calcular essa fonte de variação ($R^2 = 0$). As eficiências microbianas preditas variaram dentro de limites relativamente estreitos de 25 a 34. Em contraposição, os valores observados variaram de 14 a 36. Mesmo a exclusão de observações que estavam fora dos limites de eficiência microbiana preditos pelos modelos (fora da amplitude de 25 a 34) foi pouco expressiva em melhorar a acurácia dos modelos ($R^2 < 0,10$) para a predição da eficiência microbiana.

Do ponto de vista prático, para fins de formulação de rações, pode ser considerado que, apesar de haver variação considerável entre animais quanto à digestibilidade ruminal da matéria orgânica e eficiência de crescimento microbiano, o valor médio desta eficiência e, conseqüentemente, da produção para a baia com grupo de bois estará de acordo com o esperado. Como será discutido adiante, é mais provável que dietas para animais confinados sejam deficientes em aminoácidos metabolizáveis apenas durante o período inicial de adaptação e na fase inicial de crescimento. Durante esse período, o consumo de alimentos é baixo em relação ao potencial genético dos animais para crescimento e, portanto, maior importância é dada a aminoácidos provenientes da proteína não degradável no rúmen (PNDR) para satisfazer as exigências (aminoácidos microbianos têm papel importante, porém menor). Durante o final da fase de crescimento e a fase de terminação, quando o consumo de alimentos é maior, os aminoácidos microbianos terão papel preponderante no atendimento das exigências, de tal maneira que o conteúdo de proteína degradável no rúmen (PDR) da dieta passa a ser o único fator importante da nutrição protéica a ser considerado na formulação.

3.2. Formulando para atender às exigências para crescimento microbiano

A síntese líquida de N microbiano não é incrementada quando o N degradável no rúmen da dieta é maior do que 11% do NDT (Rihani et al., 1993; Koster et al., 1996; Zinn e Shen, 1998) ou 8% da MS da dieta (Zinn e Shen, 1998).

3.3. PNDR e suprimento de aminoácidos da dieta

Apesar de o NRC (1996) fornecer estimativas tabulares da degradabilidade ruminal do N da dieta, as medidas reais podem ser um pouco variadas e receber influência das condições ruminais, particularmente pH. Além disso, a maioria das proteínas dos alimentos são compostas. Portanto, o perfil de aminoácidos da PDR e PNDR pode variar consideravelmente.

3.4. Uréia

Geralmente, assume-se que a quantidade de uréia que deveria ser adicionada para otimizar o crescimento dos microorganismos ruminais é equivalente à síntese líquida de proteína microbiana menos o conteúdo de PDR da dieta basal dividido por 2,8 (Burroughs, 1975). Essa abordagem, apesar de seu apelo conceitual, tem pouco suporte empírico. Primeiramente, o fluxo de N microbiano para o intestino delgado não é incrementado em situações em que o N degradável no rúmen excede 75% da síntese microbiana líquida (Zinn e Shen, 1998). Mas provavelmente mais importante é o fato de que existem evidências consideráveis (Lofgreen et al., 1968; Zinn et al., 1994; Milton et al., 1997; Zinn et al., 2003) de que o desempenho de crescimento de animais confinados pode ser melhorado com níveis de suplementação com uréia maior do que o exigido para otimizar a síntese de proteína microbiana. A explicação para esse efeito pode estar relacionada ao efeito alcalinizante da hidrólise da uréia no rúmen para formar carbonato de amônio.

3.5. Uréia versus proteínas íntegras suplementares em dietas de terminação

Diversos estudos (Buchanan-Smith et al., 1974; Hatch et al., 1972; Johnes et al., 1961; Thompson et al., 1967) demonstraram efeitos associativos negativos entre uréia comparada com proteína verdadeira como fonte de suplemento de N em dietas de crescimento e terminação para bovinos. A explicação para essas primeiras descobertas não está clara. Entretanto, em todos os casos, as densidades energéticas das dietas eram menores do que 1,6 Mcal/kg de energia líquida de mantença (base em matéria seca). Em um sumário de dez ensaios conduzidos na Universidade Estadual de Oklahoma entre 1976 e 1980 comparando farelo de soja (FS) e uréia em dietas de terminação para gado de corte, Martin et al. (1980) observaram que, com dietas à base de milho floculado, grão inteiro ou laminado a seco, a uréia foi superior ao FS em GMD (5%) e conversão de MS (1,1%). No entanto, em dietas com silagem de grão de milho úmido, o GMD com FS foi superior ao da uréia (5,2%); também a conversão alimentar foi superior (5,1%). Supostamente, a maior solubilidade da proteína do grão de milho ensilado foi um fator que influenciou a efetividade da uréia suplementar.

3.6. Formulação do ponto de vista prático para atender às exigências em aminoácidos metabolizáveis

As pesquisas têm garantido maneiras de satisfazer as exigências de aminoácidos em qualquer estágio de crescimento durante o período de crescimento-terminação. No entanto, devido a obstáculos práticos de manejo para a preparação do alimento (operacionalidade da fábrica de ração) e distribuição das rações, a maioria dos confinamentos não é capaz de lidar eficientemente com mais de quatro formulações diferentes. Conseqüentemente, devido à grande diversidade de genética, histórico e peso de animais de confinamento, as dietas são comumente formuladas para atender às exigências para as fases de arraçoamento, em vez de metas e taxas de ganho de peso esperadas. Essas fases geralmente podem ser divididas em: recepção, transição, terminação e pré-abate (esta última fase é um fenômeno mais recente, relacionado à adição de beta-agonistas e vitamina E). Portanto, na maioria dos casos, todos os animais confinados, tanto os de grande quanto os de pequeno porte, são arraçoados com a mesma dieta de recepção.

Dietas de transição são planejadas para auxiliar a adaptação digestiva de uma dieta rica em forragem para a dieta de terminação com menor teor de forragem e, portanto, são normalmente fornecidas por um período curto (uma a duas semanas). Em alguns casos, nutricionistas têm tentado transformar a dieta de transição em uma dieta para transição e crescimento, aumentando a densidade de proteína metabolizável. Conseqüentemente, ela é fornecida por período variável de tempo, dependendo do critério estabelecido de peso vivo mínimo (por exemplo: 280 kg) para início da fase de terminação. Entretanto, a validade desse método não se justificou empiricamente. Na verdade, a única ocasião na qual uma maior suplementação com proteína melhorou o desempenho de maneira consistente foi durante o período de recepção (Fluharty e Loerch, 1995; Barajas e Zinn, 1998; Rossi et al., 2001). Portanto, parece ser mais usual, na atualidade, o arraçoamento de uma dieta de recepção para animais confinados, com alto teor de proteína metabolizável até o momento em que se atingir o consumo pleno ($\geq$ 2,5% PV). Esse período de recepção poderá variar desde 7 dias em bovinos de sobreano até 28 a 56 dias em bezerros mais leves. No caso especial de bezerros holandeses, essa fase poderá se estender até quando os bezerros atingirem peso vivo de 275 kg (primeiros 112 a 140 dias de confinamento; Zinn e Shen, 1998; Zinn et al., 2000).

Dietas de recepção para gado confinado de diversos pesos iniciais e históricos devem ser formuladas para suprir 2,1 e 7,0 g/kg MS de metionina metabolizável e lisina metabolizável, respectivamente (normalmente, isso é obtido quando as dietas contêm 14 a 15% de PB).

Considera-se que a metionina é o aminoácido mais limitante quando o consumo de alimento é baixo (como no período de recepção). Isso acontece porque a proteína microbiana, apesar de ser uma boa fonte de metionina, tem sua produção limitada pelo baixo consumo inicial. Do mesmo modo, suplementos protéicos convencionais (farelos de soja, de canola e de algodão) são fontes relativamente pobres de metionina metabolizável. Farinha de peixe é excelente fonte de metionina metabolizável, mas, devido aos efeitos negativos potenciais na aceitabilidade das dietas, sua taxa de inclusão não deve exceder 5% da MS. A dieta de recepção não deve conter mais de 0,5% de uréia na MS, mas deve conter pelo menos 8% de PDR.

4. Considerações finais

Fatores envolvidos na predição das exigências e suprimento de proteína metabolizável estão suficientemente compreendidos e têm significado prático para a formulação de dietas para gado confinado. A maior parte da variação na predição do suprimento de proteína metabolizável encontra-se na estimativa da produção microbiana. A causa disso é a variabilidade entre animais quanto à digestibilidade da MO e eficiência microbiana. A síntese líquida de proteína microbiana é ótima quando a PDR é igual a 11% do NDT ou 8% da MS. No entanto, o desempenho de crescimento de animais confinados pode ser melhorado com níveis de suplementação maiores do que o exigido para maximizar a síntese de proteína microbiana. Devido a limitações operacionais práticas nas fábricas de ração dos confinamentos e distribuição dos alimentos, a maioria dos confinamentos não é capaz de lidar eficientemente com mais do que quatro formulações distintas. Por isso, as dietas são formuladas para atender às exigências para as fases de arraçoamento, em vez de atender a metas de peso e taxas de ganho de peso esperadas. Essas fases são: recepção, transição, terminação e pré-abate. Na maioria dos casos, todo o gado do confinamento, tanto de pequeno como de grande porte, é alimentado com uma mesma dieta de recepção. Reconhece-se que a metionina é o aminoácido mais limitante quando o consumo alimentar é baixo (como no período de recepção). Dietas de recepção devem ser formuladas para fornecer 2,1 e 7,0 g/kg de MS de metionina e lisina, respectivamente. Farinha de peixe é excelente fonte de metionina metabolizável para dietas de recepção, mas, devido aos potenciais efeitos negativos na aceitabilidade da dieta, a inclusão desse alimento não deve exceder 5% da MS. A dieta de recepção não deve conter mais do que 0,5% de uréia, mas deveria conter pelo menos 8% de PDR.

5. Referências bibliográficas

BARAJAS, R.; ZINN, R. A. The feeding value of dry-rolled and steam-flaked corn in finishing diets for feedlot cattle: influence of protein supplementation. **J. Anim. Sci.** 76: 1744-52, 1998.

BUCHANAN-SMITH, J. G.; MACLEOD, G. K.; MOWAT, D. N. Animal fat in low-roughage diets for ruminants: the effect of nitrogen source and an amino acid supplement. **J. Anim. Sci.** 38: 133, 1974.

BURROUGHS, W.; NELSON, D. K.; MERTENS, D. R. Protein physiology and its application in the lactating cow: the metabolizable protein feeding standard. **J. Anim. Sci.** 41: 933-44, 1975.

FLUHARTY, F. L.; LOERCH, S. C. Effects of protein concentration and protein source on performance of newly arrived feedlot steers. **J. Anim. Sci.** 73: 1585-94, 1975.

HATCH, C. F.; PERRY, T. W.; MOHLER, M. T.; BEESON, W. M. Effect of added fat with graded levels of calcium and urea-containing rations for beef cattle. **J. Anim. Sci.** 34: 483, 1972.

JONES, B. M.; BRADLEY, N. W.; GRAINGER, R. B. Effect of fat and urea in the fattening rations for beef steers. **J. Anim. Sci.** 20: 396, 1961.

KÖSTER, H. H.; COCHRAN, R. C.; TITGEMEYER, E. C.; VANZANT, E. S.; ABDELGADIR, I.; ST. JEAN, G. Effect of increasing degradable intake protein on intake and digestion of low-quality, tallgrass-prairie forage by beef cows. **J. Anim. Sci.** 74: 2473-81, 1996.

LOFGREEN, G. P.; MENDEL, V. E.; McILROY, D. L. **Effects of kinds of milo, method of processing and level of urea on cattle performance.** California Feeders Day Rep. p. 28-35. Davis, 1968.

MARTIN, J. J.; OWENS, F. N.; GILL, D. R.; WILLIAMS, D. E.; HILLIER, R. J.; ZINN, R. A. Protein sources for steers fed steam flaked, high moisture or whole shelled corn grain. Oklahoma State Univ. **Anim. Sci. Res. Rep.**, MP-107. 1980, p. 114-7.

MILTON, C. T.; BRANDT JR., R. T.; TITGEMEYER, E. C. Urea in dry-rolled corn diets: finishing steer performance, nutrient digestion and microbial protein production. **J. Anim. Sci.** 75: 1415-24, 1997.

NRC. **Nutrient requirement of beef cattle**. 6th rev. ed. National Academy Press, Washington, DC, 1984.

NRC. **Nutrient requirement of beef cattle**. 7th rev. ed. National Academy Press, Washington, DC, 1996.

RIHANI, N.; GARRET, W. N.; ZINN, R. A. Influence of level of urea and method of supplementation on characteristics of digestion of high-fiber diets by sheep. **J. Anim. Sci.** 71: 1657-65, 1993.

ROSSI, J. E.; LOERCH, S. C.; KELLER, H. L.; WILLETT, L. B. Effects of dietary crude protein concentration during periods of feed restriction on performance, carcass characteristics, and skeletal muscle protein turnover in feedlot steers. **J. Anim. Sci.** 79: 3148-57, 2001.

THOMPSON, J. T.; BRADLEY, N. W.; LITTLE, C. O. Utilization of urea and fat in meal and pelleted rations for steers. **J. Anim. Sci.** 26: 830, 1967.

ZINN, R. A. Crude protein and amino acid requirements of growing-finishing Holstein steers gaining 1.43 kilograms per day. **J. Anim. Sci.** 66: 1755-63, 1988.

ZINN, R. A.; SHEN, Y. **Factorializing postruminal protein supplies for feedlot cattle: assessment of 1996 NRC beef metabolizable protein concepts**. 12th Annual Southwest Nutrition and Management Conference. The Airport Hilton. Phoenix, Arizona. 1997, p. 35-43.

ZINN, R. A.; BARAJAS, R.; MONTANO, M.; WARE, R. A. Influence of dietary urea level on digestive function and growth performance of cattle fed steam-flaked barley-based finishing diets. **J. Anim. Sci.** 81: 2383-9, 1997.

ZINN, R. A.; BORQUEZ, J. L.; PLASCENCIA, A. Influence of levels of supplemental urea on characteristics of digestion and growth performance of feedlot steers fed a fat-supplemented high-energy finishing diet. **The Professional Animal Scientist**. 10: 5-10, 1994.

ZINN, R. A.; SHEN, Y. An evaluation of ruminally degradable intake protein and metabolizable amino acid requirements of feedlot calves. **J. Anim. Sci.** 76: 1280-9, 1998.

USO DE ADITIVOS NA BOVINOCULTURA DE CORTE

DANTE D. PAZZANESE LANNA*
SERGIO RAPOSO DE MEDEIROS**

1. Introdução

A busca por aumento de eficiência e diminuição de custos é a ordem do dia em todas as atividades, e a pecuária de corte não foge à regra. O crescente interesse pelo uso de aditivos na bovinocultura de corte está de acordo com essa realidade.

O Ministério da Agricultura define aditivo como substância intencionalmente adicionada ao alimento com a finalidade de conservar, intensificar ou modificar suas propriedades, desde que não prejudique seu valor nutritivo.

No Compêndio Brasileiro de Alimentação Animal, há um capítulo inteiro destinado a delinear as diferenças entre os produtos de uso na produção e os de uso terapêutico. Nesse capítulo, é feita menção

* Laboratório de Nutrição e Crescimento Animal – Departamento de Produção Animal, Esalq/USP.
** Laboratório de Nutrição Animal, Embrapa Gado de Corte.

à falta de definição adequada para o termo "aditivo", o qual, além de ser pouco esclarecedor, tem conotação não saudável para o consumidor de hoje. É proposto então o termo "pró-nutriente", definido como: microingredientes de alimentação utilizados oralmente em pequenas doses e que promovem os valores intrínsecos de uma mistura de nutrientes em uma dieta animal.

Serão abordados, neste texto, os probióticos (microorganismos) e os promotores de crescimento e/ou eficiência alimentar, todos eles, com exceção dos hormônios, dentro da classe de pró-nutrientes. Também as enzimas e outras novas substâncias com potencial para uso na produção de bovinos de corte serão abordadas.

2. Aditivos e regulamentação

A falta de uma definição adequada, já mencionada, permite uma grande gama de discussões baseadas em critérios pouco técnicos. Permite também o surgimento de diversos compostos no mercado, chamados de aditivos, que nada mais são do que "pozinhos mágicos", sem nenhum embasamento científico.

Com um breve levantamento, em apenas três edições de uma revista brasileira voltada à pecuária, foram identificados dezoito diferentes aditivos de diversos princípios ativos (probióticos, prebióticos, leveduras, ionóforos etc.) e de diversas formas de uso (Medeiros, 2005). Em comum entre a maioria das opções de aditivos, o monopólio das informações sobre eles pelo próprio fabricante.

Outro grande problema tem sido uma campanha contra certos aditivos por aqueles que desconhecem dados técnico-científicos sobre eles, por pessoas que jamais leram um estudo de risco ou sequer conhecem a literatura a respeito. Pareceres sobre a segurança de aditivos devem ser embasados em colegiados de cientistas de diferentes capacitações (médicos, toxicologistas, especialistas em produção animal etc.) e membros da sociedade civil, sendo que estes, idealmente, devem efetivamente representá-la, sem qualquer viés ideológico.

Atualmente, o Brasil exporta carne para 173 países. É absolutamente cristalino o fato de que existem, nas legislações de cada um desses países, restrições quanto aos aditivos que podem ser empregados, bem como ao nível de resíduos considerado aceitável. Parece claro também que o Brasil, por ser um exportador com ampla gama de consumidores, não poderá incluir na sua legislação todas as restrições encontradas em todos os países para os quais fornece carne.

Dessa forma, parece interessante sugerir que o país adote primeiro uma postura de valorização dos conceitos técnicos e científicos que norteiam as recomendações para uso de qualquer aditivo que entre na cadeia alimentar. A legislação brasileira deveria ser a menos restritiva possível, isto é, ater-se ao mínimo necessário e apenas restringir tudo aquilo que, comprovadamente, possa trazer malefícios de qualquer natureza ao consumidor, ao animal ou ao ambiente. Desse modo, aqueles consumidores mais exigentes, que tiverem qualquer restrição a determinado aditivo, poderão ser atendidos, mas essa exigência será fruto de agregação de valor ao produto, com concomitante benefício econômico para toda a cadeia de produção de carne bovina.

Em resumo, adotar restrições na nossa legislação, por pressão de alguns setores ou países, sem se basear em conhecimentos científicos sólidos, irá aumentar o nosso custo de produção, reduzir a competitividade e continuar a difundir conceitos que têm feito diminuir o consumo de carnes, aumentando a desconfiança dos consumidores.

De maneira alguma o que está sendo proposto representa um relaxamento com relação às exigências de elevados padrões de qualidade da carne a ser produzida no país.

Outra característica importante da postura de órgãos como o FDA norte-americano (Food and Drug Administration, que controla o registro e uso de produtos que entram na cadeia alimentar) é que a empresa tem que demonstrar, através de diversos experimentos, que o seu produto é eficiente.

Em outras palavras, há necessidade de comprovação de que o aditivo aumenta a produtividade ou a qualidade do produto, beneficiando o produtor. Infelizmente, no nosso país, é possível encontrar diversos exemplos de aditivos sendo comercializados para os quais há irrefutável comprovação científica de ineficácia.

O Ministério da Agricultura brasileiro lançou uma instrução normativa (IN n° 13, 2004) para regulamentar aditivos, mais voltada a aspectos de segurança dos seres vivos e do ambiente, mas na qual há várias exigências, incluindo eficácia, que devem ser cumpridas pelas empresas para que o produto seja registrado ou tenha o registro renovado. Desconhecemos efeitos práticos dessa louvável iniciativa, mas temos a certeza de que ela deve ser exercida em plenitude para o bem do avanço da pecuária, uma vez que aditivos ineficazes que existem no mercado apenas drenam recursos do setor produtivo que poderiam ser melhor direcionados.

3. Antibióticos

Antibióticos são substâncias produzidas por microorganismos que impedem o crescimento microbiano. Eram inicialmente usados na produção animal, apenas no combate contra infecções, mas logo se descobriu que doses sub-terapêuticas poderiam ser fornecidas através da alimentação animal, resultando em melhores desempenhos. Isso ocorreu na década de 50, e como as condições sanitárias eram bem inferiores às de hoje, os resultados foram muito animadores.

O efeito seria devido à inibição ou diminuição do crescimento, ou metabolismo, de microorganismos que estariam impedindo o animal de expressar o seu potencial de produção. Dessa maneira, ambientes com maiores níveis de desafio, como piores condições de sanidade, são aqueles em que o uso desses compostos tem a melhor resposta.

O problema no uso de antibióticos é a possibilidade de seleção de cepas patogênicas dos microorganismos que se deseja controlar ou ainda de terceiros, que podem incluir alguns que também afetam humanos, aumentando sua resistência. Tem havido pressão para que o uso de antibióticos em alimentação animal seja restringido.

Há alguns anos vem aumentando a lista de vários antibióticos usados em nutrição animal proibidos na Europa como promotores de crescimento, entre eles, a virginiamicina, liberada no Brasil, nos Estados Unidos e na Austrália para suínos e bovinos. Recentemente, o FDA, órgão que regulamenta alimentos e medicamentos nos EUA, fez um extenso estudo de risco da virginiamicina e manteve seu registro, afirmando que o nível de risco do seu uso em bovinos é negligível.

Sellers (1997) já afirmava que a prioridade do FDA para controle de drogas veterinárias não mais seriam resíduos no tecido, mas resistência bacteriana. A postura considerada muito conservadora do

FDA, que aplica normas severas para restringir ou mesmo banir o uso de certos antibióticos e aditivos, especialmente aqueles relacionados com remédios humanos, é que deve ser, no nosso entendimento, adotada no país.

A virginiamicina (VM) é um antibiótico que tem efeitos positivos em ganho de peso e eficiência tanto para monogástricos como para ruminantes. No caso de ruminantes, apresenta maior inibição da produção de ácido lático em relação aos ionóforos. Seu uso durante as dietas de transição tem demonstrado grande eficácia. A VM também apresenta efeito muito positivo de redução da incidência de diarréia.

Na Austrália, a VM tem sido utilizada comercialmente em associação com ionóforos. Estudos conduzidos na Esalq com a associação de VM e salinomicina (ionóforo) demonstraram excelentes resultados em bovinos Nelore consumindo dietas com 88% de concentrado na MS e alta proporção de amido.

Esses dados demonstram que o uso combinado da salinomicina com virginiamicina resultaram em melhoras na conversão alimentar da ordem de 4% (Lanna e Villela, dados não publicados). Um aspecto interessante desse experimento foi o aumento do rendimento de carcaça, uma característica das respostas para VM em monogástricos.

Atualmente, o LNCA da Esalq está conduzindo dois experimentos com animais alimentados em baias individuais, com dietas de 90% de concentrado, para avaliação do efeito do uso combinado de virginiamicina e salinomicina. O objetivo é avaliar se a VM pode resolver o desempenho inconsistente que se observa com bovinos puros da raça Nelore quando lhes são oferecidas dietas com alto concentrado.

3.1. Ionóforos

Os dados da literatura são abundantes e extremamente consistentes para o efeito de vários ionóforos em bovinos de corte. A maior parte dos experimentos foi conduzida com monensina sódica e lasalocida sódica. No Brasil, estão registrados no Ministério da Agricultura, além da monensina e lasalocida, a salinomicina. Os dados para salinomicina, assim como para outros ionóforos, como narasina, semduramicina e laidlomicina, também têm a mesma consistência sólida que os mais testados, referidos anteriormente.

Ionóforos foram usados a princípio, e ainda o são, como coccidiostáticos na avicultura, mas descobriu-se que a suplementação oral melhorava o desempenho de ruminantes. Eles vêm sendo empregados há mais de vinte anos, com respostas positivas e consistentes, sendo considerados um dos melhores exemplos de sucesso de um aditivo em produção animal.

O seu efeito deve-se à alteração na fermentação ruminal, com alterações na proporção de ácidos graxos voláteis (AGV) produzidos e na concentração de amônia, processos chave que afetam diretamente o metabolismo de energia e proteína do animal. Os efeitos dos ionóforos podem ser apresentados resumidamente como:

- Aumento da retenção de energia fermentada no rúmen devido a uma alteração no padrão de fermentação, com maior produção de propionato (C3) em relação a acetato (C2) e decorrente diminuição das perdas através de metano. Além da maior manutenção da energia, esta seria usada de forma mais eficiente, pois o C3 seria mais eficientemente metabolizado do que o C2. Há controvérsias sobre este último ponto (Orskov et al., 1991), relacionado com o padrão de metabolismo.
- Os ionóforos parecem diminuir a degradação da proteína ruminal, sem diminuir, ou afetando pouco, a proteólise, e portanto reduzindo a degradação de peptídeos e aminoácidos por um grupo de bactérias denominadas de "hyper-ammonia producing bacterias", ou seja, bactérias hiperprodutoras de amônia. Isso resulta em menor produção de amônia e maior escape de peptídeos do rúmen, com vantagens equivalentes ao escape da proteína da fermentação ruminal, pois eles serão absorvidos pelas células como aminoácidos.
- Diminuição de distúrbios metabólicos, como acidose e timpanismo, pela menor concentração de ácido lático e menor produção de mucopolissacarídeos que dão estabilidade à espuma. As bactérias metanogênicas são as principais responsáveis pela produção dessas substâncias.

O resultado conjunto dessas alterações pode ser aumento de ganho de peso, melhora da conversão alimentar ou ambos. Em dietas com elevada concentração de grãos, não há alteração no ganho de peso, mas ocorre redução do consumo. A vantagem, portanto, é uma melhor conversão alimentar.

Já em dietas com quantidades maiores de forragem, o consumo não é alterado, mas há aumento no ganho de peso. Aqui essa vantagem se soma à melhor conversão animal (Madeira e Machado, 1990). Este tipo de comportamento pode ser explicado pelo mecanismo quimiostático de satisfação da ingestão. Ou seja, um aumento de disponibilidade de energia, como ocorre com o uso do ionóforo, em um animal consumindo dietas muito energéticas, em que esse mecanismo já está atuante, faz com que um menor consumo supra a mesma quantidade de energia. Em um animal recebendo uma dieta com mais forragem, e portanto tendo menor densidade energética, o aumento energético não causa redução de consumo e, como há mais energia sendo aproveitada para uma mesma ingestão, o ganho é superior e a conversão, melhorada.

Simulações utilizando o modelo de Cornell, incorporado pela última edição do NRC para gado de corte (1996), indicam que o efeito proporcional de aumento de eficiência alimentar e ganho de peso diminui à medida que aumenta o teor de energia da dieta. Apesar disso, o uso de ionóforos em dietas com volumoso de muito baixa qualidade e uréia resulta em poucos benefícios, o que provavelmente está ligado à atividade dos ionóforos na diminuição da atividade da urease (Van Nevel e Demeyer, 1988).

Como seria de esperar para um grupo de substâncias chamadas ionóforos, em alusão a sua afinidade por íons, estes têm efeito sobre a absorção de minerais, sendo bem estabelecido um aumento no aproveitamento de magnésio, fósforo, zinco e selênio. Efeitos para cálcio, potássio e sódio não estão tão bem definidos (Spears, 1990).

3.1.1. Ionóforos e sua utilização

A utilização preponderante dos ionóforos, sem dúvida, ocorre em dietas de confinamento. A existência de grande quantidade de alimentos palatáveis e a possibilidade de misturá-los na porção concentrada da ração em uma dieta total, forçando o consumo pelo animal, facilitam seu uso. Seja qual for a dieta utilizada, há a vantagem da maior eficiência energética pela utilização do ionóforo, mas em dietas de alto teor de concentrado os benefícios econômicos podem ser ainda maiores, pela diminuição nos casos de acidose e timpanismo. Stock e Briton (1993), Stock et al. (1995b) e Cooper e Klopfenstein (1996) mostraram que monensina ou monensina mais tilosina reduziram a variação diária de ingestão de novilhos confinados, sendo que a grande variação nesse comportamento é considerada um sinal de acidose subclínica (Owens et al., 1998). A inclusão de monensina na dieta diminuiu a incidência de mortes por problemas digestivos em confinamento (Parrot, 1993; Vogel, 1996).

A Tabela 1 apresenta um resumo de resultados de bovinos em acabamento nos Estados Unidos e em pastejo. A diminuição de consumo apresentada na tabela ocorre em situação de dietas com altos teores de concentrado. Nas dietas convencionais de confinamento no Brasil, com altos teores de volumoso, praticamente não existe efeito na ingestão, mas o efeito sobre o desempenho é maior.

Tabela 1. Desempenho de bovinos em confinamento recebendo monensina na alimentação.

	Controle	Monensina	Alteração	DP[1]
Confinamento				
Nº, cabeças	5.696	5.578		
Peso inicial, kg	284	283		
Peso final, kg	430	432		
Monensina, mg/dia		246		
Ganho de peso, kg/dia	1,09	1,10	+1,6 %	8,5
Consumo, kg MS	8,27	7,73	–6,4 %	5,0
kg MS/kg ganho	8,09	7,43	–7,5 %	6,5
Pastagem				
Nº, cabeças	456	458		
Peso inicial, kg	243	243		
Monensina, mg/dia		154[a]		
Ganho de peso, kg/dia	0,609	0,691[b]	+13%	0,009

[1] Desvio padrão. [a] P < 0,01. [b] Nível médio.
Fonte: Goodrich et al. (1984).

O uso da salinomicina e outros ionóforos apresenta resultados muito semelhantes aos apresentados para monensina (Tabela 2). Existe o conceito de que a monensina tende a reduzir ainda mais o consumo do que a salinomicina, e esta última estaria associada à manutenção de ganhos um pouco superiores aos da primeira. Entretanto, uma análise conjunta dos dados ainda não demonstra uma diferença clara, e acreditamos que diferenças de dose tenham efeitos mais importantes, inclusive por efeito consumo.

Tabela 2. Desempenho de bovinos em confinamento recebendo diferentes ionóforos.

Tratamento g/t MS	Número de baias	Número de animais	Ganho (kg)	Consumo (kg)	IMS/ GPD
Ensaio 1					
Monensina 28	4	160	1.624	9.185	5.656
Monensina + 28 Tilosina 11	4	158	1.647	9.217	5.597
Narasina	4	159	1.628	9.194	5.646
Narasina + 11 Tilosina 11	4	158	1.755	9.639	5.490
Salinomicina 11	4	160	1.706	9.507	5.574
Ensaio 2					
Monensina 14/28 Sem tilosina	4	30	1.628	9.557	5.869
Monensina 14/28 Tilosina 11	4	32	1.706	10.038	5.885
Narasina 11 Sem tilosina	4	32	1.760	9.956	5.657
Narasina 11 Tilosina	4	31	1.814	9.970	5.495
Salinomicina 11 Sem tilosina	4	32	1.746	10.002	5.727

Fonte: Apresentação de Minneapolis Feeders com dados de ensaios da Dra. Mary I. Wray e Dr. Sumer Hasimoglu (Ensaio 1) e de Dr. Walter Koerse e Dr. Sumer Hasimoglu (Ensaio 2).

No caso da suplementação a pasto, uma das maiores dificuldades é a ingestão da dose diária do princípio ativo, devido ao padrão errático de consumo de suplementos oferecidos ao animal no pasto e também a um efeito depressivo no consumo pelo próprio aditivo.

A monensina afeta mais o consumo do que a lasalocida. Em todo caso, o uso de ionóforos em proteinados diminui o problema de consumo, visto que grande proporção destes constitui-se em alimentos palatáveis. Trabalhos realizados com suplementação em dias alternados mostraram que não há prejuízo em adotar tal procedimento.

A revisão de Goodrich et al. (1984), além dos dados de confinamento, contém dados de aproximadamente 1.000 animais a pasto e indica um aumento de 13% de ganho em resposta ao ionóforo (Tabela 1). Potter et al. (1986), representando mais de trinta estudos com mais de 2.000 cabeças a pasto, indicaram um aumento de 16% em ganho de peso para animais suplementados com monensina.

Huntington (1996) fez uma regressão linear que indicou uma possibilidade de efeito positivo do ionóforo para animais em mantença (P < 0,09) e que prediz um aumento de aproximadamente 6% em ganho de peso de animais a pasto, dentro das condições de uma lista de vinte trabalhos cuja faixa de ganho de peso variou de 0,35 a mais de 1 kg/dia. Um resumo dos dados dos trabalhos utilizados por esse autor pode ser observado na Tabela 3.

Tabela 3. Ganho de peso de animais sob pastejo suplementados com ionóforos.

Duração (dias)	**Peso médio** (kg)	**Ionóforo**	**Ganho** (kg/cab . dia)		**Citação**
120	225	Monensina	0,56	0,65	Potter et al. (1986)
100	225	Monensina	0,59	0,68	Potter et al. (1986)
105	210	Monensina	0,44	0,50	Patterson et al. (1983)
100	216	Lasalocida	1,03	1,14	Anderson et al. (1987)
90	472	Lasalocida	0,09	0,16	Jacques et al. (1987)
161	180	Salinomicina	0,49	0,73	Bagley et al. (1988)
140	537	Lasalocida	0,09	0,09	Chirase et al. (1988)
112	256	Tetronasina	1,03	1,12	Gates et al. (1989)
80	250	Lasalocida	1,44	1,58	Worrel et al. (1990)
107	249	Tetronasina	1,15	1,26	Sticker et al. (1991)
107	249	Lysocellin	1,15	1,23	Sticker et al. (1991)
80	355	Lasalocida	0,35	0,40	Rode et al. (1994)
80	355	Lasalocida	0,60	0,62	Rode et al. (1994)
70	200	Monensina	0,26	0,28	Floyd et al. (1995)
113	278	Monensina	0,61	0,69	Rush et al. (1996)
113	278	Lasalocida	0,61	0,72	Rush et al. (1996)

Fonte: Huntington (1996).

Foi verificado efeito positivo da suplementação de ionóforos para novilhas na maioria dos trabalhos publicados (Tabela 4). O efeito, além do maior ganho de peso, é um adiantamento da puberdade. Este adiantamento foi elegantemente demonstrado por Lalman et al. (1993), mesmo quando o ganho de peso foi mantido o mesmo

Tabela 4. Efeito da suplementação com ionóforo sobre a idade à puberdade de novilhas de corte.

Ionóforo	**Idade à puberdade**	**Ganho**	**Tempo de tratamento**	**Trabalho**
	dias	kg/dia	dias	
Monensina	–14	1,10	203	Moseley (1982)
Monensina	–23	0,63	157	McCartor (1979)
Monensina	–9	0,37	120	Lalman (1993)
Monensina	0	0,56	171	Moseley (1977)

através de manipulação da energia da dieta. Esse autor demonstrou que a monensina reduz a idade da puberdade, independentemente de seu efeito no ganho de peso, na proporção de ácido propiônico e na degradabilidade da proteína no rúmen.

3.1.2. Ionóforos: resistência, rotação e toxicidez

Existe a possibilidade de adaptação dos microorganismos ruminais aos ionóforos, apesar de o fato de serem usados há tantos anos e se manterem efetivos demonstrar que não há predisposição para isso. Todavia, adaptação parcial de metanogênese foi observada (Dinius et al., 1976), embora um período de seis meses tenha sido necessário para que metanogênicas em digestores anaeróbios abastecidos com esterco de animais tratados com monensina se tornassem adaptadas (Varel e Hashimoto, 1982).

O uso generalizado em aplicações de longo prazo pode criar condições para que cepas resistentes das bactérias alvo se desenvolvam (Teather e Foster, 1998). Sauer et al. (1998) observaram uma aparente adaptação da microflora ruminal em vacas que receberam monensina previamente e deixaram de responder como antes.

Esses dados abrem espaço para especular sobre a vantagem de fazer rotação de aditivos, ionóforos e não ionóforos, para maximizar a resposta. Leedle (1993) comenta que, apesar de a resistência cruzada ser comum, algumas cepas de *Bacteroides* gram-negativos são resistentes à monensina, mas não à lasalocida, e vice-versa. Portanto, a idéia da rotação ou uso com outros antibióticos inibidores de bactérias gram-positivas teria o apoio desses dados *in vitro*, faltando dados *in vivo* para definir as vantagens de combinação ou rotação de ionóforos.

Os ionóforos são considerados tóxicos a cavalos, e a DL_{50} de 2-3 mg/kg PV e 21,5 mg/kg foi estimada para monensina e lasalocida (Matsuoka, 1976; Hanson et al., 1980). Para ruminantes, doses mais elevadas que as recomendadas (cerca de 150-200 mg por cabeça) podem causar sintomas de intoxicação (Potter et al., 1984).

3.2. Outros antibióticos

O uso de antibióticos para gado de corte no Brasil, com exceção feita aos ionóforos, é pouco explorado. Um dos principais motivos para isso seria o alto custo desses produtos. Complicando ainda mais a análise de custo/benefício, respostas positivas, como já comentado anteriormente, dependem muito do grau de desafio do meio e da idade dos animais. Ainda assim, existem alguns antibióticos listados como promotores de crescimento e/ou de eficiência alimentar para utilização em bovinos de corte, conforme a Tabela 5.

Tabela 5. Antibióticos com recomendação para bovinos de uso permitido pelo Ministério da Agricultura brasileiro.

Nome comum	Espécie	Dose	Observação
Bacitracina de zinco	Bovinos	35-70 mg/cab . dia	
Sulfato de colistina	Bezerros de engorda	5-40 ppm	Retirar o produto três dias antes do abate.
Flavomicina	Bovinos	Confinamento: 1 a 4 (entre 10 e 20 mg/ cabeça/dia) Pastagem: 2 a 40 (entre 10 e 20 mg/ cabeça/dia)	Restrições de uso: não administrar a patos, gansos e pombos, bovinos reprodutores ou ruminantes que estejam na fase adulta e de engorda.

Fonte: Ministério da Agricultura, Pecuária e Abastecimento.

A tilosina não se inclui na relação de substâncias permitidas, mas seu uso em dietas com elevado teor de concentrado, que tem despertado muito interesse no Brasil, seria capaz de diminuir o número de ocorrências de fígados com abscesso (Nagaraja, 1993).

Entretanto, em confinamentos de curta duração, com grãos processados e abate a pesos mais leves, essa incidência é baixa, conforme observado em uma série de trabalhos recentemente realizados no Instituto de Zootecnia e na Faculdade de Zootecnia e Engenharia de Alimentos da USP, em colaboração com nosso laboratório.

Nos Estados Unidos, é comum o uso de baixos níveis de tilosina (75 mg/cab . dia) para, além de diminuir o abscesso no fígado, controlar infecções subclínicas, sendo de 3 a 4% o aumento em ganho no confinamento, e de 2 a 3% a melhoria na eficiência alimentar (Perry e Cecava, 1995).

No Brasil, na principal região de produção de gado de corte, as chances de obter resposta ao uso de antibióticos aumentam em função do clima quente e úmido do verão. Animais jovens, mais sensíveis a desafios, nesse período podem ter benefício compensador com o uso desses aditivos. O aumento do interesse pelo superprecoce e por dietas compostas apenas por concentrados pode tornar interessante investigar esse assunto.

4. Probióticos

Probióticos são produtos baseados em culturas de organismos vivos não patogênicos que se estabeleceriam no trato digestivo, especialmente no intestino. Existem trabalhos que mostram vantagens no uso de probióticos. Eles induziriam a ocorrência de alteração da população presente no trato gastrintestinal, que resultaria em maior digestão e proteção contra disfunções fisiológicas e doenças. Assim, a colonização do meio por microorganismos probióticos evitaria, ou ao menos diminuiria, a presença de bactérias patogênicas. A diminuição pode ocorrer por competição por nutrientes, por espaço ou por ação direta ou indireta de metabólitos produzidos pelo probiótico. Haveria ainda outros benefícios, como a produção de nutrientes (isto é, vitaminas) pelo agente probiótico.

Um exemplo de microorganismo utilizado como probiótico seria o *Lactobacilli* que, pela produção de ácido lático no intestino, diminui o pH e, dessa forma, inibe a proliferação de bactérias patogênicas, tais como a *E. coli*. Dentre aqueles apontados como mais efetivos para ruminantes encontra-se o fungo *Aspergillus oryzae* e a levedura da espécie *Saccharomyces cerevisae*, segundo Fonty et al. (1993).

No caso do *Aspergillus oryzae*, o trabalho *in vitro* de Newbold et al. (1991), usando a técnica de simulação da fermentação ruminal (Rusitec), é interessante. Além de demonstrar grande efeito de aumento total de bactérias e de bactérias celulolíticas (90% e 50%, respectivamente), mostrou que o *Aspergillus oryzae* irradiado com raios gama foi tão eficiente quanto o controle e que a autoclavagem inativa os benefícios, indicando que o efeito é devido a algum composto termolábil.

Os resultados com o uso dessas substâncias não têm sido suficientemente consistentes e parece valer aqui o fato de que sua ação é positiva apenas em locais onde o desafio ambiental é grande. Resultados de trabalhos realizados no Brasil com bezerros leiteiros suportam essa observação (Alves et al., 1997; Gonçalves et al., 1997).

Deve-se levar em conta, todavia, que probiótico é um termo genérico, assim com antibiótico, e existem probióticos com diferentes composições de microorganismos. Além disso, mesmo microorganismos de uma mesma espécie, mas de cepas diferentes, podem variar na sua capacidade de ser enquadrados como probióticos. Essas observações, portanto, podem explicar, pelo menos em parte, a constatação de inconsistência nos resultados, mostrando a necessidade de caracterizar muito bem o probiótico nos trabalhos.

Como há grande preocupação com o uso de antibióticos na nutrição animal, pela já comentada possibilidade de gerarem microorganismos resistentes, os probióticos aparecem como uma alternativa muito atraente, seja como substitutos ou co-adjuvantes. Em ambos os casos, há diminuição no uso dos antibióticos.

Os probióticos geralmente são considerados pelo FDA substâncias GRAS (*generally recognized as safe*), ou seja, geralmente reconhecidas como seguras. Isso dá uma significativa vantagem aos probióticos em termos de custo e tempo para chegarem ao mercado. Deve-se esperar, portanto, que haja ainda bastante investimento na obtenção de novas linhagens de microorganismos mais eficazes e estudos para determinar seu melhor uso.

Infelizmente, o fato de os probióticos serem considerados GRAS tem permitido que entrem no mercado sem nenhuma comprovação, independente de eficácia. Isso traz significativos prejuízos à pecuária nacional e particularmente a produtores, que acabam sendo alvo de empresas inescrupulosas que vendem produtos sem a devida comprovação dos resultados. Por comprovação entendemos a repetição dos primeiros dados positivos em diversas situações experimentais, para somente então fazer a validação final na condição comercial.

4.1. Inoculantes ruminais

As culturas de microorganismos ruminais são facilmente encontradas no mercado. Muitas delas são apenas o conteúdo de fluido ruminal coletado em abatedouros e liofilizado. Nesse caso, fica fácil entender o porquê da ausência de resposta com produtos dessa natureza. A explicação simples é que ela não acrescenta nada de novo ao rúmen do animal.

É comum a recomendação ser feita para animais jovens, ainda não ruminantes funcionais. Neste caso, procura-se justificar o uso com base na premissa de que haveria um adiantamento da colonização do rúmen. Estudos mostram que a contaminação natural do animal jovem ocorre de maneira bastante rápida, não havendo vantagem em tentar adiantá-la (Van Soest, 1994; Fonty et al., 1993).

Certos produtos prometem conter bactérias selecionadas que seriam mais eficientes nas tarefas realizadas do que aquelas naturalmente existentes no rúmen. Apesar de ser possível reconhecer, multiplicar e aplicar esse tipo de bactéria no rúmen, dificilmente ela consegue se manter no competitivo ambiente ruminal. Aparentemente, bactérias muito eficientes em determinado atributo (por exemplo, digestão de celulose), na apuração genética dessa característica, parecem perder outros atributos que garantiriam um nível de competição compatível com aquele exigido pelo ambiente ruminal (Teather e Foster, 1998).

A revolução da biologia molecular nos últimos anos deu novo alento à criação de superbactérias, e trabalhos mais recentes mostraram que há viabilidade na técnica da inclusão de bactérias ruminais recombinantes (Gregg et al.,1996).

4.2. Leveduras

Leveduras não têm papel importante na fermentação ruminal e são incapazes de competir e crescer no rúmen, portanto é necessário repô-las freqüentemente para manter sua atividade. Existem estudos mostrando algum efeito para a inclusão de *Saccharomyces cerevisae* para a produção de carne (Zinn e Shen, 1994).

Williams et al. (1991) observaram que a média e o pico de concentração de L-lactato no fluido ruminal de novilhos alimentados com uma dieta de cevada-feno foram menores, e que o pH ruminal foi mais alto quando suplementados com cultura de *Saccharomyces cerevisae*.

Não houve alteração no padrão de fermentação por culturas de leveduras em estudo de alimentação em excesso (Godfrey et al.,1992), mas culturas de leveduras *Saccharomyces cerevisae*, através da estimulação de crescimento de bactérias utilizadoras de lactato, podem ajudar a moderar o pH ruminal e evitar acidose (Dawson, 1995, citado por Owens, 1998)[1].

Por sua vez, Mir e Mir (1994), trabalhando com novilhos, estudando sua degradabilidade *in situ*, digestibilidade, desempenho e qualidade de carcaça, não obtiveram vantagem no uso de *Saccharomyces cerevisae* (5×10^9 organismos vivos/g; 10 g/cab . dia), apesar da diminuição nos casos de acidose.

Newbold (2006) comenta que alguns resultados contraditórios no uso de levedura podem estar relacionados ao fato de as respostas positivas ocorrerem em função de um maior aporte de proteína microbiana chegando ao intestino do ruminante, o que faria diferença apenas nos casos de preexistência dessa deficiência protéica.

O mesmo autor comenta, ainda, que existem outros fatores mais sutis que explicam variações no resultado da adição da levedura, entre eles, o fato de diferentes microrganismos serem influenciados por diferentes cepas de levedura e interação com diferentes tipos de carboidratos predominantes nas dietas. Ele conclui que, apesar dos avanços, um melhor detalhamento do modo de ação em função dessas variáveis é necessário para explorar estrategicamente todo o potencial desse aditivo.

5. Tamponantes

Tamponantes são substâncias usadas com o intuito de diminuir as variações no pH do trato digestivo, especialmente do rúmen, e mantê-lo em níveis normais. A faixa ideal para degradação da fibra fica compreendida no estreito espaço entre 6,2-6,8 e há grande alteração na degradabilidade com valores inferiores.

Normalmente, o animal em pastejo não apresenta necessidade de tamponantes, pois a pastagem, rica em fibra, estimula a produção de saliva, que os tem em grande quantidade. Além disso, a concentração de carboidratos não estruturais (CNE) na forragem não sobrecarrega o sistema de tamponamento do rúmen. A situação é oposta à de um animal recebendo muito concentrado.

---

1. DAWSON, K. A. **The use of Yeast strain 8417 in manipulating ruminant high concentrate diets**. Minn. Nutr. Conf. p. 25-36. University of Minnesota, St. Paul, 1995.

Em dietas ricas em concentrado, o resultado de uma maior produção de ácidos orgânicos, devido à maior fermentação de CNE, associada a uma menor capacidade tamponante do rúmen, em função de um menor estímulo à salivação, é a redução do pH.

Dependendo do grau de diminuição do pH, podemos chegar a um quadro de acidose aguda que pode resultar em danos à parede do rúmen e intestino, diminuição do pH do sangue e desidratação, que podem levar o animal à morte. Laminite, abscessos no fígado e poliencefalomalácia freqüentemente acompanham a acidose (Owens, 1998). A acidose subclínica, obviamente, diminui o desempenho.

As substâncias mais usadas como tamponantes são o bicarbonato de sódio, bicarbonato de potássio, óxido de magnésio e carbonato de cálcio. Tedeschi et al. (1997) comentam que há na literatura muitos trabalhos em que a inclusão de tamponantes não surtiu efeitos positivos. As situações em que pode haver vantagem no uso de tamponantes seriam as seguintes: início de confinamento, altos teores de concentrado, uso de silagens (principalmente de milho e grãos de alta umidade), concentrado oferecido separadamente do volumoso ou troca de dietas feita abruptamente (Sewell[2], 1993, citado por Tedeschi, 1997).

Outra situação em que o uso de tamponantes pode fazer diferença é em dietas com bagaço auto-hidrolisado (BAH), devido à baixa estimulação ruminal desse volumoso, à elevada quantidade de CNE e seu baixo pH. Tem-se usado, alternativamente, uma fonte de fibra íntegra, que diminui a necessidade de tamponantes. Silva (1990) não obteve diferença para pH ruminal para os animais alimentados com 55% de BAH e 5% de BIN (em base de MS), suplementados (1%) ou não com bicarbonato de sódio. Esse autor justifica a ausência de diferença pelo uso de 1% de calcário calcítico de alta reatividade.

Há trabalhos que demonstraram a efetividade dessa substância (Russel et al.,1980; Wheeler et al., 1981; Haaland e Tyrrel, 1982) no tamponamento do rúmen. Em um trabalho em condições semelhantes, inclusive com o uso de 0,9% de calcário calcítico, Lanna e Boin (1990) obtiveram resultado positivo para ganho de peso, com a inclusão de 1,1% de bicarbonato de sódio em dietas de BAH com feno de Rhodes

2. SEWELL, H. B. **Feed additives for beef cattle**. Agricultural Publications. University of Missouri, 1993. 6p.

ou bagaço *in natura* (BIN) como fonte de fibra íntegra (8% da MS). O melhor desempenho foi devido ao maior consumo, mas os dados de pH fecal e digestibilidade indicam que o efeito na alteração das condições do trato gastrintestinal pode ter sido importante. Esses autores comentam que a maior parte da diferença ocorreu no primeiro terço do período experimental, sugerindo que uma estratégia de uso apenas inicial de tamponantes poderia maximizar seu retorno econômico.

O óxido de magnésio tem sido usado como tamponante combinado com bicarbonato de sódio na proporção de 1:3, respectivamente, na proporção de 1,25% da MS (Lima et al., 1997). Sobre o calcário calcítico, já foi comentado que trabalhos demonstraram que ele efetivamente teria efeito tamponante.

Brink et al. (1984) mostraram, em dietas com milho integral ou laminado, que havia menos amido fecal na dieta em que foi usado 1,5% de calcário do que naquela com apenas 0,6%. Os autores, então, concluíram que o calcário calcítico melhora o ambiente intestinal, aumentando a digestão do amido. É importante, contudo, que o calcário seja de alta reatividade, isto é, moído extremamente fino. Esse tipo também é conhecido como calcário calcítico *filler*.

6. Hormônios

A maioria dos hormônios não se enquadra nas definições clássicas de aditivo, por não serem usados por administração oral. Todavia, têm sido as substâncias não nutrientes mais cobiçadas pelos pecuaristas. O Ministério da Agricultura, através da Portaria n° 51, de 1991, proibiu o uso de substâncias anabolizantes na produção animal.

Nos anos 90, a legislação brasileira transformou o uso ilegal de hormônios em crime hediondo. A proibição foi feita com base na proteção do consumidor contra os riscos que essas substâncias apresentariam. Essa decisão confronta com o uso dessas substâncias por quarenta anos nos Estados Unidos, sem maiores implicações.

Um dos motivos dos defensores da manutenção do veto seria que o maior comprador de carne brasileira é a Comunidade Européia (CE), que proíbe a importação de carne anabolizada também com base na defesa do consumidor.

Contra esse argumento pesa o fato de três comitês formados na Europa para estudar o assunto, incluindo o Lamming Committee, com cientistas da Comunidade Européia, terem considerado seguro o uso de anabolizantes (Hoffmann, 1998). Com base nesses dados, uma decisão da Organização Mundial do Comércio (OMC) obrigou a CE a retirar o veto à importação de carne com hormônio até o dia 13 de maio de 1999. Essa medida não teve maiores repercussões no comércio da carne, mas foi importante no sentido do posicionamento de uma entidade internacional sobre barreiras não tarifárias sem base científica.

No Brasil, existe grande pressão por parte de órgãos de defesa do consumidor para que se mantenha a proibição. Uma opção interessante seria a liberação do uso de produtos reconhecidamente seguros, tendo a população o direito de escolher entre os produtos produzidos com ou sem o uso de hormônios. Os primeiros podem ser mais baratos, em função do ganho de eficiência, enquanto aqueles produzidos para atender à opção do consumidor poderiam ser vendidos a preços diferenciados. Dessa forma, os pecuaristas teriam acesso a uma tecnologia que permite melhorias em ganho (10-30%) e eficiência alimentar (5-15%), conforme relatado por Preston (1998), e o consumidor teria o direito de escolha. Enfim, pode-se produzir os dois tipos de carne, como na Nova Zelândia, Austrália, Estados Unidos e Argentina.

7. Perspectivas futuras para aditivos

Existem algumas substâncias com grande potencial para uso como pró-nutrientes.

A suplementação de enzima normalmente tem como objetivo a aceleração da fermentação de compostos fibrosos presentes na dieta. Nesse primeiro caso, teríamos as hidrolases: celulase, xilanase, celobiase etc. Outra função seria superar os efeitos de fatores antinutricionais que existam na dieta, como inibidores de proteases e amidases, fitato e o gossipol (Sainz et al., 1998). Annison (1997) mostra dados bastante interessantes sobre o uso de uma solução de enzima contendo atividade de celulase e xilanase; apesar da necessidade de altas doses de enzima, houve uma convincente relação de resposta à dose (Tabela 6).

O mesmo autor cita como possíveis aspectos promissores a remoção enzimática de lignina e cutina e o uso de enzimas encapsuladas que aumentem a digestão de amido no intestino delgado.

Tabela 6. Efeitos positivos de enzimas fibrolíticas em dietas com silagem de milho fornecida a bovinos.

	Nível de enzimas (X 1)			
	0	15 X	22,5 X	30 X
GDP, kg/dia	1,06	1,07	1,12	1,23
Ingestão MS, kg/dia	6,6	6,3	6,3	6,2
Conversão alimentar, kg MS/kg ganho	6,22	5,88	5,63	5,05

Fonte: Beauchemin e Rode[3] (1996), citado por Annison (1997).

Já as bacteriocinas são um tipo especial de antibiótico, produzido por algumas bactérias, normalmente constituindo-se em pequenos peptídeos. A faixa de atuação vai desde aquelas que afetam as gram-positivas e algumas gram-negativas até aquelas que afetam apenas algumas cepas de determinada espécie. Essa característica possibilita prever um uso extremamente dirigido na manipulação ruminal.

O modo de ação da maioria das bacteriocinas estudadas é comum: a interferência nos processos de transporte e de geração de energia que ocorrem na membrana celular. Elas são resistentes a temperaturas tão altas quanto 100ºC e a um pH tão baixo quanto 2. O conhecimento sobre bacteriocinas produzidas por microorganismo ruminais ainda é incipiente, mas vislumbram-se grandes possibilidades para seu uso: 1) ajudar a estabelecer cepas de microorganismos recombinantes que seriam inoculados com genes para produzir a bacteriocina e genes que conferissem resistência a ela; 2) alteração da população ruminal, o que poderia ser feito junto com ionóforos ou como alternativa ao uso destes, minorando o problema de resistência. Outra vantagem seria que alterações muito mais dirigidas poderiam ser realizadas; 3) uso de bactérias produtoras de bacteriocinas de interesse como inoculantes de forragens (ou outro alimento), fazendo com que fossem produzidas e fornecidas junto com o alimento (Teather e Foster, 1998).

3. BEAUCHEMIN, K. A.; RODE, L. M. Use of feed enzimes in ruminant nutrition. In: **An. Sci. Res. Develop. Proc. Can. Soc.** An. Sci. Meeting. Ed. Rode, L. M. Leathbridge, Alberta. p. 103-30, 1996.

Espera-se que a mesma resistência dos grupos de consumidores e demais membros da comunidade ao uso de antibióticos se volte para essas substâncias.

O ácido linoléico conjugado (CLA) é um ácido graxo que naturalmente tem como maiores fontes na alimentação humana o leite e a carne. Na verdade, ele não é um composto único, mas um conjunto de isômeros desse ácido graxo que, por apresentar efeitos na diminuição do colesterol, prevenção de diabetes, diminuição da aterogênese e, especialmente, por sua potente ação anticarcinogênica, chamou a atenção da comunidade científica (Bauman e Kelly, 1997). Também é um potente repartidor de nutrientes, com efeitos na diminuição da gordura do leite (Bauman et al., 1998), na diminuição da gordura subcutânea em suínos (Dunshea et al., 1998) e da gordura corporal em animais de laboratório (Chin et al., 1994; Park et al., 1997), mesmo em pequenas quantidades. Portanto, há boas perspectivas para o uso da suplementação do CLA para animais em crescimento, dos quais se pode esperar um ganho com maior proporção de músculo e, portanto, maior eficiência alimentar.

Além disso, deve haver um aumento nos teores de CLA dos tecidos comestíveis, o que pode ser explorado na comercialização da carne como um produto diferenciado, isto é, rico em CLA. Em uma época de tanta condenação à carne bovina, o CLA pode ser um fator de regeneração da carne diante do consumidor como um alimento saudável.

Enzimas, bacteriocinas e o ácido linoléico conjugado, as restrições ao uso de uma série de produtos fizeram aumentar muito o interesse em pesquisa de aditivos alternativos, entre eles, os aditivos homeopáticos. A homeopatia tem um embasamento teórico sem grande sustentação científica, mas, diante do grande número de pessoas que a adotam para tratamento de doenças, ganhou popularidade e o reconhecimento da classe médica. Hoje várias empresas de produtos animais comercializam produtos homeopáticos.

Embora a maioria seja de produtos contra enfermidades, há os que prometem maior eficiência alimentar. Todavia, testes com rigor científico desses produtos parecem não existir. Por vezes, quando realizados, os resultados negativos são contestados com base em detalhes, como o armazenamento do produto perto de uma fonte de emissões magnéticas, ou porque a ciência tradicional não se aplicaria à homeopatia, um argumento evasivo e, ao nosso entender, insustentável. Caberia aos próprios produtores desses aditivos mostrar, com dados publicados em revistas científicas, com revisores independentes, o real benefício do uso desses produtos.

Por fim, deve-se considerar que, devido à imensa biodiversidade brasileira, existem muitas oportunidades de encontrar princípios ativos de interesse. Há trabalhos sendo desenvolvidos nesse sentido. Um bom exemplo é o trabalho de Oliveira et al. (2004) com o uso de própolis, que também está sendo estudada por outras instituições. Todavia, um aspecto que deve ser considerado é que o fato de o produto ser natural não o isenta de oferecer potencial risco para os seres vivos e o ambiente.

8. Aditivos e o ambiente

Aditivos como ionóforos têm extraordinário potencial de reduzir a necessidade de matéria-prima para produzir carne. O aumento da eficiência pode reduzir não somente as exigências de milho, farelo de soja e terra (pasto) para produzir uma unidade de carcaça, como também diminuiria a quantidade de poluentes por unidade de carne produzida.

De especial interesse diante das preocupações com o aquecimento global, podemos ter uma extraordinária redução na quantidade de metano emitida por quilo de carne produzida.

A proibição de aditivos sem nenhuma base científica pode aumentar muito o impacto da atividade pecuária sobre o ambiente, o que é muito ruim para toda a cadeia de bovinos de corte.

9. Considerações finais

Certas vezes, atribuem-se à presença do aditivo aumentos de produção e eficiência bastante exagerados. Apesar de alguns aditivos, de fato, poderem resultar em aumentos bastante expressivos de produção, a maioria melhora o desempenho e/ou a eficiência em uma faixa que raramente ultrapassa 10%.

Apesar de numericamente pouco atrativos, o que importa é que esses produtos sejam usados desde que uma análise de custo/benefício direta mostre suas vantagens. Alguns aditivos apresentam vantagens indiretas, como a diminuição de distúrbios metabólicos, melhor resistência a desafios e benefícios ambientais diretos, como comentado anteriormente.

Mesmo que os aditivos até possam ajudar a contornar algumas ineficiências ou problemas de manejo, é preciso entender que não devem ser considerados substitutos de boas práticas de manejo e alimentação, mas sim complementares. Portanto, não se deve esperar dos aditivos a solução para a falta de pastagem, por exemplo, ainda que eventualmente possam amenizar o problema.

O que fica bem claro, também, é que existe um potencial muito grande no aperfeiçoamento de aditivos atualmente usados e das novidades que têm surgido. Um maior conhecimento das complexas interações do ambiente gastrintestinal, especialmente do rúmen, e um entendimento da dinâmica dos processos parece ser a chave para efetivar as promessas de ainda maior eficiência através do uso de aditivos no futuro.

Na área da legislação, é primordial que o Brasil assuma papel de líder, exigindo que as decisões sobre aditivos sejam baseadas em evidências científicas. O país também deve evitar incluir na sua legislação restrições que, além de não serem baseadas em evidências científicas, acabem por reduzir a sua competitividade e impedi-lo de exigir pagamento diferenciado por produtos que não utilizem certos aditivos.

Precisamos exigir que, para um produto poder ser comercializado para o produtor, sua eficácia seja comprovada e depois validade cientificamente.

10. Referências bibliográficas

ALVES, P. A. F.; LIZIEIRE, R. S.; CAMPOS, O. F.; VIEIRA, M. I. Teste de um sucedâneo e um probiótico comerciais para rebanhos de bezerros leiteiros. In: 24ª REUNIÃO DA SOCIEDADE BRASILEIRA DE ZOOTECNIA. **Anais...** Juiz de Fora, MG, 1997. (CD-ROM).

ANDERSON, M. A.; HORN, G. W. Effect of lasalocid on weight gains, ruminal fermentation and forage intake of stocker cattle grazing winter wheat pasture. **Journal of Animal Science**, 65: 865-71, 1987.

ANNISON, G. The use of enzymes in ruminant diets. In: LYONS, T. P.; JACQUES, K. A. (eds.). **Biothecnology in the feed industry**. Proceedings of Altech's 13th Annual Simposium. Nottingham, UK. 1996.

BAGLEY, C. P.; FEAZEL, J. E.; MORRISON, D. G.; LUCAS, D. M. Effects of salinomycin on ruminal characteristics and performance of grazing beef steers. **Journal of Animal Science,** 66: 792-7, 1988.

BAUMAN, D. E.; KELLY, M. L. **Conjugated linoleic acid: a potent anticarcinogenic found in milk fat**. In: 2nd Protiva Science Symposium Cornell University, 1997.

CHIN, S. F.; STORKSON, J. M.; ALBRIGHT, K. J.; COOK, M. E.; PARIZA, M. W. Conjugated linoleic acid is a growth factor for rats as shown by enhanced weight gain and improved feed efficiency. **Journal of Nutrition** 124: 2344-9, 1994.

CHIRASE, N. K.; GREENE, L. W.; LUNT, D. K.; BAKER, J. F.; KNUTSON, R. E. Serum and ruminal fluid characteristics of beef cows grazing oat pastures and supplemented with or without lasalocid. **Journal of Animal Science**, 66: 1746-54, 1988.

COOPER, R.; KLOPFENSTEIN, T. **Effect of rumensin and feed intake variation on ruminal pH**. In: Scientific Update on Rumensin/Tylan/Mycotil for the Professional Feedlot Consultant, p. A1-A14. Elanco Animal Health, Indianapolis, 1996.

DINIUS, D. A.; SIMPSON, M. E.; MARSH, P. B. Effect of monensina fed on digestion and the ruminal ecosystem of steers. **Journal of Animal Science** 42: 229-34, 1976 – RME.

DUNSHEA, T. R.; OSTROWSKA, E.; MURILITARAM, M.; CROSS, R.; BAUMAN, D. E.; PARIZA, M. W.; SKARIE, C. Dietary conjugated linoleic acid decrease back fat in finisher gilts. **Journal of Animal Science 76** (Suppl. 1.), p. 131, 1998.

FLOYD, C. R.; PURVIS, H. T.; LUSBY, K. S.; WETTEMAN, R. P. **Effects of Monensina and 4-plex on growth and puberty of beef heifers**. Animal Science Research Report. Oklahoma State University, 1995.

FONTY, G.; RAIBAUD, P.; GOUET, Ph. Manipulatin of the gut microflora: experimental approach in animals. **Proceedings of the Nutrition Society**, 52: 345-56, 1993.

GATES, R. N.; ROLAND, L. T.; WYATT, W. E.; HEMBRY, F. G.; BAILIE, J. H. Dose-response relationship of tetronasin administered to grazing steers. **Journal of Animal Science**, 67: 3419-24, 1989.

GODFREY, S. I. M.; BOYCE, M. D.; ROWE, J. B.; SPEIJERS, E. J. Changes in the digestive tract of sheep following engorgement with barley. **Aust. J. Agric Res.** 44: 1093-101, 1992.

GONÇALVES, G. D.; SANTOS, G. T.; RIGOLON, L. P.; DAMASCENO, J. C.; RIBAS, N. P.; VEIGA, D. R. Efeito da adição de probióticos na dieta sobre estado sanitário e desempenho de bezerros da raça holandesa. In: 24ª REUNIÃO DA SOCIEDADE BRASILEIRA DE ZOOTECNIA. **Anais...** Juiz de Fora, MG, 1997. (CD-ROM).

GOODRICH, R. D.; GARRETT, J. E.; GAST, D. R.; KIRICK, M. A.; LARSON, D. A.; MEISKE, J. C. Influence of Monensina on the performance of cattle. **Journal of Animal Science**, 58:1484-98, 1984.

GREGG, K.; ALLEN, G.; BEARD, C. Genetic manipulation of rumen bacteria: form potential to reality. **Australian Journal of Agricultural Research**, 47: 247-56, 1996.

HAALAND, G. L.; TYRREL, H. F. Effect of limestone and sodium bicarbonate buffers on rumen measurements and rate of passage in cattle. **Journal of Animal Science** 55(4): 935-1002, 1982.

HANSON, L. J.; EISENBEIN, H. G.; GIVENS, S. V. Toxic effects of lasalocid in horses. **Am. J. of Vet. Res.** 42: 474-9, 1981.

HOFFMANN, B. Critical assessment on the use of anabolic hormones also exhibiting sex-hormone-like activities in ruminant production. In: SIMPÓSIO [SOBRE] ADITIVOS NA PRODUÇÃO DE RUMINANTES E NÃO RUMINANTES. **Anais...** Sociedade Brasileira de Zootecnia, Universidade Estadual Paulista, Faculdade de Medicina Veterinária e Zootecnia. Botucatu, SP: SBZ, 1998.

HUNTINGTON, G. B. Grazing ruminant response to ionophores affected by management, environment. **Feedstuffs**, p. 14-9, 1996.

INSTRUÇÃO NORMATIVA 13. De 30 de novembro de 2004. **Diário Oficial da União** (D.O.U., seção 1, de 1 de dezembro de 2004).

JACQUES, K. A.; COCHRAN, R. C.; CORAH, L. R.; AVERY, T. B.; ZOELLNER, K. O.; HIGGINBOTHAM, J. F. Influence of lasalocid level on forage intake, digestibility, ruminal fermentation, liquid flow and performance of beef cattle grazing winter range. **Journal of Animal Science**, 65: 777-85, 1987.

LEEDLE, J. A. Z. **Modulating ruminal fermentation in high-grain fed cattle: the role of rumensin**. In: Scientific Update on Rumensin/Tylan for the Professional Feedlot Consultant. Elanco Animal Health, Indianapolis, IN, 1993. p. B1-B24.

LIMA, M. L. P.; LEME, P. R.; FREITAS, E. A. B.; MOURA, A. C. **Aditivos e promotores de crescimento na produção de bovinos de corte**. 2. ed. Nova Odessa, SP: Instituto de Zootecnia (Boletim Técnico 39), 1997. 62p.

LALMAN, D. L.; PETERSEN, M. K.; ASONTEGUI, R. P.; TESS, M. W.; CLARK, C. K.; WILEY, J. S. The effects of ruminally undegradabel protein, propionic acid and Monensina on puberty and pregnancy in beef heifers. **Journal of Animal Science**, 71: 2843-52, 1996.

MATSUOKA, T. Evaluation of Monensina toxicity in the horse. **J. Amer. Vet. Med. Assoc.** 169: 1089-100, 1976.

MADEIRA, H. M. F.; MACHADO, P. F. Manipulação de nutrientes em nível de rúmen. In: **Novas tecnologias de produção animal**. Campinas, SP: SBZ, Universidade Estatual de Campinas, 1990.

McCARTOR, M. M.; RANDEL, R. D.; CARROLL, L. H. Dietary alteration of ruminal fermentation on efficiency of growth and onset of puberty in Brangus heifers. **Journal of Animal Science** 48(3): 488-94, 1979.

MEDEIROS, S. R. de; LANNA, D. P. D. **O uso de aditivos na bovinocultura de corte.** In: SIMPÓSIO GOIANO SOBRE PRODUÇÃO DE BOVINOS DE CORTE, 1999, Goiânia, GO. Campinas, SP: Colégio Brasileiro de Nutrição Animal, 1999. p. 171-90.

MIR, Z.; MIR, P. S. Effect of addition of liv yeast (*Saccharomyces cerevisae*) on growth and carcass quality of steers fed high-forage or high-grain diets and on feed digestibility and in situ degradability. **Journal of Animal Science**, 72: 537-45, 1994.

MOSELEY, W. M.; McCARTOR, M. M.; RANDEL, R. D. Effect of Monensina on growth and reproductive performance of beef heifers. **Journal of Animal Science**, 45: 961, 1977.

MOSELEY, W. M.; DUNN, T. G.; KATELBACH, C. C.; SHORT, R. E.; STAIGMILLER, R. B. Relationship and correlations of traits associated with pelvic area in beef cattle. **Journal of Animal Science**, 55: 357, 1982.

NAGARAJA, T. G. **Bacterial flora of liver abscesses from feedlot cattle fed with or without Tilosina**. In: Scientific Update on Rumensin/Tylan for the Professional Feedlot Consultant, Elanco Animal Health, Indianapolis, 1993. p. C1-C11.

NEWBOLD, C. J.; BROCK, R.; WALLACE, R. J. Influence of autoclaved or irradiated *Aspergillus oryzae* fermentation extract on fermentation in the rumen simulation technique (Rusitec). **Journal of Agricultural Science**, 116: 159-62, 1991.

NEWBOLD, C. J. **The effect of live yeast on rumen fermentation.** In: II CONGRESSO LATINO AMERICANO DE NUTRIÇÃO ANIMAL. CBNA-AMENA, 2006. (CD-ROM).

OLIVEIRA, J. S.; LANA, R. P.; BORGES, A. C. et al. Effect of monensin and propolis extract on ammonia production and *in vitro* degradability of crude protein of different nitrogen sources. **R. Bras. Zootec.**, Viçosa, v. 33, n. 2, 2004.

ORSKOV, E. R.; MCLEOD, N. A.; NAKASHIMA, Y. Effect of different volatile fatty acids mixtures on energy metabolism in cattle. **Journal of Animal Science**, 69: 3389-97, 1991.

OWENS, F. N.; SECRIST, D. S.; HILL, W. J.; GILL, D. R. Acidosis in cattle: a review. **Journal of Animal Science**, 76: 275-86, 1998.

PATERSON, J. A.; ANDERSON, B. M.; BOWMAN, R. L.; MORRISON, R. L.; WILLIAMS, J. E. Effect of protein source and lasalocid on nitrogen digestibility and growth by ruminants. **Journal of Animal Science**, 57: 1537-44, 1983.

PARROT, C. **Secondary benefits from feeding Rumensin**. In: Scientific Update on Rumensin/Tylan for the Professional Feedlot Consultant. Elanco Animal Health, Indianapolis, IN, 1993. p. H1-H11.

PARK, Y.; ALBRIGHT, K. J.; LIU, W.; STORKSON, J. M.; COOK, M. E.; PARIZA, M. W. Effect of CLA on body composition in mice. **Lipids**, 32: 853-8, 1997.

PERRY, T. W.; CECAVA, M. J. **Beef cattle feeding and nutrition**. Academic Press, San Diego, California, 1995. 390p.

POTTER et al. Monensina toxicity in cattle. **Journal of Animal Science**, 58: 1499-511, 1984.

POTTER, E. E.; MULLER, R. D.; WRAY, M. L.; CARROLL, L. H.; MEYER, R. M. Effect of Monensina on the performance of cattle on pasture or fed harvested forages in confinement. **Journal of Animal Science**, 62: 583-92, 1986.

PRESTON, R. L. Strategy for the use of implants in beef cattle production. In: SIMPÓSIO SOBRE PRODUÇÃO INTENSIVA DE GADO DE CORTE. **Anais...** Ed.: Cyrino et al. Campinas, SP: CBNA. 1998.

RODE, L. M.; LYSYK, T. J.; BEAUCHEMIN, K. A. Intake of lasalocid – containing supplements by grazing beef heifers. **Canadian Journal of Animal Science**, 74: 77-82, 1994.

RUSSEL, J. R.; YOUNG, A. W.; JORGENSEN, N. A. Effect of sodium bicarbonate and limestone additions to high grain diets on feedlot performance and ruminal and fecal paramenters in finishing steers. **Journal of Animal Science** 51(4): 996-1002, 1980. Sila.

RUSH, I.; WEICHENTHAL, B.; VAN PELT, B. Effects of Bovatec, Rumensin or GainPro fed to yearling summer grazing steers. **Nebraska Beef Cattle Report**, 1996. p. 69-70.

SAINZ, R.; BERTOLINI, M.; RODRIGUEZ, M. F.; MEDRANO, J. F. Biotecnologia aplicada à pecuária de corte. In: SIMPÓSIO SOBRE PRODUÇÃO INTENSIVA DE GADO DE CORTE. **Anais...** Ed.: Cyrino et al. CBNA. Campinas,1998. p. 50-81.

SAUER, F. D.; FELLNER, V.; KINSMAN, R.; KRAMER, J. K. G.; JACKSON, H. A.; LEE, A. J.; CHEN, S. Methane output and lactation responde in Holstein cattle with Monensina or unsaturated fat added to the diet. **Journal of Animal Science**, 76: 906-14, 1998.

SELLERS, R. Regulatory and legal aspects of supplementing grazing ruminants. **Journal of Animal Science** 75: 551-5. 1997.

SPEARS, J. W. Ionophores and nutrient digestion and absorption in ruminants. **Journal of Nutrition**, 120: 632-8. 1990.

STOCK, R.; BRITON, R. **Acidosis in feedlot cattle**. In: Scientific Update on Rumensin/Tylan for the Professional Feedlot Consultant, Elanco Animal Health, Indianapolis, 1993. p. A1-A13.

STICKER, L. S.; BUNTING, L. D.; WYATT, W. E.; WOLFROM, G. W. Effect of supplemental lysocellin and tetronasin on growth, ruminal and blood metabolites, and ruminal proteolytic activity in steers grazing ryegrass. **Journal of Animal Science**, 69: 4273-8, 1991.

STOCK, R. A.; LAUDERT, S. B.; STROUP, W. W.; LARSON, E. M.; PARROT, J. C.; BRITTON, R. A. Effect of Monensina and Monensina and Tilosina combination on feed intake variation of feedlot steers. **Journal of Animal Science** 73: 39-44. 1995.

TEATHER, R. M.; FORSTER, R. J. Manipulating the rumen microflora with bacteriocins to improve ruminant production. **Canadian Journal of Animal Science**, 78 (Suppl.): 57-69, 1998.

TEDESCHI, L. O.; BOIN, C.; LANNA, D. P. D. Aditivos para bovinos de corte. **Pecuária de Corte**, Edição 72, nov. 1997.

VAN NEVEL, C. J.; DEMEYER, D. I. Manipulation of rumen fermentation. In: HOBSON, P. N. (ed.). **The rumen microbial ecosystem**. Elsevier Applied Science, UK, 1988. p. 387-446.

VAREL, V. H.; HASHIMOTO, A. G. Methen production by fermentor cultures acclimated to waste form cattle fed Monensina, lasalocid, salinomycin or avoparcin. **Appl. Env. Microb.** 44: 1415-20, 1982.

VOGEL, G. **Rumensin efficacy: a review of large pen research trials**. In: Scientific Update on Rumensin/Tylan/Mycotil for the Professional Feedlot Consultant. Elanco Animal Health, Indianapolis, IN, 1996. p. B1-B10.

WILLIAMS, P. E. V.; TAIT, C. A. G.; INNES, G. M.; NEWBOLD, C. J. Effect of inclusion of yeast culture (*Saccharomyces cerevisiae* plus growth medium) in the diet of dairy cows on milk yield and forage degradation and fermentation patterns in the rumen of steers. **Journal of Animal Science** 69: 3016-26, 1991.

WHEELER, W. E.; NOLLER, C. H.; WHITE, J. L. Influence of rate of reactivity of calcitic limestone additions and level of calcium addition on utilization of high concentrate diets by beef steers. **Journal of Animal Science** 53(4): 1120-34, 1981. Sila.

WORRELL, M. A.; UNDERSANDER, D. J.; THOMPSON, C. E.; BRIDGES, W. C. Effects of time of season and cottonseed meal and lasalocid supplementation on steers grazing rye pastures. **Journal of Animal Science**, 68: 1151-7, 1990.

ZINN, R. A.; SHEN, Y. Probiotics in diets for feedlot cattle. In: SIMPÓSIO LATINO-AMERICANO DE NUTRIÇÃO ANIMAL E SEMINÁRIO SOBRE TECNOLOGIA DE PRODUÇÃO DE RAÇÕES, 1. **Anais...** Campinas, SP: CBNA, 1994. p. 185-96.

As pastagens e o meio ambiente

Moacyr Corsi*
Mariana Pares Andreucci**
Fernando Masello Junqueira***
Ricardo Cazerta Duarte Goulart****

Um empresário goiano declarou: "É possível ficarmos ricos somente de duas maneiras: uma é ganhando mais e gastando, proporcionalmente, menos; a segunda é economizar proporcionalmente mais do que se está ganhando; mas, para ficarmos muito ricos é preciso mais do que essa simples conta matemática". Para ficarmos muito ricos, precisamos possuir um mercado consolidado, estável, com fidelidade

* Professor titular do Departamento de Zootecnia, Escola Superior de Agricultura "Luiz de Queiroz" – Esalq/USP. moa@esalq.usp.br

** Engenheira agrônoma, aluna de mestrado em Ciência Animal em Pastagens na Esalq/USP. andreucc@esalq.usp.br

*** Engenheiro agrônomo, aluno de mestrado em Ciência Animal em Pastagens na Esalq/USP. ferjunqueira@yahoo.com.br

**** Engenheiro agrônomo, mestre em Ciência Animal em Pastagens pela Esalq/USP. goulart@esalq.usp.br

ao produto, demanda crescente e capaz de ter nos produtos negociáveis um forte fator que possibilite agregar valor.

Dos trabalhos apresentados durante o 20º Congresso Internacional de Pastagens, realizado no final de junho do ano passado, na Irlanda, pode-se inferir que a pecuária será o negócio do futuro, principalmente para o Brasil.

McGilloway (2005) apontou que a demanda de carne e leite aumentará em 72 e 152 milhões de toneladas nos países em desenvolvimento, considerando os anos base de 2002-2003. Esse aumento será de apenas 9 e 18 milhões de toneladas para carne e leite, respectivamente, nos países desenvolvidos. Essa perspectiva de mercado futuro sugere que o Brasil terá papel preponderante em atender a essa demanda, por ser o maior exportador mundial de carne bovina. Inicialmente, pensa-se que o papel do pecuarista brasileiro será de atender a quantidade comercializada com os países em desenvolvimento. Nesse caso, poderíamos ficar somente mais ricos porque estaríamos ganhando mais. Entretanto, se usarmos essa oportunidade de expansão de mercado para oferecermos, além de quantidade, também qualidade, estaremos consolidando o mercado de demanda crescente fidelizando clientes e, além disso, com muita oportunidade de agregar valor aos produtos. Nesse caso, poderíamos ficar muito ricos.

A qualidade do produto poderá ser conseguida através de práticas de manejo de pastagens e suplementação dos animais, cada vez mais viáveis graças à expansão agrícola e aos preços baixos de grãos e subprodutos. Também a biotecnologia está próxima de indicar caminhos interessantes, pois se sabe, atualmente, que a maciez da carne dos bovinos se deve menos ao seu marmoreio e mais a reações *post-mortem* do animal, uma vez que o controle da calpastatina e calpaína parece ser o principal responsável pela maciez. Pesquisas em biotecnologia poderão abrir vasto mercado para carnes consideradas de menor aceitação, devido à rigidez decorrente da genética de animais zebuínos.

Agregar valor ao produto significa produzir mais, melhor, a preços razoáveis e respeitar o ambiente.

Por outro lado, quando se fala em meio ambiente, é freqüente a resistência do produtor, que considera as exigências ambientais como artifícios de outros paises para elevar o nosso custo de produção, aumentar as restrições alfandegárias, prejudicar o sistema de produção etc.

Essas expectativas não podem ser generalizadas, mas, ao contrário, à medida que atendemos a determinadas exigências ambientais, percebemos que o custo de produção diminui, como no caso da preocupação dos ambientalistas com a produção de metano pelos bovinos.

Os resultados de O'Hara et al. (2003) indicam que a emissão de metano será menor quanto mais produtivo for o animal (Tabela 1). Desse modo, à medida que usarmos tecnologias para melhorar o desempenho do animal, estaremos indiretamente agregando valor ao produto, se explorarmos o conceito ambientalista.

Tabela 1. Estimativa da emissão de metano (CH_4) devido à manutenção e à produção de leite de vacas de 450 kg PV em pastejo com diferentes níveis de ingestão de matéria seca.

Ingestão de MS digestível (kg/dia)	Produção de leite (kg/dia)	Produção de CH_4 (g/dia)	Produção de CH_4/kg de leite
4,0	0	105	—
7,9	12	206	17,2
10,5	20	272	13,6
11,7	24	305	12,7

Fonte: O'Hara et al. (2003).

Do mesmo modo, o uso de ionóforos reduz a produção de metano e tem sido comprovado como capaz de elevar o ganho de peso e a conversão alimentar (Tabela 2).

Tabela 2. Efeito da monensina no desempenho de bovinos de corte.

Sistema	Número de ensaios	Variável	Controle	Monensina	Mudança (%)
Confinamento	228	GMD kg/cab/dia	1,09	1,1	1,6
		CMS kg/cab/dia	8,27	7,73	–6,4
		CA kg MS/kg ganho	8,09	7,43	–7,5
Pastejo	24	GMD kg/cab/dia	0,61	0,69	13,5

GMD – ganho médio diário; CMS – consumo de matéria seca; CA – conversão alimentar
Fonte: Tedeschi et al. (2003).

Desse modo, as tecnologias, inclusive a de seleção e genética de animais capazes de produzir menos metano por quantidade de leite produzida (Clark et al., 2005), indicam que nem sempre as exigências ambientais são restritivas à economicidade da produção.

A redução na poluição potencial provocada por adubos nitrogenados é preocupação generalizada em relação à proteção ambiental. Entretanto, no trabalho de Clark et al. (2005), fica claro que o aumento da produtividade animal é o caminho para reduzir a emissão de óxido nitroso, associado ao equilíbrio das adubações e a tecnologias usadas na fabricação de fertilizantes nitrogenados. O uso de inibidores da nitrificação como o DCD (dicyandiamide) tem possibilitado reduzir em até 60% as emissões de N_2O.

O equilíbrio entre nitrogênio e enxofre nas adubações é exemplo de como reduzir perdas de nutriente para o ambiente e diminuir o custo de produção, evitando o custo uréia (Tabela 3) em pastagens adubadas incorretamente.

Tabela 3. Redução no ganho de peso devido ao dispêndio energético do animal para eliminação do nitrogênio em excesso (custo uréia).

Proteína bruta	**NDT**	**Eficiência microbiana** (%)	**Proteína degradável no rúmen** (g/dia)	**Custo uréia*** (kg PV/cab/dia)
10	55	11	130,2	0,097
13	65	13	177,8	0,100
16	65	13	413,0	0,147
19	65	13	642,1	0,225

* Custo uréia para um macho nelore castrado de 340 kg, de acordo com o CNCPS (The Cornell Net Carbohydrate and Protein System) (Sniffen et al., 1992; Fox et al., 1992; Russel et al., 1992).
Fonte: Santos e Lanna, comunicação pessoal.

Assim, a expectativa negativa freqüentemente veiculada de que as exigências ambientais representam artifícios para dificultar o sistema produtivo e/ou elevar custos não pode ser generalizada.

Por outro lado, as dúvidas e apreensões relativas ao tema "pastagens e meio ambiente" surgem da falta de massa crítica de resultados e de pesquisa, além de posições radicais da sociedade em relação ao assunto.

Os resultados da Convenção de Mudanças Climáticas das Nações Unidas (UNFCCC 2004 — United Nations Framework Convention on Climate Change) apontam que a produção de metano por animais e de óxido nitroso proveniente de sistemas agrícolas representa cerca de 3,2 e 4,6%, respectivamente, do equivalente produzido de CO_2, indicando que a responsabilidade pelos prejuízos do efeito estufa precisa ser participada à sociedade urbana.

Essa conscientização da participação do sistema rural e do urbano daria maior suporte às pesquisas em pastagens e sistemas produtivos, uma vez que o seqüestro de carbono parece um dos mais eficientes em sistemas de pasto, mesmo comparado a florestas tropicais, como demonstram os trabalhos de Cerri (comunicação pessoal — Cena/USP).

Nesse trabalho, o acúmulo de carbono foi maior nas áreas estabelecidas com pastagens do que nas áreas de florestas. A análise dos resultados de Cerri poderia ampliar discussões sobre sistemas de produção e alavancar recursos para pecuaristas que manejam sistemas capazes de seqüestrar carbono.

No simpósio "As pastagens e o meio ambiente", que dispõe de palestrantes e público capaz de formar massa crítica de análise de informações, seria oportuno determo-nos nos resultados publicados em julho de 2006 na revista **Agroanalysis** por Gonçalves e Castanho Filho, economistas do Instituto de Economia Agrícola da Secretaria da Agricultura do Estado de São Paulo. Esses autores descrevem o impacto econômico que as reservas legais teriam na agricultura paulista. Gonçalves e Castanho Filho demostram que serão exigidos mais 3,7 milhões de hectares para reserva legal no território desse Estado, além dos 700 mil hectares já destinados a esse fim. Os 3,7 milhões de hectares a serem comprometidos com a reserva legal representam o equivalente a toda a área ocupada pela cana para a indústria em São Paulo. Essa atividade agrícola gerou em 2005 a renda bruta de R$ 10,8 bilhões. Além do aspecto econômico, a retirada desse equivalente em área significaria a perda estimada de 20% de empregos, representando universo de 133 mil pessoas que se ocupam de trabalhos agrícolas nessa área.

A questão não é a discussão da necessidade de preservação ambiental ou a implantação parcial ou total das reservas legais requeridas pelas agências ambientais. Como pesquisadores, produtores e formadores de opinião, devemos propor metodologias capazes de avaliar, sem empirismos e sentimentalismos, a preservação necessária do ambiente.

Temos dificuldades em entender a necessidade da mata ciliar como método de preservar os cursos d'água em relação ao assoreamento e contaminações com defensivos, adubos etc., enquanto, nas escolas de agronomia, se ensina que a conservação do solo se faz por meio do uso de práticas de terraceamento, cobertura morta para plantio direto e escoamento de água em terraços vegetados com gramíneas forrageiras (Figura 1).

Trabalhos de pesquisas comprovam que áreas vegetadas com gramíneas forrageiras bem manejadas são tão ou mais eficientes que a floresta para reter sedimentos que assoreariam os cursos d'água.

O trabalho de Nash e Haygarth (2005), que discute a produtividade dos sistemas de pastagens e qualidade de água como o desafio do século XXI, indica que faixas de áreas estabelecidas com gramíneas ou outros métodos que reduziriam a velocidade da água seriam as práticas mais eficientes para diminuir o transporte de sedimentos e, conseqüentemente, o assoreamento.

Cresce a importância de reter os sedimentos, pois, como indicado por Nash e Haygarth (2005), eles adsorvem outros poluentes provenientes de defensivos, fertilizantes etc. e, portanto, a retenção seria método eficiente para evitar níveis de poluição indesejáveis.

Figura 1. Terraço vegetado com gramínea forrageira.

Assim, o fórum deste simpósio seria o mais apropriado para avaliarmos, discutirmos e buscarmos respostas nas pesquisas futuras que nos orientassem com técnicas capazes de evitar ou reduzir o transporte de sedimentos. Essas pesquisas poderão dar origem a padrões de concentração de sedimentos toleráveis nos cursos d'água. Desse modo, a fiscalização de sistemas de produção seria mais eficiente e efetiva para avaliar decretos impostos por leis e técnicas para preservação ambiental, como implantação de mata ciliar, áreas estabelecidas com gramíneas forrageiras, dimensão/largura das áreas de proteção ambiental etc.

A necessidade proveniente da análise de resultados de pesquisa será importantíssima para garantir o cumprimento de leis que pretendem dar sustentabilidade ao ambiente. Caso contrário, teremos grande chance de ver concretizado o que descrevem Gonçalves e Castanho Filho (2006): "A preservação ambiental representa elemento fundamental na qualidade de vida, mas não pode obstar o desenvolvimento e o avanço da produção de riqueza e deve ser objeto de decretos passíveis de cumprimento. As transformações econômicas que movem a história têm o condão de tornar letra morta a legislação implacável".